U0026210

SDGs 系列講堂

# 全球糧食問題

## 利用人造肉、糧食計畫解決短缺危機，探求永續發展的關鍵

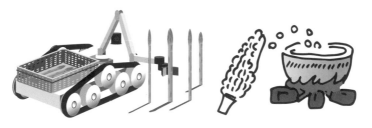

InfoVisual 研究所／著

童小芳／譯

# 目次
# 全球糧食問題
## 利用人造肉、糧食計畫解決短缺危機，探求永續發展的關鍵

## Part 1 與雪男一起追溯 人類與食物的歷史紀行

## Part 2 人類與食物的大難題

本出版物之內容未經聯合國審校，並不反映聯合國或
其官員、會員國的觀點。
聯合國永續發展目標網站：
https://www.un.org/sustainabledevelopment/

# 和對食物的欲望同在的
# 人類 1 萬年文明史

## 無論是歷史上的重大事件或全球規模的危機，「飲食」都是導火線

說到我們一般人最熟悉的義式料理，可說非義大利麵莫屬。義大利麵一般都是配番茄醬，因此容易誤以為成熟的紅番茄產自義大利。

然而，番茄是源自南美洲，於16世紀經由艾爾南‧科特斯——曾摧毀位於現今墨西哥的阿茲特克帝國——帶到西班牙。此後還需要200年的歲月，番茄才會與義大利的義大利麵相遇。

另一方面，在義大利麵邂逅番茄之前，還須歷經一段更為漫長的旅程。人類的文明出現在發展農業之後。

約1萬年前，人們開始於美索不達米亞栽種小麥，將收穫的小麥磨成粉並烤成麵包的文化則是經由歐亞大陸，往東傳到正值漢朝的中國。中國本來就有以穀物粉末製作麵條的飲食文化，因此小麥也搖身一變成了麵條。這些小麥麵之後又經由絲路往西送達地中海，並沿途在歐亞各地留下麵類料理的足跡。最終於18世紀末在那不勒斯創造出茄汁義大利麵。

番茄義大利麵的這段歷史，也是從古至今人類欲望所催生出的眾多事件之一。小麥與麵條之間的交換，是經由絲路進行交易的商人渴求財富所帶來的結果；而番茄之所以傳入義大利，則是當時西班牙人對黃金的渴望所帶來的附加收穫。

以15世紀為界，人類的欲望創造出所謂的資本主義制度，並開始推動歷史的發展。然而，過程中點燃欲望之火的往往都是食物。

上圖簡要地展現出，人類歷史上基於人類對食物的欲望所引發的重大事件。舉例來說，為了尋求東方國家的辛香料而開啟的大航海時代，為歐洲帶來全新的味覺：砂糖。歐洲貴族為了獲得砂糖而在加勒比群島開創甘蔗種植園事業，從而產生黑人奴隸的需求，催生出交換砂糖、奴隸與武器而惡名昭彰的三角貿易。

英國於19世紀開啟工業革命之門，到

⑩ 英國的霸權時期

需要更多的紅茶!! — 紅茶、鴉片與棉花的三角貿易

⑦ 需要更多的砂糖!! — 將殖民地變成甘蔗種植園 — 武器、奴隸與砂糖的三角貿易

④ 源於糧食的管理與交易之需求
- 文字的誕生
- 稅金的誕生
- 貨幣的誕生
- 契約的誕生

⑥ 大航海時代

土耳其料理　中華料理
世界兩大菜系於焉誕生

辛香料、蔬菜與砂糖從新大陸流入舊大陸

豐饒的東方國家

⑨ 西方的美食文化於焉誕生

⑤ 糧食開始有餘裕
- 軍隊的誕生
- 帝國的誕生
- 美食的誕生

希臘、羅馬與東方國家的古典美食世界於焉誕生

我們想要胡椒!

⑧ 工業革命

⑪ 綠色革命

$CO_2$
(單位Gt/年)
35
30
25
20
15
10
5
0

西元前2000年　0　500　1000　1500　1800　2000

了20世紀改以美國為首，承繼下來的近代工業浪潮也擴及人類的飲食。農業產品及其加工製品皆因逐利的欲望而改變了型態，成為如工業製品般廉價的量產品。其結果便是市場上充斥著各種色彩鮮豔且令人垂涎欲滴的食品，刺激著我們的食欲。人類迎來了前所未有的美食時代。然而，我們已然知曉，創造這個美食時代的產業也同時引發了全球規模的問題。

因此，本書試著先從追溯食物及其欲望的歷史切入探究，其中肯定潛藏著理解當前問題的關鍵。

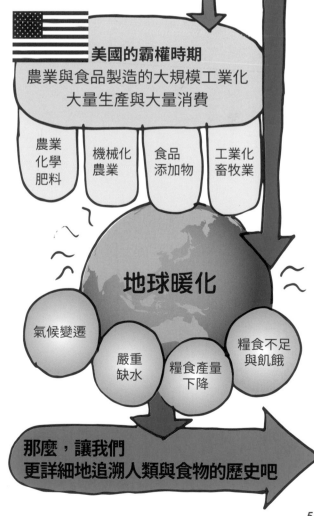

美國的霸權時期
農業與食品製造的大規模工業化
大量生產與大量消費

農業化學肥料　機械化農業　食品添加物　工業化畜牧業

地球暖化

氣候變遷　嚴重缺水　糧食產量下降　糧食不足與飢餓

那麼，讓我們更詳細地追溯人類與食物的歷史吧

# Part 1
## 與雪男一起追溯
## 人類與食物
## 的歷史紀行 ①

我是雪男,是這個故事的導覽員。
這裡是我們的村莊,試著以此為起點,
追溯人類食物的歷史吧。

冰河期結束,地球逐漸變暖後,
人類集體遷徙至自然豐饒的地方

# 人類有20萬年期間
# 是透過狩獵採集
# 獲得豐富多彩的食物

**森林中的各種獵物**
可捕獲熊、鹿、野豬、黃鼠狼、兔子、狼、狸貓、獾、貂、鼴鼠、鼯鼠、野鳥等

大家似乎很快樂。

**共同狩獵**
狩獵時會出動所有男性。彼此分工合作,連犬隻都會參與狩獵

人們在河川修建簡易的堰堤,並設置陷阱捕魚

**一年四季皆有豐富的海產**
從小船上以魚叉捕魚,或利用骨針來釣魚。有淡水的鯽魚、鯉魚、鯰魚與鰻魚;鹹水的鮭魚、鱒魚、沙丁魚與鯛魚等。連海藻類也會端上桌

## 工具與火改變了人類的飲食

地球上最早的人類誕生於約700萬年前。在弱肉強食的動物界中,人類原本是弱小的生物。主要為草食性,雖然也會吃肉,但並不會自行狩獵,而是尋找其他動物捕獲獵物後吃剩的。

最終,人類學會使用工具與火,並以此彌補了自身的弱點且不斷進化。他們開始利用工具進行狩獵,或者是用於研磨堅硬的果實等,還會為了使肉變柔軟、更方便食用而生火來烤肉,此即烹飪的起源。

烹飪是唯有人類才獲得的智慧,想吃美味料理的欲望促使人類有了高度進化,這麼說一點也不為過。

## 豐饒的繩文時代

自最早的人類誕生以來,已經出現好幾種人類物種,其中倖存到最後的便是我們的智人祖先。

智人約於20萬年前出現在地球上,有很長一段時間過著狩獵採集的生活。上方插

野生的小麥　　　聚集生長　　試著將其　　將小麥帶回　　僅保留種子不會從　　大豐收
種子隨風飄去　　　　　　　　種子煮熟　　村莊時，種　　麥穗上掉落的小麥
　　　　　　　　　　　　　　食用　　　　子零星地掉
　　　　　　　　　　　　　　　　　　　下

## 這種半定居的村落慢慢地逐漸轉變為農耕社會

**定居地的周邊有片森林，**
**成為木製工具的材料**
有整片枹櫟、麻櫟、青剛櫟、櫸樹與櫟樹

**居所周邊種有會結果實的樹木**
有橡子樹、栗子樹、七葉樹與核桃樹，樹底下入秋後會冒出
各式各樣的蘑菇。還有蜂巢

**草叢中野生的食用植物**
有大百合等的球莖、小根蒜的根部、山
藥等的根菜、接骨木的果實、野生大
豆，以及山葡萄等各種莓果類

如何？糧食很豐饒吧！

**麻的野生地區**
目前已知人類一直以來都是利用
野生的麻作為纖維來製作衣服

**定居於海邊，**
**即可採收豐富的貝類**
有蛤蜊、花蛤、環文蛤、凹珠母蛤等
20 多種

冬　春　秋　夏

**據說繩文時代的**
**人們擁有 500 多種糧食**

圖中所描繪的便是約1萬年前日本繩文時代的生活。

說到1萬年前，正是從7萬年前左右一直延續下來的末次冰期終於結束，而地球逐漸變暖的時期。出現森林且有各式各樣的植物叢生，人們開始獲取森林豐富多彩的恩惠。海平面因暖化而上升，導致淺灘擴大，人類也能捕捉到魚貝類。

自從開始獲得豐富的糧食後，人們無須為了尋求糧食而不斷遷徙，便展開半定居的生活。

糧食包括植物、堅果、蘑菇、鹿與野豬等肉類、魚貝類。根據季節取得各種不同的食物，並利用陶器烹煮，剩餘的食物則放入陶器中保存。這個時期的人們已經懂得從野生穀類中取出種子來栽種，可說是令現代人憧憬不已的鄉村生活起點，甚至有人認為這個時代是人類史上最富饒的時期。

# 人類約從1萬年前
# 開始栽種穀物並發展農業

## 世界各地已展開農耕的地區，及其栽培的穀物

**小麥**
一般認為於1萬年前的中東新月沃土地區（敘利亞、伊拉克與巴勒斯坦等），便已透過灌溉展開種植。目前從土耳其的哥貝克力石陣遺址發現了更古老的種植痕跡（參照右頁下方）

**玉米**
最早是於西元前5000年左右，在墨西哥南部瓦哈卡溪谷栽種，此為最具說服力的說法。是支撐了阿茲特克文明的穀物

**非洲米與稗米等**
非洲產的米呈紅色，自數千年前便一直在西非沿岸地區與中非等處栽種，但是發源地的研究尚無進展

**稻米**
稻米有粳稻與秈稻2種原生稻種，其原產地有「印度阿薩姆與中國雲南」及「長江流域」兩種說法。長江流域的稻作始於西元前7000年左右

**馬鈴薯**
一般認為最早是於南美祕魯與玻利維亞國境，的的喀喀湖的周邊栽種。亦為支撐印加帝國的基礎作物

**甘蔗**
甘蔗的原產地為紐幾內亞，一般認為栽培品種起源於印度東部的孟加拉灣一帶。西元前1世紀左右，由雅利安人所栽種

## 透過農耕生活確保糧食

人類的歷史中有好幾次重大的轉折點，不過當屬開始農業耕作對後來的人類影響最大。

自狩獵採集時期，農業耕種便已經緩慢地持續發展中。人類學會播撒並栽培植物的種子，在自己的居所附近展開種植。從種植的作物中，再挑選出優秀的種子，並集中於一處大量栽培，開始成批栽植。定居後的農耕生活就此展開。

人們從約1萬年前開始栽種小麥，隨後又種植稻米與玉米等。由於可以穩定取得糧食並於一處定居，故女性方得以安心地生兒育女。

結果人口增長而村落擴大，最終形成都市，進而孕育出文明。人類因為發展農業而達成與其他動物截然不同的進化之路。

## 農業衍生出新的苦難

然而，農耕生活並非盡是好處。在狩獵採集的時代，只須於必要時獲取必要分量

# 農業真的讓人類變幸福了嗎？

狩獵採集明明很自由。

因人類定居於田地周圍所引發的各種問題

只要有陽光就一直在田間勞作

部落間開始發生衝突

定居後開始大量生育

需要更多食物與田地

人類彷彿被囚禁在田地裡

衝突增加

爭奪田地

馴化動物並密切接觸，導致動物的疾病傳染給人類

引發傳染病

引發饑荒

栽培品種一旦歉收，人們會立即面臨挨餓

爭奪水源

人類學家史蒂芬·平克在著作《人性中的良善天使：暴力如何從我們的世界中逐漸消失》中指出，人類在這個時期是最暴力的

## 農業起源的新理論
### 人們種植小麥是為了釀造啤酒

在土耳其挖掘出距今1萬2000年前最古老的宗教設施哥貝克力石陣遺址，發現有栽種小麥的痕跡與據判為啤酒用的器皿

為了進獻啤酒給神殿而開始栽種小麥!?

小麥的栽種造就了古代文明。一起來觀察其原貌。

**小麥、麵包與啤酒的祕密**

---

的糧食即可，但是開始農耕後，便不得不忙於田地的管理。

倘若遭逢河川氾濫、動物或害蟲造成的啃食災害，就會因作物歉收而飽受飢餓之苦。人口一旦增加，便需要更廣闊的田地與更多的勞動力。

在健康方面也出現了弊端。相較於均衡攝取各種食物的狩獵採集時期，改以穀物為主的飲食後，營養反而不均衡。自從馴服動物並飼養為家畜後，動物的疾病也開始傳染給人類。

最大的問題是，人們為了農地或水源而發生的衝突與日俱增，自此人類之間的戰火不斷。發展農業讓人類開始承受各式各樣的苦難。

# 小麥在美索不達米亞
# 孕育出都市與文明

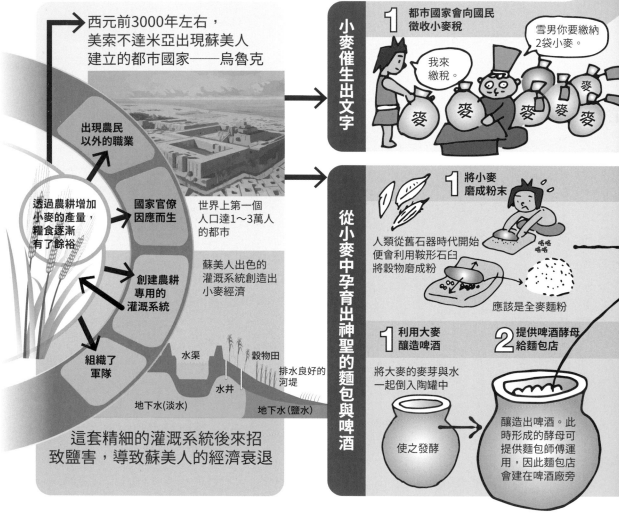

西元前3000年左右，
美索不達米亞出現蘇美人
建立的都市國家——烏魯克

透過農耕增加
小麥的產量，
糧食逐漸
有了餘裕

出現農民
以外的職業

國家官僚
因應而生

世界上第一個
人口達1～3萬人
的都市

蘇美人出色的
灌溉系統創造出
小麥經濟

創建農耕
專用的
灌溉系統

組織了
軍隊

水渠　　　穀物田

水井

排水良好的
河堤

地下水(淡水)

地下水（鹽水）

這套精細的灌溉系統後來招
致鹽害，導致蘇美人的經濟衰退

**小麥催生出文字**

1 都市國家會向國民
徵收小麥稅

我來
繳稅。

雪男你要繳納
2袋小麥。

**從小麥中孕育出神聖的麵包與啤酒**

1 將小麥
磨成粉末

人類從舊石器時代開始
便會利用鞍形石臼
將穀物磨成粉

應該是全麥麵粉

1 利用大麥
釀造啤酒

2 提供啤酒酵母
給麵包店

將大麥的麥芽與水
一起倒入陶罐中

使之發酵

釀造出啤酒。此
時形成的酵母可
提供麵包師傅運
用，因此麵包店
會建在啤酒廠旁

## 小麥的野生地區孕育出最早的文明

農耕生活是如何孕育出文明的呢？世
界上最早的農耕文明建立於所謂的「新月沃
土地區」，即底格里斯河與幼發拉底河流域
的美索不達米亞，乃至敘利亞與巴勒斯坦一
帶。

這裡有野生的小麥叢生，人們約1萬年
前便已開始食用小麥。歷經漫長的歲月，從
野生物種中孕育出適合栽種的物種後，才展
開正式的農耕生活。

隨著糧食供給日趨穩定，衍生出農業
以外的職業，人們開始透過勞務分工來支撐
群體。當群體日益擴大後，都市因應而生，
故需要領袖讓群體團結起來，最終催生出國
家。

## 由小麥發展起來的都市國家烏魯克

蘇美人於西元前3000年左右在美索不
達米亞建立了烏魯克，被視為世界上最古老
的都市國家。他們很早就在相當於現今伊拉
克南部的這片土地上，創建了一套劃時代的

　　灌溉系統。灌溉是一項引水入農地的技術，能將水平均分配至飽受河川氾濫與乾旱之苦的農地，小麥與大麥的產量增加，都市也愈來愈繁榮。

　　目前已從烏魯克的遺跡中挖出不少刻有象形圖符的泥板，被認為是世界上最古老的文字。為了維持都市國家，人們會向國家繳納小麥等農作物，即現今所說的稅金。為了記錄這些稅金而構思出楔形數字，由此發展出表音的楔形文字。人類便是為了管理小麥而創造出文字。

　　在烏魯克也發現了巨大的神殿建築，其宗教儀式中不可或缺的則是麵包與啤酒。當時已經研究出以小麥或大麥來製造麵包與啤酒的技術。繼烏魯克之後，美索不達米亞還陸續誕生了多個都市國家，麵包與啤酒因而逐漸廣傳開來。

# 稻米起源於中國的長江流域，後來傳進繩文時代的日本

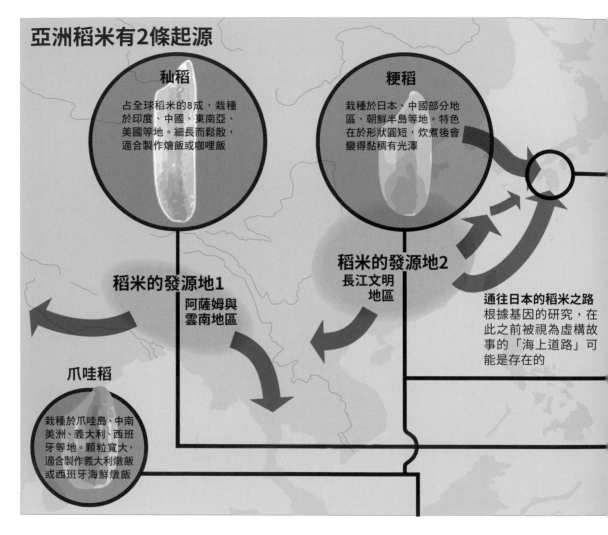

## 亞洲稻米有2條起源

### 秈稻
占全球稻米的8成，栽種於印度、中國、東南亞、美國等地。細長而鬆散，適合製作燴飯或咖哩飯

### 粳稻
栽種於日本、中國部分地區、朝鮮半島等地。特色在於形狀圓短，炊煮後會變得黏稠有光澤

**稻米的發源地1**
阿薩姆與
雲南地區

**稻米的發源地2**
長江文明
地區

**通往日本的稻米之路**
根據基因的研究，在此之前被視為虛構故事的「海上道路」可能是存在的

### 爪哇稻
栽種於爪哇島、中南美洲、義大利、西班牙等地。顆粒寬大，適合製作義大利燉飯或西班牙海鮮燉飯

## 稻作始於長江文明

日本人非常熟悉的稻米與麥類並列為主要穀物之一，是起源於何處？又是如何廣傳的？

人們有很長一段期間都認為，印度阿薩姆邦至中國西南部雲南省一帶為稻作的起源地。有個既定理論認為，無論是傳至日本的粳稻，還是傳入印度或東南亞的秈稻，都是來自這個地區。

然而，近年的考古學與遺傳學的研究

已釐清，稻作的發源地為中國的長江流域。1970年代於長江流域下游，挖掘出西元前5000年左右的河姆渡遺址，並從中發現大量的水稻稻穀與稻殼。這些比在雲南省等地的遺跡中所發現的稻作痕跡早了3000年之久。

不僅如此，1980年代又於長江流域中游的湖南省西北部發掘彭頭山遺址，且發現西元前7000年左右的栽培稻。由此認定稻作始於長江流域中游，並以此為基礎發展出長江文明。

# 全球稻米與基因的分布

爪哇稻
粳稻
秈稻
光稃稻
爪哇稻
秈稻
秈稻

結合考古學與遺傳學來研究，接連出現新發現！

解析古代人所留下的文物基因，並探索該基因的系統樹，這種DNA考古學已引起關注

## 日本的稻作始於繩文時代

稻作不僅限於水田，有時只是將稻穀廣泛播撒在濕地地區。許多遺跡中的繩文時代地層裡都發現繩文人以這種農法栽種稻米的痕跡

## 粳稻起源於9000年前的中國長江文明

有別於黃河文明，在長江流域獨自興起的文明

彭頭山遺址

新石器時代的彭頭山遺址位於湖南省洞庭湖周邊，從中發掘了大量的稻穀，被視為世界上最古老的稻作遺跡

**保留於彭頭山遺址的環濠村落遺址**
取自百科知識中文網

## 稻作發源地並不僅限於阿薩姆與雲南地區

一直以來的想法
秈稻

?
阿薩姆與雲南的野生原始稻種

粳稻

過往的考古學調查一直認為稻米源自於阿薩姆與雲南的原生稻種

想更深入了解
《稻米的文明 人類是何時取得稻米？》（暫譯，佐藤洋一郎著，PHP研究所出版）

## 繩文人已經開始食用稻米

傳入日本的粳稻也是產自長江流域中游，這點幾乎錯不了，只是尚未釐清確切的傳播路線，可能是從該地直接傳入，亦或經由朝鮮半島傳入等，眾說紛紜。無論哪種說法為真，已發現的遺跡皆顯示，西元前1000年左右的繩文時代後期與晚期已經從中國傳入水田稻作，並於彌生時代展開正式的稻作。

然而，繩文時代前期的遺跡中也有發現稻米本身的痕跡。稻作未必需要水田，如今某些亞洲地區也會採用在田裡播撒稻穀來栽培的方式。或許早在繩文人知道水田稻作之前，就已經透過原始的方式種植稻米，並過著豐饒的生活。

# 玉米的栽培始於
# 神祕的奧爾梅克文明

奧爾梅克人不會這樣吃玉米。肯定是外皮太硬了

將玉米粒與石灰放入煮熟

**玉米的原生物種
大芻草（teosinte）**
於西元前5000年左右出現的禾本科一年生草本植物。由10粒左右的種子並排而成

一般認為是這種大芻草與相近的物種雜交後創造出現在的玉米品種

據推測，是於西元前3000年左右展開農耕，種植與現在相近的品種

這種玉米傳入阿茲特克文明後，被視為支撐文明的神聖穀物。上圖為玉米之神「森特奧托（Centeotl）」

是擁有高等數學、天文學與曆法的神祕民族。

**奧爾梅克文明的人們
最早開始栽種玉米**

亦可說是阿茲特克文明的原型

沒有軀幹、頭部很大的巨石人頭像遺留於各地。其五官既像尼格羅人又像蒙古人，關於奧爾梅克人的種族有各種不同的看法

最早的文明於西元前1200年左右出現在中美洲。擁有巨石文化、金字塔與美洲豹信仰等特色，其獨特的象形文字尚未破解，是仍有很多謎團的文明

## 在墨西哥完成進化的玉米

玉米為三大主要穀物之一，其歷史舞台就在美洲大陸。我們所熟悉的玉米是經過人類改良的栽培品種，原本的野生物種則尚未釐清。一般推測可能是源自墨西哥周邊一種名為大芻草的野生禾本科植物，經過改良或突變後，才形成如今這般穗軸較大的玉米。

墨西哥是從西元前6700年左右開始以人工栽種玉米，並於西元前5000年左右展開大規模種植。那個時期似乎還是穗軸較小的原始種玉米。

據判穗軸較大的栽培品種誕生於西元前3000年左右，與現在一樣的品種則出現在西元前1500年左右。

## 從中南美洲傳至歐洲

人口隨著農耕生活增加後，文明社會因應而生。一般認為中美洲最古老的文明，是西元前1200年左右於墨西哥灣沿岸興起的奧爾梅克文明。

順暢地剝除包覆　用石臼將這些　　在玉米粉中加
玉米粒的硬皮　　玉米粒磨成粉　　水製成麵團

將麵團
延展成
薄圓狀並烘烤

**玉米薄餅**
如今仍是墨西哥
的日常食物

將麵團揉圓後
放入鍋中蒸煮

用鍋子將已經變軟的玉米
煮得咕嘟冒泡

**玉米粽**
以玉米製成的
蒸饅頭

**玉米糊**
以玉米熬成的粥

也會結合源自中南美洲
的豐富食材來品嚐

**辣椒**

作為玉米主菜的調
味，是最重要的辛
香料

**番茄**

茄科，會結出小果實
的蔬菜。從原產地安
地斯山的高原地區傳
播開來

**南瓜**

南瓜的甜味對於不
具甜味的飲食格外
寶貴

**豌豆**

攝取植物性蛋白
質的必備食材

**番薯**

自西元前800年
左右以來，主要
種植於墨西哥

可可

蜂蜜

三種栽培模式

也加了
蜂蜜

奧爾梅克人也會以可可作為飲料。據
說是神聖戰士的飲品。可可豆經過煎
炒後磨成粉，溶入水中，再以辣椒與
蜂蜜等調味

**採行絕妙的三種栽培模式**
在同一畝地上種植玉米、豆類與南瓜。豆類
會補足玉米缺乏的養分，南瓜的葉片則可防
止田地乾燥

**酒　普達酒**
還會製造玉米清粥與龍
舌蘭汁發酵而成的酒

　　奧爾梅克民族擁有巨石文化與美洲豹
信仰，於西元前400年左右急遽衰退，是謎
團重重的文明。當時的人們已經懂得利用石
灰等來處理玉米、利用石臼磨成粉，並烘烤
或蒸煮麵團的烹調方式。作為主食的玉米還
被視為信仰對象來崇拜。

　　玉米的栽種與烹調方式由後來的馬雅
文明與阿茲特克文明所繼承，最終廣泛引入
南北美洲。

　　15世紀末，探險家哥倫布抵達美洲大
陸後，玉米開始被帶入歐洲。不光是玉米，

新大陸簡直是一座未知食材的寶庫。我們現
在日常所食的番茄、馬鈴薯、南瓜、辣椒、
番薯等，皆產自中南美洲，自從哥倫布發現
新大陸後才渡海而來。

# 希臘與羅馬的美食
# 成了西洋料理的原型

## 羅馬富裕階層的盛宴上集結了世界各地的食材

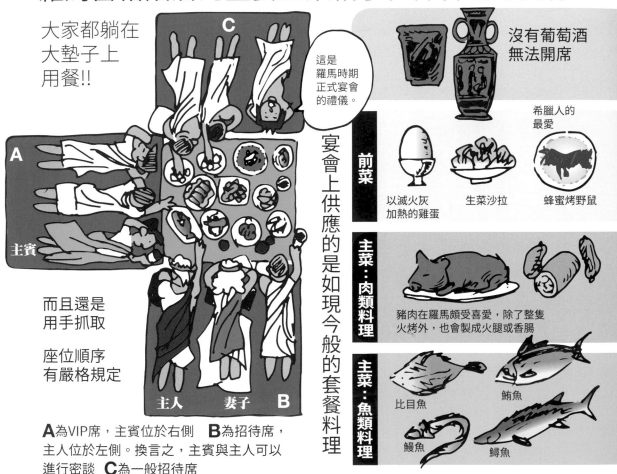

大家都躺在大墊子上用餐!!

C

這是羅馬時期正式宴會的禮儀。

A

主賓

而且還是用手抓取

座位順序有嚴格規定

主人　妻子　B

**A**為VIP席,主賓位於右側　**B**為招待席,主人位於左側。換言之,主賓與主人可以進行密談　**C**為一般招待席

宴會上供應的是如現今般的套餐料理

沒有葡萄酒無法開席

希臘人的最愛

**前菜**

以滅火灰加熱的雞蛋　　生菜沙拉　　蜂蜜烤野鼠

**主菜：肉類料理**

豬肉在羅馬頗受喜愛,除了整隻火烤外,也會製成火腿或香腸

**主菜：魚類料理**

比目魚　　　鮪魚

鰻魚　　　　鱘魚

### 交易帶來豐富的食物

麵包起源於美索不達米亞,歷經漫長的時間經由埃及傳入希臘。如今麵包在歐洲已被視為主食,最初是因為古希臘出現專業的麵包師傅並開始量產。不僅限於麵包,歐洲飲食文化的起點亦可追溯至古希臘至古羅馬這段時期。

西元前8世紀左右,愛琴海沿岸出現多個都市國家。都市之間展開貿易並互相交換各種食材。

希臘透過貿易而日漸富裕,隨處可見穀物、肉類、魚類、蔬菜、水果、乳酪與蜂蜜等豐富多彩的食材,妝點特權階級貴族們的餐桌。

### 在羅馬帝國蓬勃發展的飲食文化

古羅馬繼承了古希臘的飲食文化。都市國家羅馬於西元前3世紀統一了義大利半島,將勢力拓展至周邊地區,並於西元前27年改為帝制。此後羅馬帝國統治著地中海世界長達約400年,並經由絲路與遙遠的

葡萄酒會經過過濾，再加水稀釋飲用

因為葡萄酒濃郁且沉澱物多

葡萄酒的傳播路徑

羅馬　希臘　喬治亞

美索不達米亞

埃及

葡萄酒是從8000年前開始在喬治亞釀造

將葡萄連皮一起放入埋在地底的素燒大甕中，使之發酵釀成葡萄酒。照片即為所用的大甕

喬治亞如今仍用這種方式釀造葡萄酒

鹽煮蝸牛

生牡蠣

希臘數學家畢達哥拉斯的最愛

醋漬高麗菜與萵苣

生海膽

醃製小魚

烤野鳥

豬肉串燒也很受青睞

整隻烤野豬

烤羔羊

烤雞

## 使用什麼樣的調味料？

### 主要是用魚醬（garum）
讓鹽漬鯖魚發酵製成的液體調味料。據判與日本或亞洲的「魚醬」別無二致。氣味獨特，因此禁止在都市生產

### 甜味來自蜂蜜
甜味是取自蜂蜜，但是價格昂貴，因此也會使用濃縮果汁

### 大量的香草類
大蒜、芹菜籽、芥末、椰棗、薄荷、漆樹科鹽膚木屬的果實、芸香等

### 備受喜愛的胡椒是極其昂貴的調味料

赤刀魚

魚料理大多是將肉身切片後，以橄欖油與鹽等簡單地加以調味

甜點

甜點包括蘋果等

中國相連，透過東西貿易獲取世界各地的食材。

　　上方插圖中描繪的是古羅馬貴族與富裕階層的晚宴。受邀至宅邸的人們會躺著享用聘僱廚師烹製的一道道佳餚。宴會必定以雞蛋料理開場，隨後是各式各樣的前菜，接著才是肉類料理或魚類料理等主菜，最後送上水果或點心等甜點。此即現今套餐料理的原型。

　　一般會飲用以水稀釋的葡萄酒來佐餐。葡萄酒是於西元前8世紀左右傳入義大利半島。葡萄酒而非啤酒能在此地穩占一席之地，是因為地中海沿岸原本就是葡萄的產地。

　　這些在羅馬孕育出的飲食文化皆由後來的歐洲世界所繼承。

# 羅馬美食家夢寐以求的胡椒是來自遙遠的印度

胡椒在羅馬的售價
（1磅＝453.6克）

長胡椒 **15** 第納里烏斯
白胡椒 **7** 第納里烏斯
黑胡椒 **4** 第納里烏斯

羅馬主要貨幣的種類與比例
金貨 奧里司　銀貨 第納里烏斯　銅貨 阿司
**1** ： **10** ： **100**

羅馬人的生活費案例
● 一家四口1個月最低餐費為 **7** 第納里烏斯
**金額等同於1磅白胡椒!!**
● 每人每天的麵包費用為 **2** 阿司
1磅長胡椒
**可買到75天份的麵包**
● 葡萄酒500ml為 **25** 阿司
**1磅長胡椒可買到6瓶**
● 羅馬軍隊軍官的月收入為 **10** 第納里烏斯
**比1磅長胡椒還低廉!!**

關於胡椒的產地，無可奉告。
東方貿易商人對辛香料的貨源絕對保密
也會透過這條來自印度的絲路運送過來。
據說運至羅馬的胡椒會以採購價的100倍賣出。

巴黎　EUROPE　羅馬　雅典　ARABIA　紅海　印度洋　AFRICA

阿克蘇姆王國
於西元前1世紀左右，從阿拉伯半島的葉門遷徙而來的基督教徒所建立的王國。擴展從紅海通往印度洋的貿易路線而繁盛一時。
於古羅馬帝國時期發揮卓越的航海技術而成為東方貿易的主力

隨著羅馬帝國衰退、伊斯蘭教在阿拉伯興起，東方貿易被掌握在伊斯蘭商人手中

## 媲美金銀的胡椒

為料理增添香氣與風味的辛香料，在古代羅馬的飲食生活中是不可或缺的。而在這些辛香料中，帶有辛辣刺激而能夠達到促進人們食欲效果的印度產胡椒，更是征服了羅馬眾多美食家的味蕾。

1世紀的羅馬歷史學家老普林尼曾在著作《博物志》中記述，胡椒在羅馬風靡一時、「人們以與金、銀等價的方式購買」，甚至記錄了具體的價格。

根據該書所述，當時最高價的並非我們所熟知的圓狀胡椒，而是產自印度北部的細長型長胡椒。長胡椒在當地被稱為「蓽拔（Pippali）」，一般認為這便是「pepper」的語源。

## 遠渡至歐洲的祕密辛香料

胡椒野生於印度西南部的馬拉巴爾海岸，早已於古希臘時期經由波斯傳入歐洲，但當時主要是作為藥用，直到古羅馬時期才作為辛香料頻繁運用。

PERPER

**胡椒**
原產自印度西南海岸的馬拉巴爾地區。後來隨著印度人遷徙而廣傳至亞洲

CINNAMON

**肉桂**
肉桂樹內側的樹皮。斯里蘭卡島是唯一的產地

CLOVE

**丁香**
桃金孃科樹，丁子香的花蕾，散發宜人的香氣

NUTMEG

**肉豆蔻**
「香料群島」
摩鹿加群島
漂浮在印尼中央約100座島嶼。當時全世界唯有這個地方生產「丁香」與「肉豆蔻」

謝謝惠顧!!

印度的卡利卡特曾是辛香料的一大聚集地

在當地採購很便宜。

到印度採購胡椒。

哇!
大發現!

INDIA

利卡特

上圖標示出胡椒從印度運至羅馬的路線。胡椒是從印度西南海岸的卡利卡特（現地名為科澤科德），經由陸路或海陸運送至羅馬。尤其是橫跨印度洋、行經紅海抵達地中海沿岸的海上路線，是與陸上絲路同等重要的貿易路線。這條是曾在現今衣索比亞海岸一帶繁榮一時的阿克蘇姆王國所開拓的航線，利用印度洋的季風而得以縮短航海天數。

隨著羅馬帝國衰退、阿拉伯半島上出現伊斯蘭國家，辛香料的貿易被掌握在伊斯蘭商人手中。除了胡椒外，摩鹿加群島的肉豆蔻與丁香、斯里蘭卡島的肉桂等也渡海送抵歐洲，不過伊斯蘭商人對寶貴的產地絕口不提。

# 絲路是一條小麥之路，
# 並以麵條的形式返回義大利

誕生於美索不達米亞的小麥從麵包文化圈出發，
經由絲路往東傳播，並在抵達中國後與麵條相遇。
至於何時啟程則尚無定論

可以確定，小麥是與
石臼製粉技術一起經由
遊牧民族之手往東方傳播

由馬可·波羅帶回的這個說法有誤。
有紀錄顯示，早在馬可·波羅回國之
前，就已經有人在西西里製作義大
利麵「itriyyah」

### 義大利 ④

拉條子
（中亞各地）

### 美索不達米亞 ①

直條義大利麵　　筆管麵　　通心麵

**義大利人吃義大利麵
習慣用手抓食**
照片裡，是在那不勒斯一家義大
利麵店前，用手抓著義大利麵吃
的人們。直到近代之前，歐洲飲
食中皆未出現叉子，以筷子吃熱
湯麵的文化也尚未傳入

**怛羅斯之戰
將麵條傳至西方？**
751年中國唐朝與阿拔斯帝國開
戰，人材從戰敗的唐朝流入伊斯
蘭世界。有一則說法認為，麵條
也是在這個時候隨著造紙術傳入
伊斯蘭世界

這說的
就是
麵條!!

11世紀的伊斯蘭哲學家曾指
出，義大利用來表達麵條的用
語「itriyyah」，與波斯語中
用來表示麵條的「Rishta＝線
狀」，指的是同一種東西

## 在中國誕生並進化的麵類

　　小麥誕生於美索不達米亞，不僅限於
西方的希臘與羅馬，還傳入東方，並孕育出
獨樹一格的料理文化——麵類。

　　長期以來，麵條的發源地一直籠罩在
迷霧之中，不過如今判斷是源自中國北部的
黃河流域。因為2005年從新石器時代後期
的遺址中，發現了應該是約4000年前的麵
條。所使用的原料似乎是黍與小米而非小
麥，不過由此看來用穀物粉揉製麵條的作法
由來已久。

　　小麥製粉技術於漢朝（西元前202～西
元220年）引進中國。是透過連結歐亞大陸
東西部的重大貿易路線「絲路」傳入。一開
始的製法簡單，只須揉捏麵粉後水煮，後來
逐步進化成用手延展的手擀麵，以及用刀具
切成條狀的切麵。

## 麵食文化傳入亞洲與義大利

　　在中國發展起來的製麵技術傳入亞洲
各地，在不同土地上獨自進化。中亞引進了

## 中國人從約4000年起便已開始製作麵條

2005年從中國青海省喇家遺址出土的陶器中，發現了以黍或小米製成的麵條

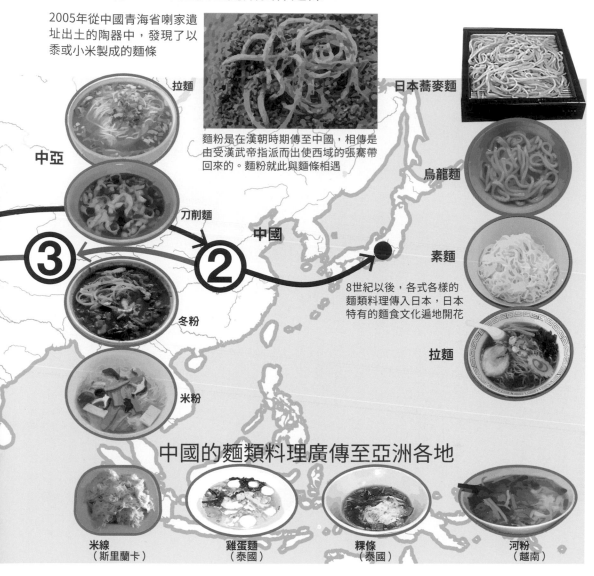

麵粉是在漢朝時期傳至中國，相傳是由受漢武帝指派而出使西域的張騫帶回來的。麵粉就此與麵條相遇

拉麵

中亞

刀削麵

中國

③

②

冬粉

米粉

日本蕎麥麵

烏龍麵

素麵

拉麵

8世紀以後，各式各樣的麵類料理傳入日本，日本特有的麵食文化遍地開花

### 中國的麵類料理廣傳至亞洲各地

米線
（斯里蘭卡）

雞蛋麵
（泰國）

粿條
（泰國）

河粉
（越南）

拉條子這類簡單的手擀麵；日本自8世紀以後引進並陸續創造出素麵、蕎麥麵與烏龍麵等；東南亞則是經由中國移民將使用米粉製成的麵條傳播開來。

另一方面，義大利是歐洲唯一創造出義大利麵這種獨特麵食文化的國家。有人認為，是遊歷東方的馬可‧波羅於13世紀從中國引進製麵技術，但這種說法如今已遭否定。

因為12世紀的義大利文獻中出現了「在西西里持續製造名為itriyyah的麵條」

的紀錄，且根據阿拉伯的文獻，阿拉伯與波斯也曾出現相同的麵條。中國的麵條或許是隨著伊斯蘭勢力往西擴展而沿著絲路傳至義大利。

# 日耳曼人的肉食文化
# 廣傳至中世紀歐洲

匈奴約從375年
開始入侵北歐
並大肆踐踏

匈人＝匈奴理論

有一種說法認為，消失的匈奴
是往西方遷移並進攻歐洲

一直生活在北方森林
的日耳曼人被驅逐

日耳曼人是森林的獵人，
本質上為肉食性種族

入侵羅馬帝國領土

接連建立
日耳曼人的王國

夏克立烏斯領地
法蘭克王國
孚艮地王國
斯維比王國
西哥德王國
汪達爾·阿蘭王國
東哥德王國
波羅的民族
斯拉夫民族
匈奴
東羅馬帝國
薩珊王朝

羅馬帝國因為日耳曼人的
入侵而分裂，並導致西羅馬滅亡

## 森林民族日耳曼人的大遷徙

創建出一個極其輝煌的時代之羅馬帝國分裂成了東西2個部分，當中西羅馬帝國於476年滅亡。自北方入侵的日耳曼人加速了羅馬的衰退。

日耳曼人是指生活在斯堪地那維亞半島南部至北德一帶、由多個不同部族所組成的集團，而非指稱單一民族。他們身材高大、膚色白皙，且有著金髮藍眼睛。日耳曼人成了現今的英國、德國、荷蘭、丹麥、瑞典等地人們的祖先。

4世紀後半至6世紀期間，日耳曼人集體遷徙並分散至歐洲各地。遭馬背上的游牧民族匈奴追擊是最直接的導火線，但也是因為在此之前、氣候日益寒冷且人口增加而須尋求新的土地。這次「日耳曼人民族大遷徙」陸續在歐洲催生出日耳曼人建立的王國。

## 辛香料成為肉類料理的必需品

原本生活在北方森林的日耳曼人會進

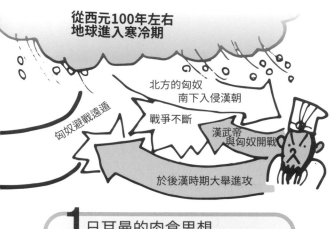

從西元100年左右
地球進入寒冷期

北方的匈奴
南下入侵漢朝

戰爭不斷

匈奴避戰遠道

漢武帝
與匈奴開戰

於後漢時期大舉進攻

## 1 日耳曼的肉食思想

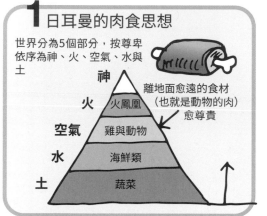

世界分為5個部分,按尊卑依序為神、火、空氣、水與土

神

火　火鳳凰

空氣　雞與動物

水　海鮮類

土　蔬菜

離地面愈遠的食材
(也就是動物的肉)
愈尊貴

## 2 當時的健康哲學

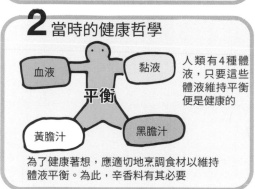

血液　黏液

平衡

黃膽汁　黑膽汁

人類有4種體液,只要這些體液維持平衡便是健康的

為了健康著想,應適切地烹調食材以維持體液平衡。為此,辛香料有其必要

## 3 肉食的保存、加工與烹調至關重要,辛香料必不可少

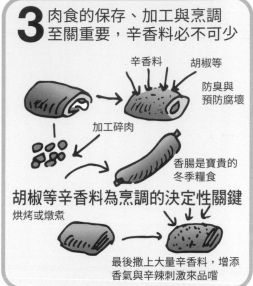

辛香料　胡椒等

防臭與
預防腐壞

加工碎肉

香腸是寶貴的
冬季糧食

### 胡椒等辛香料為烹調的決定性關鍵

烘烤或燉煮

最後撒上大量辛香料,增添
香氣與辛辣刺激來品嚐

### 因此日耳曼國王表示……

我們需要更多辛香料,但是太貴了。

我能理解
你的心情。

**這聲吶喊開啟了大航海時代**

行狩獵,也會放牧家畜,並以肉作為主食。他們一直認為肉才是力量的來源。在古羅馬時代,用來款待貴族們的豬肉也是日耳曼人帶來的。

在中世紀歐洲,農民會養豬,貴族則盛行獵捕野豬與鹿等。入秋後會將肉加工成火腿或香腸,儲存以過冬。為了消除腥臭味並預防腐壞,會大量使用辛香料或香草。烹調時則少不了胡椒。

人口增加而需要愈來愈多肉類,辛香料的需求也隨之增加。然而,日耳曼人四處

建立王國,導致羅馬帝國所建立的貿易網遭切斷,因而不得不向伊斯蘭商人高價購買辛香料。這件事成為了後來開啟大航海時代的契機。

# 東方財富所孕育出的
# 伊斯蘭智慧與美食世界

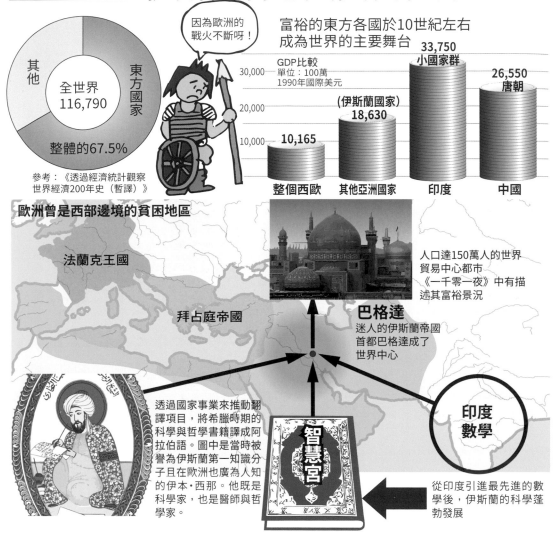

因為歐洲的
戰火不斷呀！

全世界
116,790

其他

東方國家

整體的67.5%

參考：《透過經濟統計觀察
世界經濟200年史（暫譯）》

富裕的東方各國於10世紀左右
成為世界的主要舞台

GDP比較
單位：100萬
1990年國際美元

30,000

20,000

10,000

33,750
小國家群

26,550
唐朝

（伊斯蘭國家）
18,630

10,165

整個西歐　其他亞洲國家　印度　中國

**歐洲曾是西部邊境的貧困地區**

法蘭克王國

拜占庭帝國

人口達150萬人的世界
貿易中心都市
《一千零一夜》中有描
述其富裕景況

巴格達
迷人的伊斯蘭帝國
首都巴格達成了
世界中心

透過國家事業來推動翻
譯項目，將希臘時期的
科學與哲學書籍譯成阿
拉伯語。圖中是當時被
譽為伊斯蘭第一知識分
子且在歐洲也廣為人知
的伊本‧西那。他既是
科學家，也是醫師與哲
學家。

智慧宮

印度
數學

從印度引進最先進的數
學後，伊斯蘭的科學蓬
勃發展

## 伊斯蘭商人帶來的財富

　　一手掌控辛香料貿易的伊斯蘭商人，
指的是信奉伊斯蘭教的商人。他們為什麼會
發展出如此龐大的力量？

　　伊斯蘭教是在7世紀於阿拉伯半島崛
起。伊斯蘭教徒團結一致並增強實力，進而
建立了伊斯蘭國家。成立於8世紀的阿拔斯
帝國發展為龐大的伊斯蘭帝國，首都巴格達
則成為東西貿易的核心地區而繁盛一時。負
責這些交易並為帝國帶來巨額財富的便是伊
斯蘭商人。

　　他們的活躍使帝國日益繁榮，並於巴
格達孕育出豐富的文化。開設名為「智慧
宮」的東西學問研究所，集結了東西方的智
慧。

　　另一方面，歐洲則日日夜夜深陷於日
耳曼人所引發的小國戰亂之中。伊斯蘭商人
在這段時期的歐洲只不過是一股後起的新興
勢力。

音樂與詩歌是阿拉伯飲食的附餐。參加宴會的人還會被要求作詩讚美料理

## 世界三大菜系之一
由鄂圖曼帝國的土耳其料理所繼承

### 從巴格達傳至伊斯蘭世界

**伊斯蘭教禁食豬肉，羊肉則愈來愈普遍**

大量運用辛香料的中東烤肉

**豪華絢爛的宮廷料理**

**土耳其咖啡獨樹一格的進化**

土耳其咖啡是先讓粉末沉澱，再品飲上層清澄的咖啡液

10世紀左右的料理書籍中傳授了164道豪華宮廷料理的作法。
比如利用椰棗汁（以香菜籽、肉桂與番紅花調味，並以醋添加酸味）燉煮而成的肉與燉蔬菜料理等

**利用豐富的砂糖製作甜點**

總之就是甜，為現今土耳其點心巴克拉瓦的原型

阿拉伯料理成為世界的核心菜系

地中海的海鮮類

非洲的米與庫斯庫斯
敘利亞的蘋果、鄂圖曼的椴棒、阿曼的桃子、尼羅河的黃瓜、埃及的檸檬

來自印度的砂糖、胡椒、稻米與香蕉

來自亞洲的柑橘類與芒果

## 伊斯蘭所孕育的絢爛飲食文化

當中世紀歐洲還在吃簡樸的肉類料理時，巴格達已經透過貿易與領土擴張帶來世界各地的食材，絢爛的飲食文化大放異彩。

伊斯蘭教的戒律禁食豬肉，不過羊肉與雞肉、乳製品、海鮮類、穀物、蔬菜、水果、堅果類等食材豐富齊全，孕育出大量運用辛香料與香草而多采多姿的料理。據說人們會在宴會上一邊沉醉於美食，一邊吟誦讚美料理的詩歌。

誕生於阿拉伯的這些飲食文化，被繼阿拔斯帝國之後統治伊斯蘭世界的鄂圖曼帝國所繼承。鄂圖曼帝國是信奉伊斯蘭教的土耳其民族，於1299年建立的國家，直到第一次世界大戰之前都是伊斯蘭世界的霸主。土耳其料理如今與中華料理、法國料理並列為世界三大菜系，其起源可追溯至阿拉伯料理。

# 為了尋覓東方國家的辛香料
# 而開啟大航海時代

接下來的故事對西方而言是榮耀，對東方而言卻是巨大不幸的開端。

通往東方的道路被伊斯蘭教徒這道牆所阻斷

鄂圖曼帝國

馬可·波羅認為再往前有個黃金之國「吉龐（日本國）」

還有一個香料之鄉印度

有2名男子對這堵高牆發出挑戰

西班牙 葡萄牙

葡萄牙的瓦斯科·達伽馬

我要經由非洲前往印度。

我要西行。地球是圓的，理應可抵達吉龐。

克里斯多福·哥倫布

**歐洲的皇室與商業資本家成了贊助者**

航海費用就由我來資助吧。

西班牙伊莎貝拉女王

背後有皇室，那我們也出資。

熱那亞商人

雖然很冒險但若能成功利益也很可觀。

這裡不是吉龐。於是哥倫布便認定……

那麼這裡就是印度了!!

**然而事實並非如此**
船隻於10月11日抵達美國的巴哈馬群島

筆直前行便是吉龐了!!

美國

吉龐

1492年8月3日哥倫布啟航

他的地圖上並沒有美洲

無論如何，哥倫布還是開啟了通往新世界的大門。歐洲如怒濤般不斷從這扇門湧入新大陸

加勒比海

古巴

## ▌東方受阻便轉為西行，航向東方

於15世紀後半，在中東有鄂圖曼帝國，中國則有正興盛繁榮的明朝，印度隨後即將出現蒙兀兒帝國；而在歐洲則因為肉類料理所不可或缺的辛香料迎來了大航海時代。

辛香料在中世紀歐洲備受珍視，是透過伊斯蘭商人以貴得嚇人的價格交易，連產地都籠罩在迷霧之中。根據於13世紀遊歷東洋的馬可·波羅所著的《東方見聞錄》，

自從可取得辛香料的印度與東方諸島的存在為人所知後，歐洲人開始試圖直接獲取辛香料。

然而，歐洲東側有鄂圖曼帝國擴展的廣闊領地阻斷了陸路。

於是有人打算利用船隻轉往西航行，前往東方。此人即義大利的探險家哥倫布。當時是個仍少有人相信地球是球形，且東西兩端相連的時代。

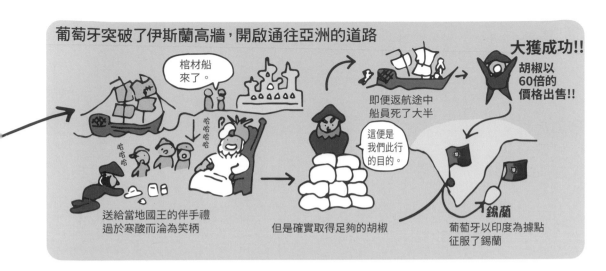

葡萄牙突破了伊斯蘭高牆，開啟通往亞洲的道路

棺材船來了。

即便返航途中船員死了大半

這便是我們此行的目的。

大獲成功!!
胡椒以60倍的價格出售!!

送給當地國王的伴手禮過於寒酸而淪為笑柄

但是確實取得足夠的胡椒

錫蘭

葡萄牙以印度為據點征服了錫蘭

哥倫布將災難帶到新大陸，也將豐富的植物從新大陸帶進舊大陸

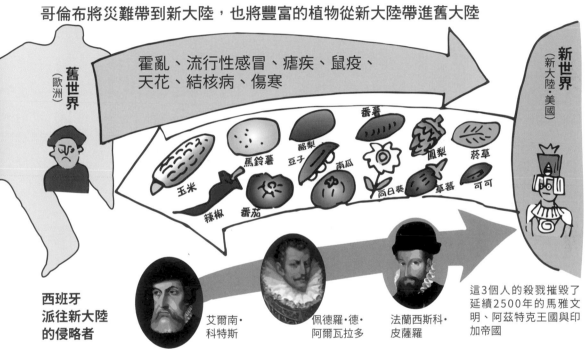

舊世界（歐洲）

新世界（新大陸·美國）

霍亂、流行性感冒、瘧疾、鼠疫、天花、結核病、傷寒

番薯
馬鈴薯
酪梨
玉米
豆子
南瓜
鳳梨
菸草
辣椒
番茄
向日葵
草莓
可可

西班牙派往新大陸的侵略者

艾爾南·科特斯

佩德羅·德·阿爾瓦拉多

法蘭西斯科·皮薩羅

這3個人的殺戮摧毀了延續2500年的馬雅文明、阿茲特克王國與印加帝國

## 發現新大陸與印度

　　哥倫布是在西班牙皇室的援助下橫渡大西洋，但是發現的並非辛香料之鄉印度，而是當時地圖上沒有而未知的美洲大陸。

　　這片大陸上雖然沒有原本的主要目標胡椒，卻有許多前所未見的植物。馬鈴薯、玉米、番茄、辣椒等現今世界各地都會食用的蔬菜，卻是在這個時代才首度為歐洲所知。最先抵達新大陸的西班牙帶回了珍貴的植物種子，卻反過來將天花等傳染病從歐洲帶入新大陸。

　　另一方面，比哥倫布稍晚，瓦斯科·達伽馬也鎖定了東方。他從葡萄牙出發，行經非洲，遠渡印度，開拓出東行的印度航線。葡萄牙因而成功從印度直接獲取到了所需的胡椒。

# 從中南美洲遠渡而來的蔬菜
# 大大改變了世界的飲食文化

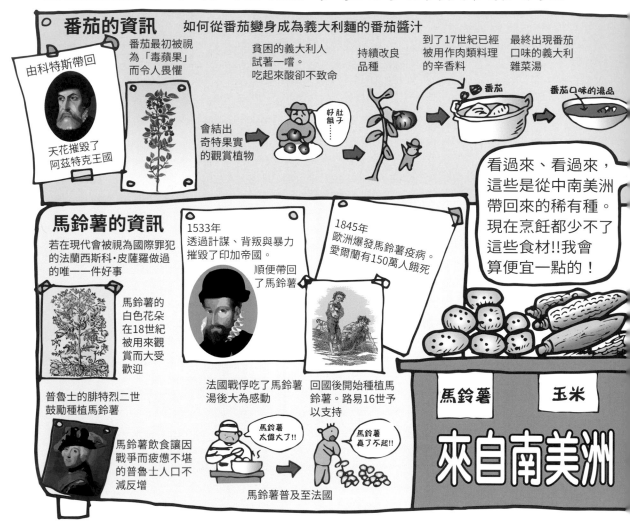

## 番茄的資訊 如何從番茄變身成為義大利麵的番茄醬汁

由科特斯帶回

天花摧毀了阿茲特克王國

番茄最初被視為「毒蘋果」而令人畏懼

會結出奇特果實的觀賞植物

貧困的義大利人試著一嚐。吃起來酸卻不致命

好肚餓……

持續改良品種

到了17世紀已經被用作肉類料理的辛香料

番茄

最終出現番茄口味的義大利雜菜湯

番茄口味的湯品

看過來、看過來，這些是從中南美洲帶回來的稀有種。現在烹飪都少不了這些食材!!我會算便宜一點的！

## 馬鈴薯的資訊

若在現代會被視為國際罪犯的法蘭西斯科・皮薩羅做過的唯一一件好事

馬鈴薯的白色花朵在18世紀被用來觀賞而大受歡迎

普魯士的腓特烈二世鼓勵種植馬鈴薯

馬鈴薯飲食讓因戰爭而疲憊不堪的普魯士人口不減反增

1533年透過計謀、背叛與暴力摧毀了印加帝國。順便帶回了馬鈴薯

1845年歐洲爆發馬鈴薯疫病。愛爾蘭有150萬人餓死

法國戰俘吃了馬鈴薯湯後大為感動

回國後開始種植馬鈴薯。路易16世予以支持

馬鈴薯太偉大了!!

馬鈴薯真了不起!!

馬鈴薯普及至法國

馬鈴薯　玉米

來自南美洲

## 被異樣眼光審視的異國蔬菜

從中南美洲帶回來的蔬菜在歐洲並非一開始就被接納作為食物，當時只被當成異國的罕見植物。番茄甚至還被視為「毒蘋果」而令人聞之變色，馬鈴薯不甚美觀的外型遭人嫌棄，玉米則因沒什麼味道而不受喜愛。這些蔬菜需要很長一段時間才廣傳至世界各地。

一般認為番茄原產於南美洲的安地斯高原，渡海傳至墨西哥後，在阿茲特克王國加以栽培。

西班牙的科特斯於1519年征服了阿茲特克王國，並將番茄的種子帶回祖國。紅通通的果實主要是作為觀賞用，直到傳入義大利後才開始被用於料理。18世紀末製造出番茄醬，並結合義大利麵來享用，番茄成了義大利料理中不可或缺的食材。

## 挽救歐洲的糧食危機

另一方面，據說最早帶回馬鈴薯的是於1533年殲滅印加帝國的西班牙皮薩羅軍

**特別報導**
1790年終於在那不勒斯創造出茄汁義大利麵

**辣椒的資訊**

哥倫布帶回來的，但大家毫無興趣

葡萄牙人發現巴西產的辣椒，並廣傳至世界各地

隨著豐臣秀吉進軍朝鮮而將辣椒傳入韓國

在此之前韓國料理是不辣的

不辣。

泡菜也如水泡菜般清淡

日本則以「葡萄牙的傳教士於16世紀獻給戰國大名」的說法較具說服力

在16世紀前，印度料理也是不辣的

不辣。

直到19世紀之前，四川料理也是不辣的

麻婆豆腐

**玉米的資訊**

哥倫布帶回來的，但是完全不受歡迎

玉米拯救了美國移民的命

謝謝！

這3個地區是以玉米為主食

1 羅馬尼亞
2 北義大利
3 西非

**馬馬利加**
在玉米粉中加水，加熱並揉勻，再以豬油煎炒而成

**波倫塔**
與馬馬利加一樣將粉揉勻後擀平。沾醬當早餐等來食用

玉米在奴隸貿易中種植以作為奴隸的糧食，逐漸穩固了地位

如今玉米有大半是種來當畜產飼料

番茄　　辣椒

**蔬菜大特賣**

2502

隊。此後，長達200年不見天日的馬鈴薯，於德國的前身普魯士王國首度普及開來。18世紀中葉，國王腓特烈二世為了解除戰爭與歉收所引起的糧食危機，而鼓勵栽種馬鈴薯。

馬鈴薯即便在寒冷且貧瘠的土地上也能生長，直到19世紀中葉才傳遍全歐洲，與麵包並列為能量來源，挽救了各地的糧食危機。

同樣的，辣椒也是從巴西經由葡萄牙，對中國的四川料理與韓國的泡菜造成影響。玉米傳入北義大利與羅馬尼亞後，衍生出獨樹一格的料理。

歐洲與美洲大陸的相遇，豐富了世界各地的餐桌，但這也是掠奪歷史的開端。

# 人們渴求甜砂糖的欲望催生出種植園

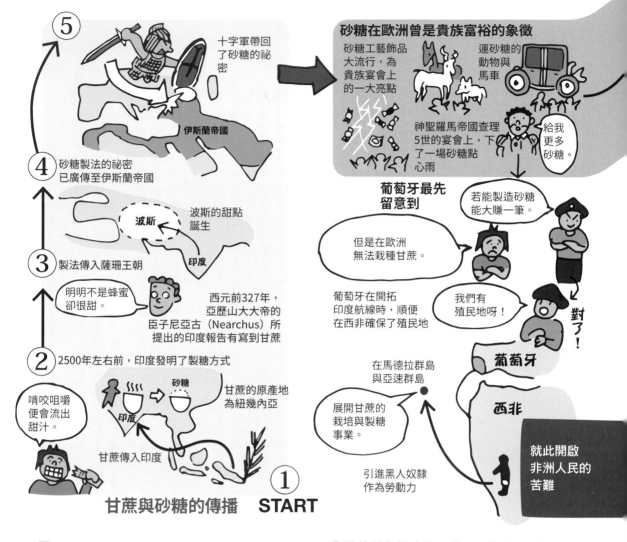

⑤ 十字軍帶回了砂糖的祕密

伊斯蘭帝國

④ 砂糖製法的祕密已廣傳至伊斯蘭帝國

波斯

波斯的甜點誕生

印度

③ 製法傳入薩珊王朝

明明不是蜂蜜卻很甜。

西元前327年，亞歷山大大帝的臣子尼亞古（Nearchus）所提出的印度報告有寫到甘蔗

② 2500年左右前，印度發明了製糖方式

啃咬咀嚼便會流出甜汁。

印度 → 砂糖

甘蔗的原產地為紐幾內亞

甘蔗傳入印度

**甘蔗與砂糖的傳播　START** ①

**砂糖在歐洲曾是貴族富裕的象徵**

砂糖工藝飾品大流行，為貴族宴會上的一大亮點

運砂糖的動物與馬車

神聖羅馬帝國查理5世的宴會上，下了一場砂糖點心雨

給我更多砂糖。

**葡萄牙最先留意到**

但是在歐洲無法栽種甘蔗。

若能製造砂糖能大賺一筆。

葡萄牙在開拓印度航線時，順便在西非確保了殖民地

我們有殖民地呀！

對了！

**葡萄牙**

**西非**

在馬德拉群島與亞速群島

展開甘蔗的栽培與製糖事業。

引進黑人奴隸作為勞動力

就此開啟非洲人民的苦難

## 十字軍所帶回來的砂糖

在歐洲，與辛香料同樣備受珍視的即為砂糖。作為砂糖原料的甘蔗，其原產地為紐幾內亞，是傳到印度之後才發明出製作砂糖的方式。

砂糖的製法又從波斯傳至伊斯蘭世界，大量使用砂糖製成的甜點與細膩的砂糖工藝品也因此在富裕階層開始流行。

11世紀後半葉的十字軍遠征可說是伊斯蘭的砂糖傳入歐洲之契機。與伊斯蘭軍隊作戰的基督教十字軍帶回了甘蔗與砂糖的製作方式。

在砂糖傳入之前，在歐洲說到甜食通常是指在森林中採到的蜂蜜之類的。這種甜甜的雪白魔法粉末讓中世紀歐洲的貴族們皆為之癡迷。砂糖被視為財富的象徵，從伊斯蘭傳入的砂糖工藝則成了國王與貴族宴會上的點綴。如此一來，歐洲對於砂糖的需求也與日俱增。

## 甘蔗種植園之濫觴

　　最早正式展開甘蔗栽培的，是與西班牙一起搶先開啟大航海時代的葡萄牙。葡萄牙於1479年根據與西班牙的協定，得到大西洋上大部分的島嶼與西非後，便開始於大西洋的馬德拉群島與亞速群島上栽種甘蔗，並從西非引進黑人奴隸作為勞動力。1500年得到南美洲的巴西，也利用黑人奴隸在該地展開大規模的甘蔗種植園。人類想要更多砂糖的這種欲望催生非人道的奴隸貿易，將同為人類作為商品來買賣。

　　從甘蔗的生產到製糖過程皆採一貫化作業，勞動條件極其嚴苛。透過無償勞動的奴隸所製成的砂糖為祖國葡萄牙帶來了財富。看到有成功案例在前，其他歐洲各國根本不可能按兵不動。

# 對砂糖趨之若鶩的歐洲列強
# 斷然實行史上最惡劣的奴隸貿易

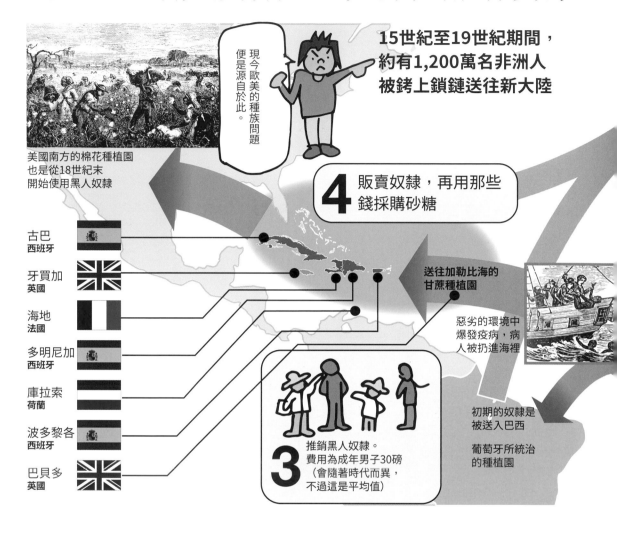

現今歐美的種族問題便是源自於此。

美國南方的棉花種植園也是從18世紀末開始使用黑人奴隸

**15世紀至19世紀期間，約有1,200萬名非洲人被銬上鎖鏈送往新大陸**

**4** 販賣奴隸，再用那些錢採購砂糖

送往加勒比海的甘蔗種植園

惡劣的環境中爆發疫病，病人被扔進海裡

古巴
西班牙

牙買加
英國

海地
法國

多明尼加
西班牙

庫拉索
荷蘭

波多黎各
西班牙

巴貝多
英國

**3** 推銷黑人奴隸。費用為成年男子30磅（會隨著時代而異，不過這是平均值）

初期的奴隸是被送入巴西

葡萄牙所統治的種植園

## 西印度群島成為一大砂糖產地

到了17世紀，西班牙與葡萄牙的國力衰頹，生產砂糖的舞台從巴西轉移至西印度群島。

所謂的西印度群島，泛指漂浮在南北美洲之間且鄰接大西洋的加勒比海海域上的群島。自從哥倫布首度抵達以來，西印度群島便成為西班牙領地，部分島嶼很早就開始栽種甘蔗。

英國、荷蘭與法國相繼進入，西印度群島遭到瓜分。各國競相展開砂糖計畫，並購買黑人奴隸投入勞動。

之所以特地千里迢迢從非洲運送奴隸過來，是因為居住在島上的印第安人因為強制勞動與從歐洲帶來的傳染病而紛紛喪命，導致人口銳減。

自此開啟了連結歐洲、非洲西海岸與西印度群島三點的「三角貿易」。

## 販運奴隸與砂糖的三角貿易

從歐洲出發的船隻上都載著步槍與鐵

砂糖

英國

利物浦透過奴隸
貿易而繁榮一時

造船業透過打造奴隸船而生意興隆

與奴隸貿易相關的產業欣欣向榮

一般市民也會投資奴隸貿易。
是收益率高達30%的有利投資

荷蘭

法國

西班牙

葡萄牙

許多富人也有投資
加勒比海的甘蔗種植園

紅茶需要加砂糖，英國為此在中國做出很過分的事。

**1** 往黑人王國兜售
武器、鐵器與棉布

**黑人王國是透過侵略鄰近國家，
狩獵奴隸並賣給奴隸商人而繁榮起來**

阿克瓦穆王國 ─── 達荷美王國

貝南王國

在有多個部落相混共存的非洲，與奴隸商人進行武器交易，從而建立王國。較具代表性的有貝南的達荷美王國、加納的阿克瓦穆王國與阿散蒂帝國、奈及利亞的貝南王國等。這些王國最後也遭受歐洲列強的攻擊而覆滅

因為黑人王國捕獵奴隸而被帶走的家庭

**2** 約100噸重的奴隸船上緊密
塞滿了約400人

利用販售武器的錢
來買奴隸

棍等，朝著非洲航行。將這些武器賣給狩獵奴隸的當地人並購買黑人奴隸後，船隻接著會航向西印度群島，進行奴隸與砂糖的交換。在美國南方展開棉花種植園後，也會往該地運送奴隸。返程的船隻上則有堆積成山的殖民地產砂糖與棉花等。

三角貿易促進了歐洲產業的發展。尤其是英國，因獲得龐大利益而繁榮，而這些財富推動了工業革命。雖然人類史上最殘酷的奴隸貿易在19世紀終於被廢除，然而道道傷痕至今依然存在。其中一道便是歐美根深蒂固的種族歧視。另一道則是種植園所引進的單一耕作模式。僅栽種一種作物，其他則仰賴進口──舊殖民地至今仍無法擺脫這種扭曲的經濟結構。

# 英國為了紅茶
# 而導致中國末代皇朝滅亡

17世紀，茶沙龍在法國掀起一股熱潮

荷蘭於1610年將茶葉從日本引進阿姆斯特丹

**茶葉傳入歐洲**

據說茶葉是於1657年傳至英國

紅茶派對在英國上流階級的婦人之間蔚為流行

## 紅茶需求遽增

最初都是喝綠茶，隨著紅茶逐漸扎根，也同時養成加砂糖的習慣

這種高級的紅茶日漸普及

圖為在貧民窟中飲用紅茶的多名女性

只要在紅茶裡加砂糖，就能簡單攝取工作能量，咖啡因還有助於提神，成為工廠勞工早餐或休息時間的必需品

### 據說茶葉起源於中國的雲南省

茶葉是以名為茶樹（Camellia sinensis）的常綠闊葉樹的葉片為原料。從這種樹木採集的茶葉可依製法製成綠茶或紅茶

| 發酵茶 | 非發酵茶 | 後發酵茶 |
|---|---|---|
| 紅茶 | 綠茶（日本茶） | 普洱茶 |

**半發酵茶**
烏龍茶

**茶葉的大致類型**
根據發酵的程度，形成類型各異的茶

**茶在中國是天賜之物**

在西元前2700年左右的神話中，相傳茶是天地創造之神「炎帝神農氏」賜予人類的東西

於641年傳入西藏後，形成酥油茶

利用專用的攪拌器，攪拌混合茶、犛牛奶、奶油與鹽

茶廣傳至伊斯蘭國家一帶

絲路沿途的驛站都開設了可享品茗之樂的茶館

茶在日本以茶道的形式獲得斐然成就

## ▌中國的茶與歐洲相遇

19世紀英國對砂糖的需求急速增加，是因為在紅茶裡加砂糖來飲用的習慣在庶民間廣為普及。

一般認為茶起源於中國的雲南省。最初是作為藥用而食用茶葉，到了漢代後才出現作為嗜好品的飲茶習俗。這種習俗傳入西藏等周邊地區，並透過絲路廣傳至伊斯蘭國家。

日本則是9世紀平安時代經由來自中國的遣唐使傳入，不僅養成飲茶習慣，還孕育出所謂的茶道文化。

茶葉最初便是從日本傳入歐洲。據說最早始於鎖國時期的1610年，荷蘭從長崎平戶的商館進口了日本茶。茶葉則在那之後才從中國傳入英國，茶葉經發酵所製成的紅茶成為上流階級的嗜好品而地位逐漸穩固，最終作為勞工的活力來源而成為不可或缺之物。

## 紅茶進口量驟增的英國面臨了一大難題

## 紅茶招致鴉片戰爭

自17世紀以來，中國一直由清朝所統治。英國持續從清朝進口大量的紅茶，卻沒有東西可以出口給清朝這個富裕的國家，白銀作為貨款大量流出。英國陷入嚴重的經濟危機，因而把目光轉向一種印度產的麻醉藥——鴉片。從當時為英國殖民地的印度運送鴉片至清朝，交換成紅茶後，再送回祖國英國。此即全新三角貿易之始。鴉片有成癮性，在清朝是禁止的，英國透過走私貿易獲得鉅額利益，清朝卻開始出現大量鴉片成癮者。

自此，中英兩國關係日趨緊張，最終於1840年爆發了鴉片戰爭。戰敗的清朝逐漸喪失權力，於1912年滅亡。英國尋求紅茶的野心，為從西元前2世紀延續下來的中國皇朝歷史帶來致命的一擊。

# 自工業革命以來所展開的
# 食品工業化改變了飲食生活

**創造出利用
全新動力源
的機械**

於1840年發明了滾筒式製粉機，藉此大量生產白色的麵粉

得以實現在工廠大量生產麵包

希望保存軍隊的糧食

有名法國點心師傅參加了拿破崙發出賞金的公開招募

發明了裝瓶加熱殺菌法並獲得採用

英國人從日本的茶葉罐獲得靈感

**出現
全新的
科學技術**

拿破崙3世為了軍隊而公開招募廉價的奶油替代品

法國人伊波利特·梅熱·穆列斯研發出混合豬油與牛奶後凝固的技術，並將此替代奶油命名為oleomargarine

於1927年成立人造奶油製造公司Margarine Unie。此即現在的聯合利華（Unilever）公司

**出現全新的
運輸手段
──鐵路**

## 可以將西部的牛肉運至東部嗎？

透過鐵路從堪薩斯州運送活牛，歷時12天

波士頓

芝加哥

紐約
華盛頓

哥倫比亞特區

堪薩斯州亞伯林

德克薩斯州

東部的消費區

如果有冷藏貨車就能辦到

**古斯塔夫·富蘭克林·斯威夫特**
芝加哥的上等肉業者。研發出冷藏貨車，建構牛肉工廠化生產與遍布全美的銷售網

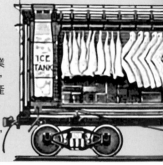

ICE TANK

牛仔從德克薩斯將牛運至火車站

運送活牛實在太浪費了。其中有60%是骨頭與皮

可先將牛肢解，只運送牛肉

## 食品成為工業製品

18世紀後半，英國發起了工業革命。因為蒸氣機的發明而開始機械化，大規模生產的時代來臨。

食品也是從這個時代開始成為工業製品。歐洲的主食小麥便是其中一例。

在此之前，小麥製粉都是使用石臼，即便動力從人力轉換成家畜、風車或是水車，但在磨好的麵粉裡頭仍然會混雜著穀殼的碎片等。這情況要到1840年出現滾筒式製粉機後，才誕生出能去除穀殼、雪白的麵粉。

隨著麵粉的大量生產，連麵包都能在工廠內製作，在此之前只有富裕階層才吃得起的白麵包也開始出現在庶民的餐桌上。

食品的保存技術也有所進益。法國因為拿破崙公開招募軍用食品的保存方式，催生出瓶裝加熱殺菌法。英國受其啟發而創造出罐頭，之後廣傳至美國。

白色鬆軟的「神奇麵包」於1920年左右登場

Beans are rich in body-building food!

1870年於美國發明了開罐器

發明以蒸氣消毒錫罐後加蓋的「罐頭」

金寶湯公司於1898年推出濃縮湯罐頭。在1900年的巴黎萬國博覽會上獲得金牌。湯罐頭日益普遍

金寶湯公司的廣告，鼓吹大家「來碗冷的金寶湯當午餐」。餐桌上有白色麵包製成的三明治。上面塗抹的應該是人造奶油吧？

Buy Swift's Premium Oleomargarine For its Goodness You will like it. Your family will like it.

在美國發售的「oleomargarine」的廣告。由下述的SWIFT公司所推出

美式飲食生活就是這樣逐步席捲全球。

冷藏貨車的成功實現了生鮮食品的大規模長途運輸，使我們的飲食生活有了重大轉變

最早的冷藏貨車於1851年開始運行，雖因技術上的問題而停駛，之後仍持續試錯與摸索。斯威夫特於1878年完成冷藏貨車，並成功直接運貨至消費地

SWIFT公司建構了覆蓋全美的冷藏貨車銷售網。芝加哥的企業也紛紛效仿，5家大型企業於1925年占了全美肉品總銷售量的67%，為現今肉品產業的寡占狀態奠定了基礎

## 冷藏貨車始於牛肉運輸

蒸汽船與蒸汽機關車的登場實現了大量食品的遠距運輸。肉品產業因此有了飛躍性的發展。

美國自1850年代開始擴展鐵路網。最初是透過鐵路將活牛從西部的牧場運送至人口集中的東部都市，路程為12天。然而，貨車單次裝載的牛隻數量有限，運送過程中還必須費心照顧。上等肉業者斯威夫特發現這麼做存在不少浪費，於是想到先將牛隻肢解，再以冷藏貨車來運送牛肉。經過一番試錯與摸索後，於1878年完成冷藏貨車。此即世界上最早投入實用的冷藏貨車。

隨著食品的加工、保存、冷藏技術以及運輸網日益發達，連保存期限不長的生鮮食品都能送達全國各地甚至是國外。與此同時，人們的飲食生活也逐漸發生變化。

# 戰後人口增長，促使糧食生產快速近代化

## 養雞

蛋產量驟增
過去年產約80顆，
逐漸成長為300顆

生長激素　維生素
抗生素

egg

chicken

雞肉出貨期縮短
過去約需半年，
逐漸縮短為6〜7週

**發現維生素D**

透過餵食維生素D，
實現了室內飼育

**品種改良**
肉雞品種的成長
速度增加為3倍

腿部無法支撐
體重

## 養豬

維生素劑
各種營養
輔助食品
抗生素　賀爾蒙劑

**飽受熱壓力之苦**
豬的汗腺並不發達，必須透過泥巴浴
來調節體溫。密集飼養做不到這點，
溫度管理至關重要

**傳染病的風險**
以穀物與高蛋白質來源（大
豆與肉骨粉）的混合飼料來
餵食。由於是密集飼養，有
傳染病迅速傳播的風險

Pork

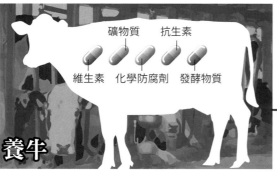

## 養牛

礦物質　抗生素
維生素　化學防腐劑　發酵物質

MILK

**餵食大量藥劑的
牛隻**
密集飼育被視為虐待
動物的行為，近年來
飽受批評

beef

**畜牧業被視為工業**

低成本 → 利益最大化 → 密集飼育 → 品種改良 → 藥物依賴

## 各種家畜成為工業製品

　　第二次世界大戰後，全世界人口飛躍
性地增加，確保大量糧食成了當務之急。為
了增加糧食產量，糧食生產現場迅速地推動
近代化。

　　歐美的已開發國家為了有效率地飼養
家畜，從1960年代展開密集式畜牧。將原
本放養在室外的牛或豬等大量收容於密閉的
建築物中，使其便於管理而可大規模經營。
不僅如此，為了預防疾病並促進成長，開始

餵食維生素、賀爾蒙與抗生素等，從而於短
期內生產出更多的肉品。

　　為了加快成長速度，還進行了品種改
良。最為人所知的便是食用肉雞，經過改良
而能在短期內成長。在此之前，養雞都是為
了下蛋而不太吃肉，不過隨著美國開始生產
肉雞，雞肉逐漸廣傳至世界各地。

## 綠色革命解除了飢餓危機

　　農業領域也致力於增加小麥、稻米與
玉米等主食的產量。美國的農學家布勞格在

# 這些農業上的嘗試被稱為「綠色革命」

亞洲的人口急速增加，
因此糧食增產為當務之急

諾曼·布勞格（1914～2009年）
美國的農學家。透過開發小麥等高產品種、
化學肥料與農藥的並用，對糧食增產做出貢
獻。於1970年獲得諾貝爾和平獎

農業被視為產業

品種改良

**墨西哥的小麥實驗及其成果**

對原生物種施以大量的肥料

小麥長得高而經常在風雨中倒伏

因此，與短桿高產的日本小麥農林10號交配

短桿高產的新品種小麥誕生

肥料　　　　　　　　　　　　　　　氮肥

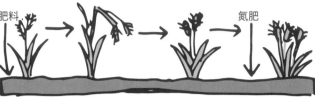

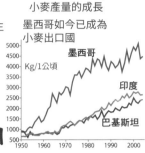

小麥產量的成長
墨西哥如今已成為
小麥出口國

墨西哥
Kg/1公頃
印度
巴基斯坦

化學肥料與農藥的大量使用

**菲律賓的稻米實驗及其成果**

也針對稻米進行了與小麥一樣的研究

開發出短桿高產的品種IR8。需要農藥（除草劑）與完善的灌溉設備

然而，使用大量農藥導致稻田中的生物滅絕，害蟲大量增加

開發出病蟲害抗性更強的IR36

氮肥

結果好像沒完沒了，難以解決。

**印度的「綠色革命」雖然成功了**

印度自英國統治時期以來屢遭饑荒之苦

1960年代也曾發生嚴重的饑荒。因此，印度政府採用了IR8

印度目前的
小麥與稻米產量
皆位居世界第2

1940年代饑荒實態的紀錄

IR8

未用肥料 5t

使用肥料 10t

每公頃的產量倍增

不過如今這場「綠色革命」，因為大量使用了化學肥料與農藥在農業上而飽受批評……

糧食增產

---

這種時候發揮了重大作用。

他提倡透過品種改良、使用化學肥料與農藥、整頓灌溉設備等全新的農業技術，並在人口驟增的亞洲等地提供農業指導。穀物的產量因而有了飛躍性的增加，避免了全球性的糧食危機。布勞格憑藉這份功績於1970年獲得了諾貝爾和平獎。

這些全新的農業嘗試被稱為「綠色革命」，大大改變了日後農業的理想形態。農業過去總是順其自然，導致不少損失，透過管理周到的近代農法，開始獲得穩定的收成量。

然而，酪農與農業的近代化將天然的產物轉變為工業製品，留下了食品安全、對自然環境的影響等各種問題。

# 美國的速食
# 自 1960 年代以來風靡全球

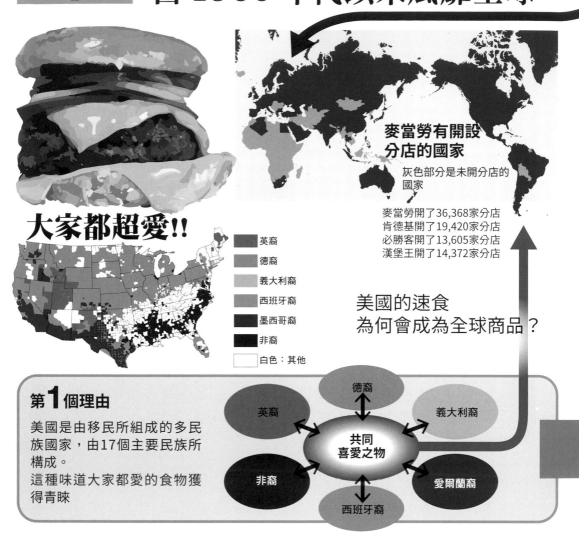

大家都超愛!!

麥當勞有開設
分店的國家

灰色部分是未開分店的
國家

麥當勞開了36,368家分店
肯德基開了19,420家分店
必勝客開了13,605家分店
漢堡王開了14,372家分店

英裔
德裔
義大利裔
西班牙裔
墨西哥裔
非裔
白色：其他

美國的速食
為何會成為全球商品？

**第1個理由**

美國是由移民所組成的多民
族國家，由17個主要民族所
構成。
這種味道大家都愛的食物獲
得青睞

德裔
英裔
義大利裔
共同
喜愛之物
非裔
愛爾蘭裔
西班牙裔

## 經過標準化的味道與服務

現今，有一種食物不分國家或民族、
廣泛受到全世界各地人們的喜愛。這樣食物
即為源自美國的速食，這當中以麥當勞的漢
堡較具代表性。

所謂的速食，是指無須費時烹調就能
夠快速食用的食物。據說於1921年創業的
漢堡連鎖店「白城堡（White Castle）」為
速食店之先驅，雖說如此，不過最成功的則
是麥當勞。

1940年，麥當勞兄弟於加利福尼亞州
開設餐廳。1948年導入與大量生產的工業
製品同一套的製程管理系統與自助服務，供
應平價的漢堡而大受歡迎。留意到這一點的
是商人雷·克洛克。他提出的經營方案便是
透過加盟連鎖的方式逐步擴增加盟店，最終
收購了麥當勞的經營權。自1960年代以後
開始進軍世界，發展出全球最大的速食連鎖
店。

於1970年代
往歐洲發展

商人雷·克洛克取得麥當勞的加盟店經營權

## 1965年在全美開設 700家分店

為美國資本主義的象徵

科學生產管理之父

腓德烈·泰勒
（1856～1915年）
美國的管理學家兼工程師

建構了一套實踐理論，以科學方式管理工廠的生產設備、人員與生產過程。麥當勞則將該理論應用於速食的製造

麥當勞生產系統的構思是一種「科學生產管理法」

# 1940年，麥當勞兄弟開設了第一家「麥當勞」

其結果便是衍生出
# American fast food

### 第2個理由
英裔、德裔、非裔與愛爾蘭裔占了整體約58%。
換言之，以樸實料理居多的國家人們較為捧場

### 第3個理由
大家都是拓荒者。
全家上下都要勞動，總是餓著肚子。
因此飲食的量重於質

### 第4個理由
味道與服務已經標準化。
美國人擁有廣闊國土與多樣的飲食文化，追求的是在任何地方都能安心享用的標準化口味

## ▌飲食的全球化及其反作用

不僅限於漢堡，還有炸雞與披薩等，美國的速食為何會成為全球的大眾飲食？其中一個理由是，美國本來就是一個由移民所建立的多民族國家。擁有不同飲食文化的移民有了共同喜愛的口味，能被全球所接受也就不足為奇了。

在世界各地任何地方、由任何人來製作，都能提供一致的味道與服務，這套系統促進了速食的全球化。

另一方面，也有人批評高熱量的速食提高了全球的肥胖率。此外，自從麥當勞於1980年代往羅馬發展，人們在義大利發起了「慢食」運動，針對千篇一律的速食，重新審視傳統飲食文化的趨勢正在世界各地蔓延。

# Part 2 人類與食物的大難題 ①

# 糧食產地受到氣候變遷的影響而備受打擊

## 暖化與自然災害直接打擊到農業

飲食世界隨著人類的歷史一步步發展至今，如今有各式各樣的危機正悄然逼近。

## 預測氣溫上升會在世界各地引發的狀況

 乾旱　 森林火災　 缺水　 欠收　 產地北移　 風災與水災　 豐收

**北極海的冰層融化**　**海平面上升**　**永久凍土融化**

 產地北移導致加拿大作物豐收

北美與中西部經歷乾旱

 北美與玉米產地欠收

南美洲的乾燥地區因乾旱加劇而沙漠化

巴西的大豆欠收是引發全球糧食危機的原因

俄羅斯北部作物豐收

乾旱與熱浪侵襲地中海地區

中亞的穀物產量減少30%

中國中部的風災與水災日益加劇。日本亦然

非洲北部遭受乾旱侵襲

撒哈拉沙漠以南地區的缺水進一步加劇

仰賴雨水的農業收成量減少達50%

印度北部因乾旱導致小麥欠收

亞洲各地都市缺水、風災與水災加劇

澳洲的乾燥地區乾旱加劇

澳洲東部地區與紐西蘭發生森林大火

目前的貧困國家狀況可能會更糟……

其中之一便是氣候變遷的影響。

　　自18世紀後半葉的工業革命以來，開始大量排放二氧化碳（$CO_2$）等溫室氣體，導致地球持續暖化。氣溫上升後，引發農作物生長不良與病蟲害，導致收成量減少。因此，為了尋求適宜的氣溫，農作物的產地開始往緯度高的地方（北半球是往北）移動。出現新產地的同時，原本的產地卻面臨衰退的危機。

　　此外，氣候變遷還導致乾旱、熱浪、洪水、森林火災等自然災害頻仍，對全球的農業造成重大打擊。在災害防治對策落後的開發中國家，農業損害格外嚴重。日本也接連因大型颱風與集中豪雨引發水災，對農林水產業造成的損害增加。2019年因令和元年東日本颱風（颱風19號，哈吉貝颱風）等所造成的損失金額高達4,883億日圓。

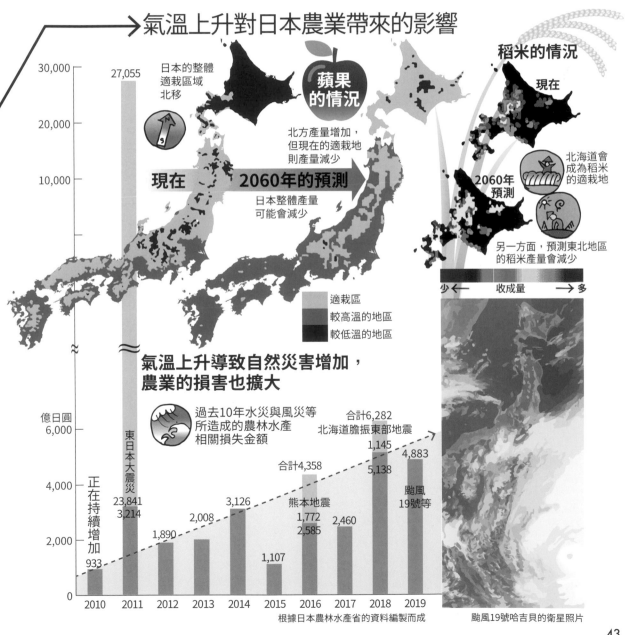

# 氣溫上升對日本農業帶來的影響

日本的整體適栽區域北移

**蘋果的情況**

北方產量增加，但現在的適栽地則產量減少

**現在**　　**2060年的預測**

日本整體產量可能會減少

27,055

**稻米的情況**

現在

北海道會成為稻米的適栽地

**2060年預測**

另一方面，預測東北地區的稻米產量會減少

少 ← 收成量 → 多

適栽區
較高溫的地區
較低溫的地區

## 氣溫上升導致自然災害增加，農業的損害也擴大

過去10年水災與風災等所造成的農林水產相關損失金額

正在持續增加

東日本大震災

合計4,358
熊本地震
1,772
2,585

合計6,282
北海道膽振東部地震
1,145
5,138

4,883
颱風19號等

933
3,214
23,841
1,890
2,008
3,126
1,107
2,460

億日圓
6,000
4,000
2,000
0
2010　2011　2012　2013　2014　2015　2016　2017　2018　2019

根據日本農林水產省的資料編製而成

颱風19號哈吉貝的衛星照片

# 穀物產地缺水
# 而引發糧食危機

## 乾旱侵襲全球的穀物產地

農業用水在全球用水量中所占的比例其實高達約7成。栽種農作物雖然需要大量的水，不過水是可再生資源，會在地球上持續循環，因此以全球總水量來看應該是綽綽有餘的。然而，現在放眼世界各地皆有缺水之虞。

地球暖化是最大的原因。原本雨水較少的乾燥地區降雨量愈來愈少，乾旱所造成的農業損害日益嚴重。

其中又以小麥、玉米、大豆與稻米等穀物受到的打擊特別大。近年來，穀物的主要產地美國、中國、印度與澳洲等地接連乾

## 世界各地的主要農業產地與全球的乾燥地區是重疊的

### 缺水的原因

**1 地球暖化**

暖化使世界各地的乾燥地區變得更加乾燥，還頻頻引發森林火災

**2 地下水枯竭**

雨水不足的農業地區皆仰賴地下水，但是這些地下水正面臨枯竭的危機

中國北部的糧倉地區水量少而高度依賴地下水

只享有20%的水資源

80%的水資源聚集於長江流域

首都北京經常缺水
松花江
遼河
黃河水量短缺
海河
黃河
淮河
長江
北
南
珠江

### 中國

小麥 世界第1
玉米 世界第2
稻米 世界第1
大豆 世界第3

然而，有人指出近年中國的糧食自給率不斷下降

### 印度

小麥 世界第2
稻米 世界第2

近年來，印度有40%的地區乾旱成災。此外，一般預測超抽地下水將會導致糧倉地區的地下水枯竭

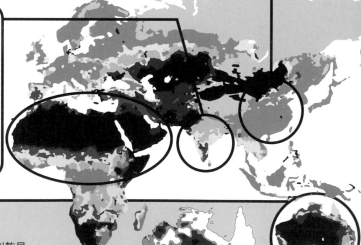

### 澳洲

澳洲過去曾是小麥的出口大國。現在則受到乾旱的影響而產量持續減少

**日漸乾涸的澳洲**

於2019年遭受嚴重乾旱侵襲的地區。因而屢屢引發森林火災，導致無數野生動物遇害

■ 超乾燥
■ 乾燥
■ 半乾燥

旱成災，對一些穀物仰賴進口的國家也造成極為嚴重的影響。

## 農業用的地下水即將枯竭？

缺水的另一個原因是人為引起的地下水枯竭。以人工方式為農地供水即稱作「灌溉」，而在水資源豐沛的日本，則以從河川或蓄水池等處引水灌溉的方式為主流。

相對於此，美國中西部、印度與中東等乾燥地區皆採用抽取地下水的灌溉法。地下水是雨水滲入地底後儲存而成，因此如果沒有新的雨水挹注就不會增加。然而，隨著強力馬達的普及，人們開始大量抽取超過雨水補給量的地下水，導致水源日漸乾涸。如果再繼續這樣超抽地下水，很有可能因為缺水而引發全球性的糧食危機。

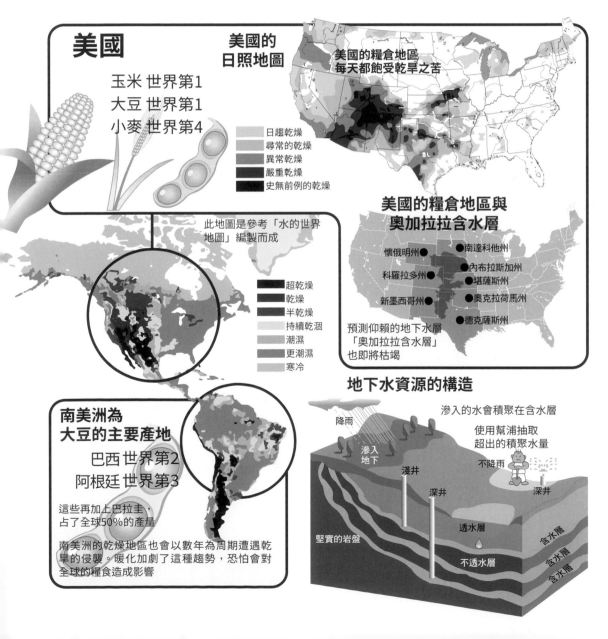

**美國**

玉米 世界第1
大豆 世界第1
小麥 世界第4

美國的日照地圖

美國的糧倉地區每天都飽受乾旱之苦

日趨乾燥
尋常的乾燥
異常乾燥
嚴重乾燥
史無前例的乾燥

此地圖是參考「水的世界地圖」編製而成

超乾燥
乾燥
半乾燥
持續乾涸
潮濕
更潮濕
寒冷

美國的糧倉地區與奧加拉拉含水層

懷俄明州　南達科他州
科羅拉多州　內布拉斯加州
堪薩斯州
新墨西哥州　奧克拉荷馬州
德克薩斯州

預測仰賴的地下水層「奧加拉拉含水層」也即將枯竭

**南美洲為大豆的主要產地**

巴西 世界第2
阿根廷 世界第3

這些再加上巴拉圭，占了全球50%的產量

南美洲的乾燥地區也會以數年為周期遭遇乾旱的侵襲。暖化加劇了這種趨勢，恐怕會對全球的糧食造成影響

**地下水資源的構造**

降雨
滲入地下
淺井
深井
堅實的岩盤
不透水層
透水層
渗入的水會積聚在含水層
使用幫浦抽取超出的積聚水量
不降雨
深井
含水層
含水層
含水層

# 如今備受質疑的肉食
# 成了催化缺水與暖化的原因

## 畜產業會消耗大量的水

全球的牛肉消費量為每年約6,000萬噸。當肉的消費量持續增加，歐美卻以所謂的純素（Vegan）飲食風格備受矚目。這是把不食肉的素食主義做得更加徹底，連魚、乳製品與雞蛋等動物性食品一律不吃。以往

都是從動物福利的觀點來批判肉食，不過如今新提出的質疑則是針對肉食對於地球環境的影響。

如p44～45所示，世界各地局部缺水已成為了一大問題。最下方的圖為「水足跡（Water Footprint）」的數值，是用以呈現產品從生產至廢棄等各種程序中的總用水

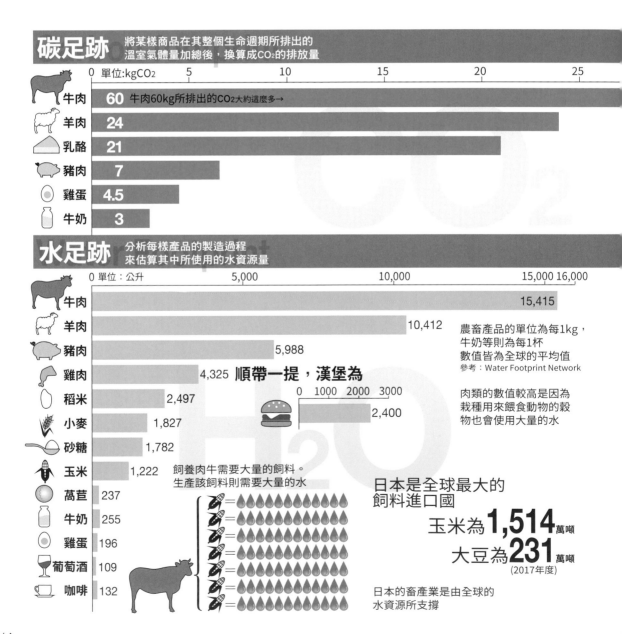

### 碳足跡
將某樣商品在其整個生命週期所排出的溫室氣體量加總後，換算成$CO_2$的排放量

單位:$kgCO_2$

|  |  |
|---|---|
| 牛肉 | 60 牛肉60kg所排出的$CO_2$大約這麼多→ |
| 羊肉 | 24 |
| 乳酪 | 21 |
| 豬肉 | 7 |
| 雞蛋 | 4.5 |
| 牛奶 | 3 |

### 水足跡
分析每樣產品的製造過程來估算其中所使用的水資源量

單位：公升

|  |  |
|---|---|
| 牛肉 | 15,415 |
| 羊肉 | 10,412 |
| 豬肉 | 5,988 |
| 雞肉 | 4,325 |
| 稻米 | 2,497 |
| 小麥 | 1,827 |
| 砂糖 | 1,782 |
| 玉米 | 1,222 |
| 萵苣 | 237 |
| 牛奶 | 255 |
| 雞蛋 | 196 |
| 葡萄酒 | 109 |
| 咖啡 | 132 |

順帶一提，漢堡為 2,400

農畜產品的單位為每1kg，牛奶等則為每1杯
數值皆為全球的平均值
參考：Water Footprint Network

肉類的數值較高是因為栽種用來餵食動物的穀物也會使用大量的水

飼養肉牛需要大量的飼料。生產該飼料則需要大量的水

日本是全球最大的飼料進口國
玉米為 **1,514**萬噸
大豆為 **231**萬噸
（2017年度）

日本的畜產業是由全球的水資源所支撐

量。

食品中又以牛肉為首的肉類數值特別高，這是因為不僅要飼養家畜，生產作為飼料的穀物等也需要大量的水。

## 牛隻打嗝會產生甲烷

另一方面，下圖的「碳足跡（Carbon footprint）」則是顯示產品從生產至廢棄的過程中，會排放出多少促進地球暖化的溫室氣體。這方面仍是肉類的數值較高，其中又以牛肉最為突出。這是因為牛等反芻動物會

透過打嗝排出溫室氣體，即濃度比$CO_2$還要高的甲烷。

不僅如此，畜產業需要廣大的土地，因此會持續採伐有助於吸收$CO_2$的森林，從而加速暖化。基於這些原因，聯合國的IPCC（政府間氣候變遷專門委員會）提出的氣候變遷對策之一便是減少肉食。

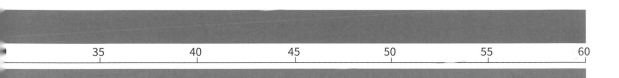

| | 35 | 40 | 45 | 50 | 55 | 60 |

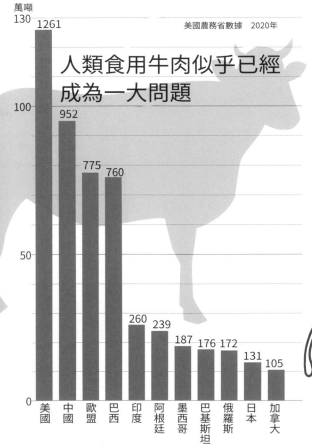

## 全球牛肉消費國TOP10

萬噸

美國農務省數據　2020年

人類食用牛肉似乎已經成為一大問題

130 — 1261
100 — 952
775　760
50 —
260　239
187　176　172
131　105
0 —

美國　中國　歐盟　巴西　印度　阿根廷　墨西哥　巴基斯坦　俄羅斯　日本　加拿大

## 牛肉的碳足跡有**96**% 是來自土地與飼料生產

飼養肉牛需要廣闊的牧場、牧草地與田地。因此全球的森林正持續減少

■ 減少了50萬公頃以上
■ 25萬以上～未滿50萬
■ 5萬以上～未滿25萬

紅色部分是森林面積減少超過50萬公頃的國家

此外，牛隻打嗝會增加溫室氣體

$CH_4$ 甲烷

甲烷的溫室效應是$CO_2$的28倍

# 汙染自然環境的食品容器包裝塑膠

## 拋棄式生活型態產生的大量垃圾

正如日本也從2020年7月開始實施塑膠袋收費，全球正致力於推動塑膠減量的對策。

這是因為人們發現每年推估有800萬噸的塑膠垃圾流入世界各地的海洋，對生態系統造成負面的影響。

塑膠製品中，引發較大問題的，是占全球塑膠產量超過3分之1的容器與包裝。其中大部分是用於食品。

隨著自助式的超市與便利商店的普及，為了讓消費者可以自行從店裡陳列的商品中挑選，商品皆採小份包裝。人們研發出

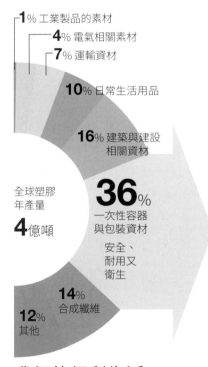

- 1% 工業製品的素材
- 4% 電氣相關素材
- 7% 運輸資材
- 10% 日常生活用品
- 16% 建築與建設相關資材
- 全球塑膠年產量 **4**億噸
- **36**% 一次性容器與包裝資材 安全、耐用又衛生
- 14% 合成纖維
- 12% 其他

我們的便利生活
所產生的塑膠製品

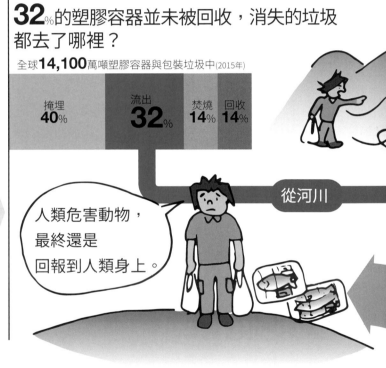

### **32**%的塑膠容器並未被回收，消失的垃圾都去了哪裡？

全球**14,100**萬噸塑膠容器與包裝垃圾中(2015年)

| 掩埋 40% | 流出 **32**% | 焚燒 14% | 回收 14% |
|---|---|---|---|

從河川

人類危害動物，最終還是回報到人類身上。

一次性食品包裝與容器之簡史

始於美國　1950年代
**超級市場崛起**

採自助式，
由客人自行拿取商品

- 顏色鮮豔
- 因此商品
- 設計顯眼
- 可用手拿取
- 且成本低廉

商品的獨立包裝
採用了塑膠薄膜

連原本散裝販售的生鮮食品
也改成了
獨立包裝

陶氏化學公司
研發出食品專用膜

食品托盤
採用了保麗龍

密封性佳的塑膠製薄膜來確保食品的品質，進而陸續推出魚類或肉類專用的保麗龍托盤、即食食品專用的杯子、真空包裝食品專用的殺菌袋、飲料專用的寶特瓶等。自從速食店出現後，人們開始大量使用塑膠製的杯子、吸管與湯匙等。

　　以上這些全都是只能使用一次就必須丟棄的用品。能夠回收的僅有極少部分，而由於粗糙的垃圾管理與亂丟垃圾等，導致許多塑膠垃圾從河川流入大海。

　　塑膠是在自然界無法分解的人工素材。目前已知，塑膠即便碎裂成微粒，其性質仍然不變，而且還會吸附海中的有害物質。如果魚類將其誤認成浮游生物而吃進肚，經由食物鏈而提高了濃度的有害物質，最終恐怕也會進入我們口中。

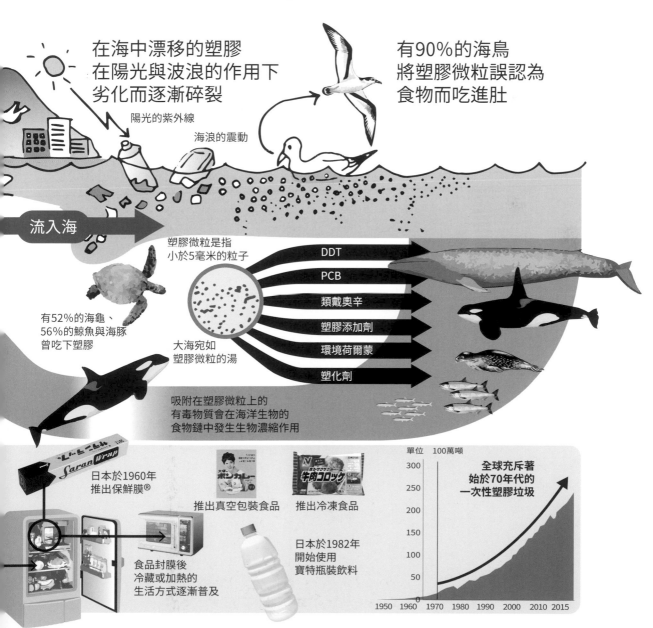

在海中漂移的塑膠
在陽光與波浪的作用下
劣化而逐漸碎裂

陽光的紫外線

海浪的震動

有90%的海鳥
將塑膠微粒誤認為
食物而吃進肚

流入海

塑膠微粒是指
小於5毫米的粒子

DDT

PCB

類戴奧辛

塑膠添加劑

環境荷爾蒙

塑化劑

有52%的海龜、
56%的鯨魚與海豚
曾吃下塑膠

大海宛如
塑膠微粒的湯

吸附在塑膠微粒上的
有毒物質會在海洋生物的
食物鏈中發生生物濃縮作用

日本於1960年
推出保鮮膜®

推出真空包裝食品

推出冷凍食品

食品封膜後
冷藏或加熱的
生活方式逐漸普及

日本於1982年
開始使用
寶特瓶裝飲料

單位　100萬噸

全球充斥著
始於70年代的
一次性塑膠垃圾

300

250

200

150

100

50

0

1950 1960 1970 1980 1990 2000 2010 2015

# 全球有3分之1的糧食未食用就被丟棄!!

## 糧食的浪費與暖化息息相關

聯合國糧食及農業組織（FAO）的數據顯示，世界各地每年約有13億噸（相當於全球糧食產量的3分之1左右）的糧食遭丟棄。

為何會有這麼大量的糧食被丟棄？

腦中立刻浮現的便是家庭或餐飲店吃剩的食物殘渣、食品店中過期未售出的報廢商品等。作為區別，FAO將這些稱作「食品廢棄」，而在生產、儲存、運輸與加工階段遭丟棄的則稱為「食品損耗」。食品在店面上架之前，大多會為了使商品外型一致而加以裁切，或是丟棄品質或外觀不佳的成品。

## 食物就是這樣被丟棄的

這些已經不能吃了

真的是太浪費了。

世界上有些人飽受營養不良之苦

肚子好餓喔。

約有 **7** 億人因糧食短缺而苦不堪言

全球每年有多達 **13** 億噸的糧食遭丟棄。

## 食品從生產到消費為止的各個階段都會被丟棄

過度生產

採收技術不成熟

儲存與搬運的基礎設施不完善

加工設施不完善且加工技術不足

行銷能力不足

冷藏設施不完善

消費者選擇商品的標準較高且根據外觀來挑選

被埋沒在過多商品之中

飽食的消費者

會輕易地丟棄食品

### 聯合國在SDGs的目標12、細項目標12-3中提出這樣的建議

於2030年前將全球每人在零售與消費階段的食品廢棄量減半，並減少包括收成後損耗等生產與供應鏈上的糧食損耗

SDGs的目標12「負責的生產與消費」中，也將減少食品損耗與食品廢棄減半列為目標之一。

尤其是歐美的已開發國家，食品損耗與食品廢棄的量都很大，每人每年丟棄將近300kg的糧食。另一方面，開發中國家在消費階段所丟棄的食物較少，但是冷藏設備與加工設施不完善，導致寶貴的糧食在生產的初期階段就有所損耗，一直以來都被視為燙手山芋。

食品損耗與食品廢棄不僅限於糧食上

的浪費。製造食品並送到消費者手上，會用掉大量的水與能源，這過程中會排放出大量的$CO_2$。此外，食品飽含水分，作為垃圾燃燒時會消耗不少能源，相對地也會排出大量的$CO_2$。減少食品的浪費也是氣候變遷的對策之一，既可消除水與能源的浪費，還能減少$CO_2$的排放量。

## 按全球區域劃分來觀察，每人的食品損耗與廢棄產生量

每年每人·單位Kg　　參考國際農林業合作協會的「全球的食品損耗與食品廢棄」編製而成

消費階段
從生產到零售階段

歐洲　北美洲·大洋洲　亞洲·先進工業地區　撒哈拉沙漠以南·非洲　北非·西亞·中亞　南亞·東南亞　拉丁美洲

我們丟棄的食物比起非洲人民多出10倍。

日本人每年丟棄的食物也多達 **612** 萬噸!!

5噸的垃圾車 122萬4000輛的量

糧食製造過程 121萬噸
食品批發過程 16萬噸
外食產業過程 127萬噸
食品零售過程 64萬噸
一般家庭 284萬噸

### 造成日本食品廢棄的「3分之1規則」
※以賞味期限3個月的食品為例

製造日　　交貨期限　　販售期限　　賞味期限
1個月　　1個月　　1個月

製造商　批發商　零售業者
在店面販售
以部分折扣銷售、退貨與廢棄
批發商退回給製造商
零售業退回給批發商

3分之1規則並非規定，而是食品業界的商業習慣。從製造日到賞味期限為止，劃分為3等分，設定交貨給零售店的期限以及在店面販售的期限。有太多食物因過期而遭廢棄，故而重新審視此規則。

日本國民每人每天約 **132**g
一年丟棄約 **48**Kg 的食品

# 每11人中就有1人挨餓，糧食的差距已擴及全世界

### 非洲的饑荒日益嚴峻

在分量龐大的食品遭丟棄的同時，全球有高達約6億9,000萬人飽受飢餓之苦。消除這些饑荒已被列為SDGs的目標2。

根據聯合國所發布的2020年版「世界糧食安全保障與營養的現狀」報告書所示，

目前的飢餓人口中，亞洲占過半數，不過饑荒正在非洲迅速蔓延。報告書提出警告，再這樣下去，到了2030年，光是非洲就會有4億多人陷入饑荒。

饑荒的原因有各種可能，例如殖民地時期所引發的貧困與衝突、氣候變遷所造成的作物歉收等。甚至有可能因為新型冠狀病

## 糧食多到可以丟棄，為何還會有人挨餓？

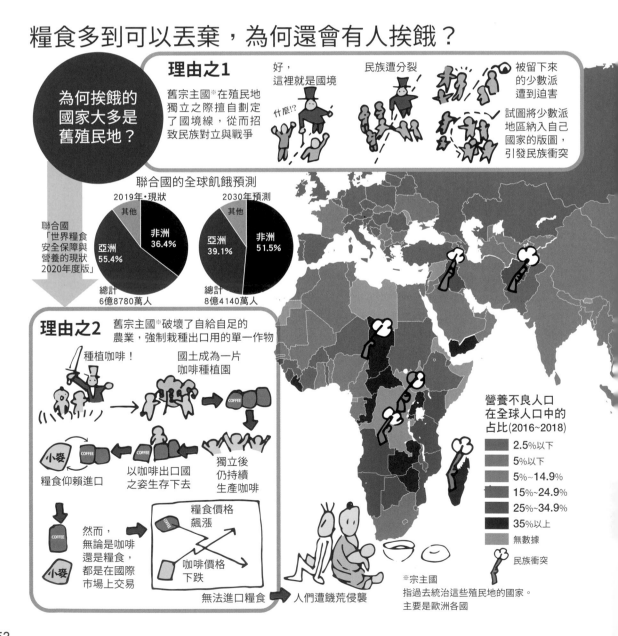

為何挨餓的國家大多是舊殖民地？

**理由之1**

舊宗主國※在殖民地獨立之際擅自劃定了國境線，從而招致民族對立與戰爭

好，這裡就是國境

什麼!?

民族遭分裂

被留下來的少數派遭到迫害

試圖將少數派地區納入自己國家的版圖，引發民族衝突

聯合國「世界糧食安全保障與營養的現狀2020年度版」

**聯合國的全球飢餓預測**

2019年・現狀
其他
非洲 36.4%
亞洲 55.4%
總計 6億8780萬人

2030年預測
其他
非洲 51.5%
亞洲 39.1%
總計 8億4140萬人

**理由之2** 舊宗主國※破壞了自給自足的農業，強制栽種出口用的單一作物

種植咖啡！

國土成為一片咖啡種植園

獨立後仍持續生產咖啡

以咖啡出口國之姿生存下去

糧食仰賴進口

然而，無論是咖啡還是糧食，都是在國際市場上交易

糧食價格飆漲
咖啡價格下跌

無法進口糧食 → 人們遭饑荒侵襲

營養不良人口在全球人口中的占比(2016~2018)

- 2.5%以下
- 5%以下
- 5%~14.9%
- 15%~24.9%
- 25%~34.9%
- 35%以上
- 無數據
- 民族衝突

※宗主國
指過去統治這些殖民地的國家。主要是歐洲各國

毒的全球大流行導致糧食供應停滯不前，估計光是2020年的飢餓人口就有可能增加多達1億3,200萬人。

## 已開發國家也出現飲食差距

NPO賑濟美國（Feeding America）的調查顯示，連GDP（國內生產毛額）位居全球首位的美國都有3,700多萬人為食物而苦惱。若從人口比例的角度來觀察，實際上每9人就有1人挨餓。其中人多是兒童、失業者，或是即便工作也只能獲取低薪而被稱為

「窮忙族（working pure）」的人們，須仰賴食物銀行或義工的食物援助。

近年來，「兒童貧困」在日本也成了一大問題，為了供應餐食給兒童，日本各地已有3,700多個地方開設了兒童食堂。即便沒有開發中國家那麼嚴重，已開發國家之間的飲食差距也持續擴大。

# 已開發國家的貧困
# 持續製造出新的飢餓形式

美國的貧窮與飢餓人口也日益增加
國民每9人中就有1人
3,700萬人需要糧食援助

美國有穀物巨頭企業
可因應全球的飢餓問題
詳見下一頁

「相對貧窮※」催生出在日本日益增加的「兒童貧困」

由於就業狀況的惡化

由於兒童撫育津貼的修訂

（圖表：1997年 13.4、2000年 14.4、2003年 13.7、2006年 14.2、2009年 15.7、2012年 16.3、2015年 13.9、2018年 13.5）

中南美洲各國的飢餓問題是典型的殖民地種植園農業的負面遺產

玻利維亞
政局動盪
妨礙了糧食供應

天候不佳與作物歉收
造成糧食短缺

阿根廷
農業政策側重於
大豆與玉米的出口，
一旦因天候導致作物
歉收，恐怕將會引發
糧食危機

擔心新型冠狀病毒的流行會造成新的飢餓形式。

「相對貧窮率※」增加
整體有15.4%為單親家庭
有48.1%的家庭生活困苦

每7人中便有
1名兒童飽受
飢餓與營養失調之苦

※相對貧窮
指收入未達到該國
的等值可支配所得
中位數一半的經濟狀況

# 糧食無法自給的國家仰賴進口，導致穀物巨頭主宰市場

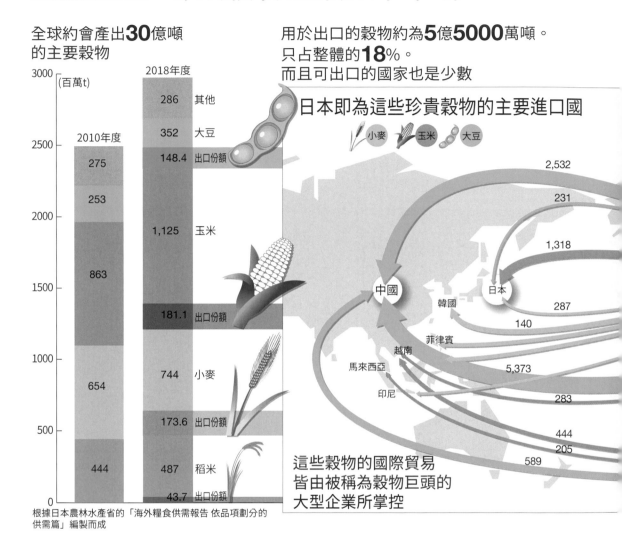

全球約會產出**30**億噸的主要穀物

用於出口的穀物約為**5**億**5000**萬噸。
只占整體的**18**%。
而且可出口的國家也是少數

日本即為這些珍貴穀物的主要進口國

小麥　玉米　大豆

2010年度
- 275
- 253
- 863
- 654
- 444

2018年度
- 286 其他
- 352 大豆
- 148.4 出口份額
- 1,125 玉米
- 181.1 出口份額
- 744 小麥
- 173.6 出口份額
- 487 稻米
- 43.7 出口份額

中國　韓國　日本
菲律賓
越南
馬來西亞
印尼

2,532
231
1,318
287
140
5,373
283
444
205
589

這些穀物的國際貿易
皆由被稱為穀物巨頭的
大型企業所掌控

根據日本農林水產省的「海外糧食供需報告 依品項劃分的
供需篇」編製而成

## 作為主食的穀物成了營利對象

2020年的世界人口約為78億人。為了支撐逐年增加的人口並應對糧食危機，迫切需要增加主食穀物的產量。如果自己國內就能生產足夠的量便無妨，做不到這點的國家則必須從其他國家進口。這些穀物的國際市場目前是由被稱為穀物巨頭的大型企業所掌控。

穀物巨頭是在1970年代開始受到關注。陷入嚴重糧食短缺的蘇聯（當時）是從處於敵對關係的美國，祕密採購大量的穀物。負責這些交易的便是穀物巨頭。在此之前，出口的目的是處理國內多餘的產品，但在這些交易之後轉而採取追求利益並開拓新市場的戰略。

如今全球的穀物市場已由4大穀物巨頭所壟斷，分別是美國的嘉吉公司、阿徹丹尼爾斯米德蘭公司、邦吉公司與法國的路易斯-德瑞弗斯公司，取各家公司的英文首字母而稱作ABCD。

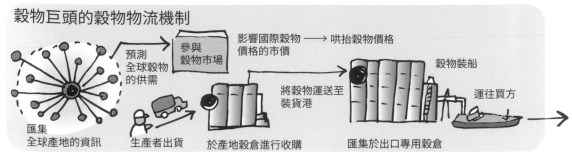

穀物巨頭的穀物物流機制

匯集全球產地的資訊 → 預測全球穀物的供需 → 參與穀物市場 → 影響國際穀物價格的市價 → 哄抬穀物價格

生產者出貨 於產地穀倉進行收購 將穀物運送至裝貨港 匯集於出口專用穀倉 穀物裝船 運往買方

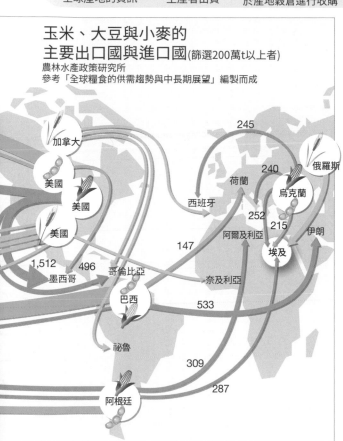

## 玉米、大豆與小麥的主要出口國與進口國(篩選200萬t以上者)

農林水產政策研究所
參考「全球糧食的供需趨勢與中長期展望」編製而成

加拿大
美國
美國
美國
1,512
496
墨西哥
哥倫比亞
巴西
祕魯
阿根廷
245
240
荷蘭
西班牙
252
215
阿爾及利亞
147
埃及
伊朗
奈及利亞
533
309
287
俄羅斯
烏克蘭

## 4大穀物巨頭 ABCD

### 嘉吉公司(美國) Cargill
總公司設於美國明尼蘇達州,於1865年創業,為最大的穀物巨頭。不僅限於穀物,還經手販售所有食品與醫藥用品等

### 阿徹丹尼爾斯米德蘭公司 (美國) ADM
1902年於美國明尼蘇達州創業。穀物交易量位居世界第2,僅次於嘉吉公司。也有往生質酒精的領域發展

### 邦吉公司(美國) Bunge
1818年於荷蘭創業,現在是美國法人。擁有農業、砂糖與生物能源、食用油、製粉、肥料等事業部

### 路易斯－德瑞弗斯公司(法國) Louis-Dreyfus
1851年創業。除了食品相關,也經手販售飼料與寵物食品、纖維、生物能源、醫藥用品等

嘉吉公司的巨型穀倉

## 壟斷物流網與相關事業

　　穀物巨頭並不會自行生產穀物,而是把會受到天候影響的農務作業交給農家,自己則一手包辦物流作業。自家公司持有被稱為Elevator的巨大穀物倉庫、卡車、貨車與貨船等運輸手段,讓網絡遍布世界各地,將需求與供給連結起來。

　　穀物巨頭會從收成期各異的各個國家採購穀物,因此即便有哪個國家歉收,也能確保供貨穩定。從小規模農家的立場來看,比起自行開拓銷路,由穀物巨頭收購可省去不少麻煩。

　　雖然有這些好處,但穀物巨頭也實質掌控著穀物的價格。近年來還進一步往加工領域、種子與飼料銷售事業發展,試圖壟斷這些方面的利潤。

# 只產一代的 F1 品種登場後，種子被大型企業所壟斷

## 種子成了每年都要購買的商品

人類自古以來重複著栽種、取種與播種的作業來栽植作物。然而，我們如今所食的農產品的種子，大部分都是名為F1品種的一代性種子。

我們透過孟德爾定律可知，讓具備不同性質的親代互相交配後，第一代會產出繼承兩者優勢且品質一致的作物。然而，到了第二代卻無法產出和第一代相同的作物，而是會出現外觀與性質各異的作物。

因此，培育人員開發出雜種第一代（First Filial Generation，簡稱F1）的種子，以便能夠確實採收品質與形狀一致的作物，這類種子從需要糧食增產的1960年代左右起被廣泛運用。

F1品種的成長狀況佳而有望穩定收成。相對地，農家必須每年向種子製造商購買種子。種子過去曾是農家的財產，卻變成種子製造商的專利商品。

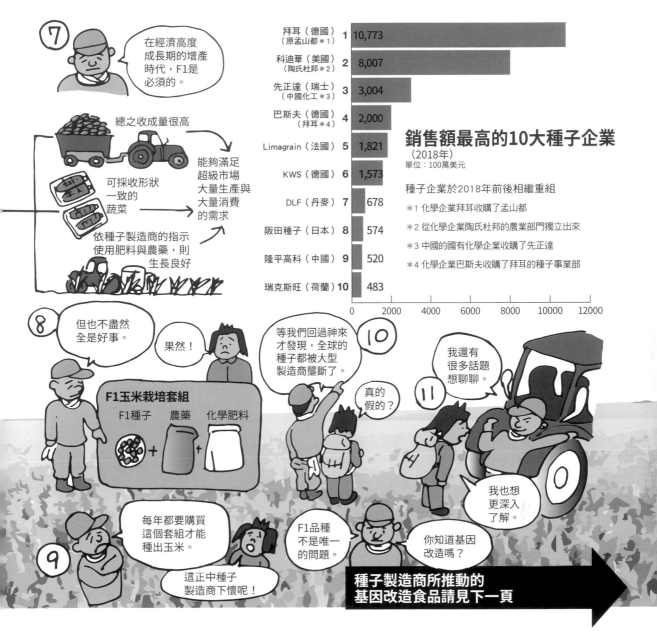

銷售額最高的10大種子企業
（2018年）
單位：100萬美元

| 排名 | 企業 | 銷售額 |
| --- | --- | --- |
| 1 | 拜耳（德國）（原孟山都＊1） | 10,773 |
| 2 | 科迪華（美國）（陶氏杜邦＊2） | 8,007 |
| 3 | 先正達（瑞士）（中國化工＊3） | 3,004 |
| 4 | 巴斯夫（德國）（拜耳＊4） | 2,000 |
| 5 | Limagrain（法國） | 1,821 |
| 6 | KWS（德國） | 1,573 |
| 7 | DLF（丹麥） | 678 |
| 8 | 阪田種子（日本） | 574 |
| 9 | 隆平高科（中國） | 520 |
| 10 | 瑞克斯旺（荷蘭） | 483 |

種子企業於2018年前後相繼重組
＊1 化學企業拜耳收購了孟山都
＊2 從化學企業陶氏杜邦的農業部門獨立出來
＊3 中國的國有化學企業收購了先正達
＊4 化學企業巴斯夫收購了拜耳的種子事業部

## 跨國企業進入種子市場

作物的新品種如今被視為智慧財產而受到保護。其目的在於預防培育人員投注費用與時間所研發出的種子，遭擅自栽培與販售，也是為了鼓勵民間進行品種改良。然而，這麼做卻讓資金雄厚的大型企業更積極參與其中。

若能壟斷世界各地所用種子的專利，便可獲得龐大利益，因此自1970年代以來，大型企業與穀物巨頭相繼收購了各國主要的種子公司。大型企業之間也接二連三地進行收購與合併，展開激烈的競爭。

右上圖表顯示的是前10大種子製造商的全球銷售額。位列前4名的公司皆是憑藉著生物技術與龐大資本進入種子市場，本質上是化學企業。光是這4家公司就掌控著目前約7成的全球市場。

# 在尚無安全保證的情況下，基因改造作物已遍布全球

## 透過基因操作改良品種

由種子製造商所研發出來的新品種中，引發較大問題的便是基因改造作物。所謂的基因改造作物，是指從某種作物中取出特定基因，並將其植入其他作物的細胞中，從而得到具有新性質的作物。此種作物取基因改造（Genetically Modified）的英文首字母，又稱作GM作物。

具有抗農藥基因的穀物是較具代表性的GM作物。所有農務當中最費力的便是除雜草。人們為此開發出化學合成的除草劑，但是藥效過強會連重要的作物都枯死。因此，又透過基因改造技術創造出針對特定除草劑具有較強抗性的作物，並開始廣泛運用在大規模農家等。

除此之外，為了減少農務作業的負擔並確保穩定的收成量，已研發出各式各樣的品種，像是抗蟲害而無須使用殺蟲劑的作物、不易罹患病毒性疾病的作物等。

基因改造作物
商業種植國家及管制趨勢
2018年

第4名
加拿大
1,270萬ha

第1名
美國
7,500萬ha

第2名
巴西
5,130萬ha

第3名
阿根廷
2,390萬ha

第5名
印度
1,160萬ha

- 商業種植國家
- 有加強管制趨勢的國家
- 全面管制的國家

《孟山都 掌控全球農業的
基因改造企業》
（瑪麗‧莫妮克‧羅賓著，
作品社出版）

## 進口作物的安全性遭到質疑

目前全球有26個國家栽種GM作物，總面積超過1億9000萬公頃。栽種面積最大的是美國，該國所種植的大豆與玉米9成以上都是GM作物。開發中國家的GM作物栽種面積也持續增加。

日本尚未進行商業種植，不過會大量進口經過批准的大豆、玉米與菜籽等的GM作物，除了用作家畜的飼料外，也會用於製作味噌、醬油與菜籽油等加工品。

然而，目前尚未釐清，經過人工操作的作物經年累月後，會對人體或生態系統造成什麼樣的影響。此外，也有人指出其他危險性：GM作物的花粉可能會飛散，在無意中使一般作物成了GM作物。為此，歐洲開始進行管制，至於作為主食的小麥，目前全球尚無任何一個國家有進行商業種植。

# 為了提升農務效率而使用的
# 農藥安全程度為何？

**農藥公司鼓吹在收割前
噴灑除草劑（Pre-harvest）**

若不在收割前噴灑除草劑，
小麥的採收作業會更費力，
收割機的篩選
也會比較粗糙

若在收割前噴灑除草劑，
小麥的莖與葉會枯萎，
可加快採收作業，
收割機的篩選
也比較快

然而，採收的小麥
會沾滿除草劑

日本的小麥在消費者團體的抗議下而中止這種作法，
但部分大豆仍持續這麼做

美國的出口用小麥與大豆
幾乎全會在收割前噴灑除草劑

## ▌也有人對殘留農藥感到憂心

在人類1萬年的農業歷史中，距離化學合成的農藥被廣為使用還未滿百年。第二次世界大戰後，為了減輕農務並增加收成量，農藥的使用已成必然。

然而，自1960年代左右以來，農藥所造成的事故頻發。後來又釐清了農藥的毒性以及對生態系統的影響，因此目前已制定一套特定的安全基準，檢驗殘留農藥等是一種義務。

然而，即便符合安全基準，仍有不少消費者對哪怕只有微量農藥殘留的食品感到憂慮。近年來問題特別顯著的，便是從進口作物及其加工製品等驗出殘留農藥。

## ▌安全性評估並不一致

小麥在日本是麵粉的原料，而其大多從美國與加拿大進口，但是這兩個國家的小麥田從1980年代開始便採用所謂的Pre-harvest，即在收割前噴灑農藥。只要在採收不久前噴灑除草劑使雜草枯死，即可輕鬆

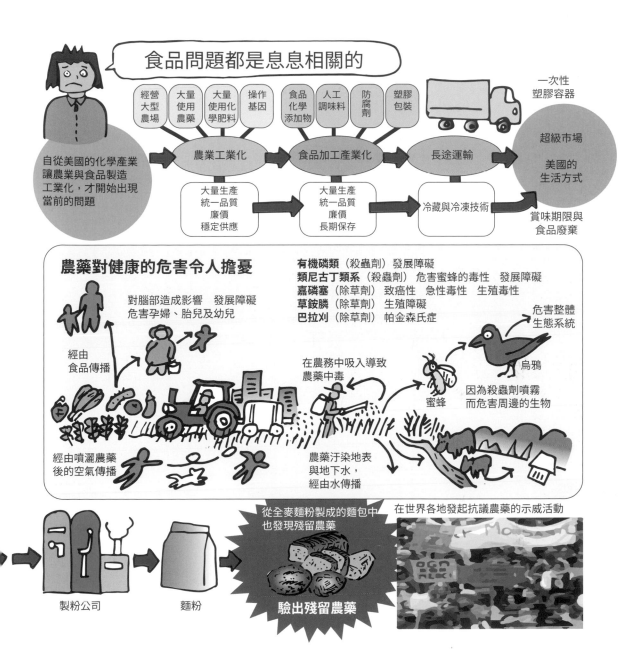

收割小麥，尤其是用在北美這類大規模的農場，有助於提升作業效率。

然而，有多份論文指出，這些除草劑的主要成分為嘉磷塞，隱含致癌性、急性中毒與對生殖方面的影響等各種危險性。另一方面，FAO（聯合國糧食及農業組織）與WHO（世界衛生組織）的聯合會議等多個機構都表示並未發現致癌性等，評估結果主張分歧。

不僅限於嘉磷塞，各國對於農藥安全性所設定的基準各異，也被視為一大問題。

歐盟設定了嚴苛的基準，比如即便尚未證明有害性，也要預防性地禁止隱含不安要素的產品等，然而目前的現狀是，歐盟所禁止的農藥仍會出口並用於美國與日本等地。沒有一套統一的國際基準來規範製造、使用與銷售，是當前最大的問題。

# Part 3

## 食物的創新 ①

# 與永續發展目標 SDGs 相關的 全球糧食問題

## 讓每個人享有均等的食物

聯合國的193個會員國於2015年通過了「2030年永續發展的議程（行動目

| 目標 1 | 終結各地 一切形式的貧窮 |
| 目標 2 | 終結飢餓， 確保糧食穩定 並改善營養狀態， 同時推動永續農業 |
| 目標 3 | 確保各年齡層 人人都享有健康的生活， 並推動其福祉 |
| 目標 4 | 確保有教無類、公平 以及高品質的教育， 及提倡終身學習 |
| 目標 5 | 實現性別平等， 並賦權所有的 女性與女童 |
| 目標 6 | 確保人人都享有 水與衛生， 並做好永續管理 |
| 目標 7 | 確保人人都享有 負擔得起、可靠且 永續的近代能源 |

## 聯合國在 2030 年前要達成

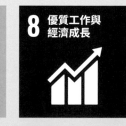

| 目標 8 | 推動兼容並蓄且永續的經濟成長， 達到全面且有生產力的就業， 確保全民享有優質就業機會 |
| 目標 9 | 完善堅韌的基礎設施， 推動兼容並蓄且永續的產業化， 同時擴大創新 |

標）」，提出如下所示的17項「永續發展目標（SDGs）」，志在2030年前達成。

其中與食物密切相關的目標包括消除飢餓（2）、人人享有健康（3）、可永續消費與生產（12）、守護海洋與陸地的豐富性（14・15）等，但正如我們在Part2所看到的，與食物相關的問題是各種因素所造成。舉例來說，為了解決糧食短缺，還必須針對貧窮（1）、不平等（10）與氣候變遷（13）採取對策；為了讓食品相關產業健全地發展，也需要技術革新（9）與夥伴關係（17）等。

如上所述，食物問題是一道與 SDGs的各個目標都有關聯的重要課題。世界人口不斷增加，今後將會需要愈來愈多糧食。為了守護地球環境，同時為所有人提供糧食，世界各國的合作必不可少。

# 的永續發展目標 SDGｓ

4 優質教育

5 性別平等

6 潔淨飲水與衛生設施

0 減少不平等

11 永續鄉鎮

12 負責的生產與消費

6 和平、正義與健全制度

17 永續發展夥伴關係

目標 12 確保永續的消費與生產模式

目標 13 採取緊急措施以因應氣候變遷及其影響

目標 14 以永續發展為目標，保育並以永續的形式來利用海洋與海洋資源

目標 15 推動陸上生態系統的保護、恢復與永續利用，確保森林的永續管理與沙漠化的因應之策，防止土地劣化並加以復原，並阻止生物多樣性消失

圖表素材來源：聯合國教科文組織

目標 10 導正國家內部與國家之間的不平等

目標 11 打造包容、安全、堅韌且永續的都市與鄉村

目標 16 以永續發展為目標，推動和平且包容的社會，為所有人提供司法管道，並建立一套適用所有階級、有效、負責且兼容並蓄的制度

目標 17 以永續發展為目標，加強執行手段，並促進全球夥伴關係

# 關心健康與環境的人急速增加，飲食趨勢正逐漸轉變

## 時代所需的創新

食品界目前已催生出各式各樣的創新。所謂的創新，是指透過全新的發想，創造出新事物的革新性技術或活動。

1950年代以後，糧食成了大量生產的商品，傳統的飲食生活開始被速食與即食食品所取代。

生產效率高的近代耕作法，以及無須烹調也能輕鬆享用的食品，在登場之初都是劃時代的創新，讓人們的生活更輕鬆。然而，如今有許多人意識到，過度追求生產效率與便捷的生活，使人忽視更重要的事物，因而需要新的創新。

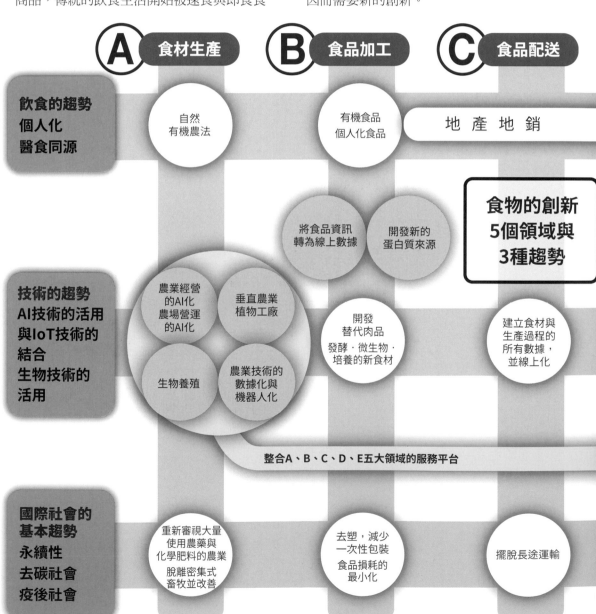

A 食材生產　　B 食品加工　　C 食品配送

**飲食的趨勢**
**個人化**
**醫食同源**

自然有機農法

有機食品個人化食品

地產地銷

食物的創新
5個領域與
3種趨勢

將食品資訊轉為線上數據

開發新的蛋白質來源

**技術的趨勢**
**AI技術的活用與IoT技術的結合**
**生物技術的活用**

農業經營的AI化
農場營運的AI化

垂直農業植物工廠

開發替代肉品
發酵‧微生物‧培養的新食材

建立食材與生產過程的所有數據，並線上化

生物養殖

農業技術的數據化與機器人化

整合A、B、C、D、E五大領域的服務平台

**國際社會的基本趨勢**
**永續性**
**去碳社會**
**疫後社會**

重新審視大量使用農藥與化學肥料的農業
脫離密集式畜牧並改善

去塑，減少一次性包裝
食品損耗的最小化

擺脫長途運輸

## 健康意識與關懷環境已成趨勢

有愈來愈多人認為，飲食並非只為了充饑，更是為了塑造健康的身體並預防疾病，即所謂的「醫食同源」。

此外，對環境破壞、氣候變遷與塑膠垃圾問題等備感興趣的人也與日俱增。健康意識與對環境的關懷等全新的價值觀已成為時代趨勢，食品界正試圖迎合人們的需求而做出重大改變。

如下圖所示，從糧食的生產乃至消費的各個過程中，目前正在經歷各種變革，並透過線上網路建構互相連結的網絡。下一頁將羅列與食物相關的主要變革，讓我們逐一詳細地探究。

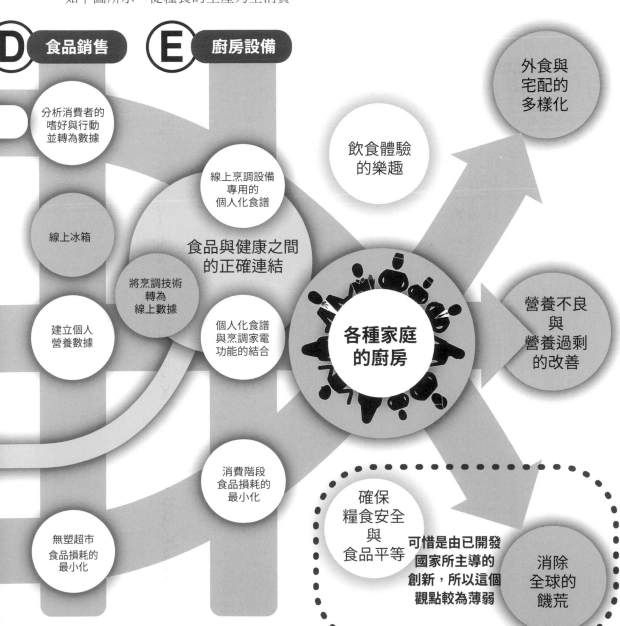

# 導入在糧食生產現場
# 持續進化的 AI 與技術

## 透過智慧農業實現自動化

隨著全世界人口不斷逐年增加,人們需要更多的糧食,但是在另一方面,大部分的國家卻因為高齡化等因素,導致農業人口持續減少。因此,運用AI（人工智慧）等最新技術,竭盡全力追求農業效率化的智慧農業備受關注。

一般對農業較強烈的印象便是手工勞動,不過隨著機械化的發展,現在會因應用途採用各種農業機械,比如耕田用拖拉機、採收則用聯合收割機等。這些農業機械上都會安裝GPS（全球定位系統）的收訊器,透過AI來進行自動駕駛,美國大半農家皆已導

## 1 GPS與AI實現了遠距農業與畜產業

**利用GPS自動駕駛的農業機械**
車輛的自動駕駛在農業領域有了領先的發展。美國6成的農場裡已有拖拉機與聯合收割機在自動運行

**因為無人機而得以實現**
農場或牧場的高度自動管理

不只是單純的自動駕駛,還可高度控制進行收割作業的機械

**結合無人機的圖像、感應器的資訊與AI**
利用無人機上搭載的4K相機所拍攝的高精度圖像,掌握作物與動物的詳細狀態

**日本有自動插秧機運行**
開發出具備精密直進功能的自動插秧機,已進入驗證階段

農畜產業有一半以上的作業時間都花在巡視農場或牧場。無人機登場後,這部分便自動化了

**運用AI與IT的精密農畜產業**
許多科技公司都提出利用AI驅動的全面農畜產經營平台的方案。AI會根據大量且詳細的資訊,提出精密的作業流程。
照片為農場作物處於生長階段的圖像。
藍色表示發育不良、黃色乃至橙色則是生長良好

土壤管理、育苗、栽種、澆水、施肥、　　　　個體的詳細健康資訊、依個體分配飼料

入這項技術。此外，無人機日漸普及後，亦可從空中觀察作物的生長狀況，並且精準地噴灑農藥等。

農業領域除了上述所提及的之外，還有其他技術來日可期，像是可自動執行採收與篩選等農務的機器人、用以創造新品種而改變遺傳訊息的基因組編輯技術，或是即便沒有廣闊耕地也能有效利用室內空間的都市型垂直農法等。

有別於植物，以動物為對象的畜產業雖然一直以來都被認定難以發展自動化，但仍持續推動運用AI的個體管理，如今甚至出現全自動擠乳系統。

在漁業領域，利用徹底管理的水槽來培育的陸上養殖，是用來取代在海中設置魚籠的海上養殖而備受矚目。不會受到颱風或水溫上升等影響，因此有可獲得穩定的產量、場地不限、可掌控商品的物流管道等優點，日本也已經引進此法。

## 2 漁業從海洋捕撈轉為陸上養殖

受到氣候變遷的影響，海洋的漁業資源也有減少之虞，人們為了確保穩定的蛋白質而開始關注養殖業。在這樣的情況下，展開亦可在陸地進行的完全封閉循環型的養殖業

## 3 基因組編輯技術催生出優良品種

取出基因組

找出咖啡因的基因

將基因組切割出來

種出不含咖啡因的咖啡樹

連接

咖啡樹

**亦可產出不含咖啡因的咖啡**

基因組編輯技術突飛猛進，這是針對目標基因進行編輯，使作物具備全新特徵，而非飽受抨擊的基因改造

## 4 已實現機器人農務

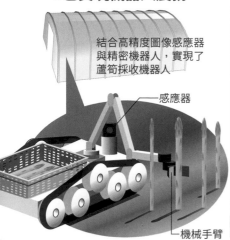

結合高精度圖像感應器與精密機器人，實現了蘆筍採收機器人

感應器

機械手臂

**判斷適當的採收時機、採收作業的控制**

## 5 都市的垂直農業為終極的「地產地銷」

以商業為基礎、在完全密閉環境中生產蔬菜的作法已經開始上軌道，並透過AI生育環境管理來推動完全有機栽培。還開發出供餐廳自費運用的小型系統與家庭專用模式。

# 已開發國家尋求全新蛋白質來源，脫離肉食的趨勢正在加速

## 受到關注的植物性蛋白

歐美已開發國家已有逐漸脫離肉食的趨勢。從貫徹完全素食主義的純素，乃至盡量減少肉食的彈性素食主義，有程度上的差別，試圖從植物性而非動物性食品獲取蛋白質來源的飲食生活備受矚目。

其中一個原因是，偏重於肉食的飲食生活會增加人們肥胖與罹患生活習慣病的風險。另一個原因則如p46～47所提到的，畜產對環境的負擔相當大，而且也是促使地球暖化的原因之一。

除此之外，當然把動物當作工業製品般對待，並且剝奪牠們生命的作法，也同樣

---

改善飲食生活有益健康

**ORGANIC**

地球暖化
畜產對環境所造成的
過重負擔

減少肉食，尤其是
牛肉食品

愛護動物並
開發新的蛋白質來源

## 暴飲暴食與脂肪攝取過量對健康的影響

**G7中肥胖人數前5名**
美國壓倒性領先

| 美國 | 英國 | 德國 | 法國 | 義大利 |
|------|------|------|------|--------|
| 30.6% | 23% | 13% | 9% | 9% |

15歲以上的肥胖人口比例

全球的
糖尿病人口
達4億6,500萬人

美國因心血管疾病
致死的人數
在已開發國家中
位居第1

### 脫離肉食　脫離動物性蛋白

脫離肉食的
各種飲食方式

全素·純素主義者
日漸增加

| | |
|---|---|
| **全素**<br>純素 | 某份報告指出，美國2009年有1％的純素主義者，到了2017年增至6％。其人數高達2,000萬人 |
| **奶素**<br>會攝取乳製品 | **素食者**<br>素食者雖然信奉素食主義，但類型多樣，並不限於嚴格只吃植物性食品的人，還包括接受不殺生的乳製品或雞蛋的人，以及偶爾會吃肉的人等等。左邊為其分類的範例之一 |
| **蛋素**<br>會攝取雞蛋 | |
| **彈性素食**<br>主要是吃素，偶爾也會吃肉 | 目前正在針對還無法脫離肉食的彈性素食主義者開發替代肉類，並將其商品化 |

飽受批評。有鑑於這些狀況，現在的食品業界正如火如荼地推動蛋白質來源的開發以取代肉類。

## 持續研發替代肉類的食品

歐美市場上已經出現使用大豆、豌豆或稻米等製成的替代肉、豆漿或杏仁奶等替代奶、以綠豆為原料的替代蛋等。日本企業在這個領域也相當努力。日本原本就有精進料理的傳統，即為了避免殺生而不使用肉類或魚類，改從大豆獲取蛋白質來源。豆腐料理、仿造肉食的「仿葷素菜」等，大量使用大豆蛋白所製成的和食，也受到歐美純素者熱切的關注。

此外，雖然尚未進入販售階段，但仍持續研發從動物中提取細胞來培養所製成的人造肉。在研究室裡製造的人工肉雖然也引發批判與反對，但也很有潛力成為應對全球人口增加的終極王牌。

## 日本自古以來就有以大豆蛋白烹製精進料理的傳統

日本企業在替代肉方面也不遺餘力

大塚食品推出的「ZERO MEAT」透過逆向工程提取出肉的成分，讓大豆蛋白的口感、肉汁與風味都更接近真正的肉
（照片取自該公司的官網）

日清食品集團與東京大學合作研發人造肉

透過全球首創、將肉培養成牛排狀的獨家技術來持續開發
（照片取自該公司的官網）

在植物油脂與大豆蛋白方面的領先企業「不二製油」所從事的大豆加工

研究大豆蛋白之活用的先驅。持續開發豆漿奶油乃至大豆肉與大豆乳酪等
（照片取自該公司的官網）

### 替代肉　　　人造肉　　　替代奶與蛋

**在市場上已頗受好評的美國純素肉**

**不可能食品（Impossible Foods）**
史丹佛大學的醫學院教授派屈克·卜朗先生以科學方式解析肉的味道後，創造出風味接近的肉漢堡

**主導全球人造肉技術的 Mosa Meat**

荷蘭馬斯垂克大學的馬克·波斯特博士所研發、為全球首創以牛幹細胞製成的人造肉漢堡。目前成本還很高昂，所以尚未進入市售階段

**替代蛋與奶的製造企業「JUST」所推出的完全植物性美乃滋**

美國JUST公司以從綠豆中提取出的蛋白質為原料，製造美乃滋與厚煎蛋

**超越肉類公司（Beyond Meat）**
在未使用基因改造技術的狀況下，開發出使用豌豆、稻米與椰子油，並以甜菜色素染色所製成的肉

美國的純素市場正持續增長

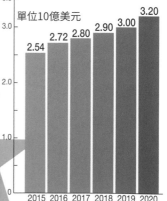

單位10億美元

| 2015 | 2016 | 2017 | 2018 | 2019 | 2020 |
|------|------|------|------|------|------|
| 2.54 | 2.72 | 2.80 | 2.90 | 3.00 | 3.20 |

預測值

# 有機農業與有機食品的市場於世界各地日益擴張

## 轉換成對生態系統較溫和的農業

如下圖所示，世界各地有愈來愈多農家轉型為有機農業，並持續擴大其耕作面積。所謂的有機農業，是指不使用化學合成的農藥、肥料及基因改造技術，而是採用不會對環境造成負擔的方式來耕作的農業。並

非單純不使用農藥即可，日本農林水產省所制定的基準中，還規定必須透過堆肥等來改良土壤，並在2年以上未使用化學肥料與農藥的田地裡進行生產。

有機農業不僅為消費者提供健康又安全的食材，還不必經手化學藥品，所以也能守護生產者的健康。此外，田地與封閉的工

## 在世界各地持續擴大的有機農業

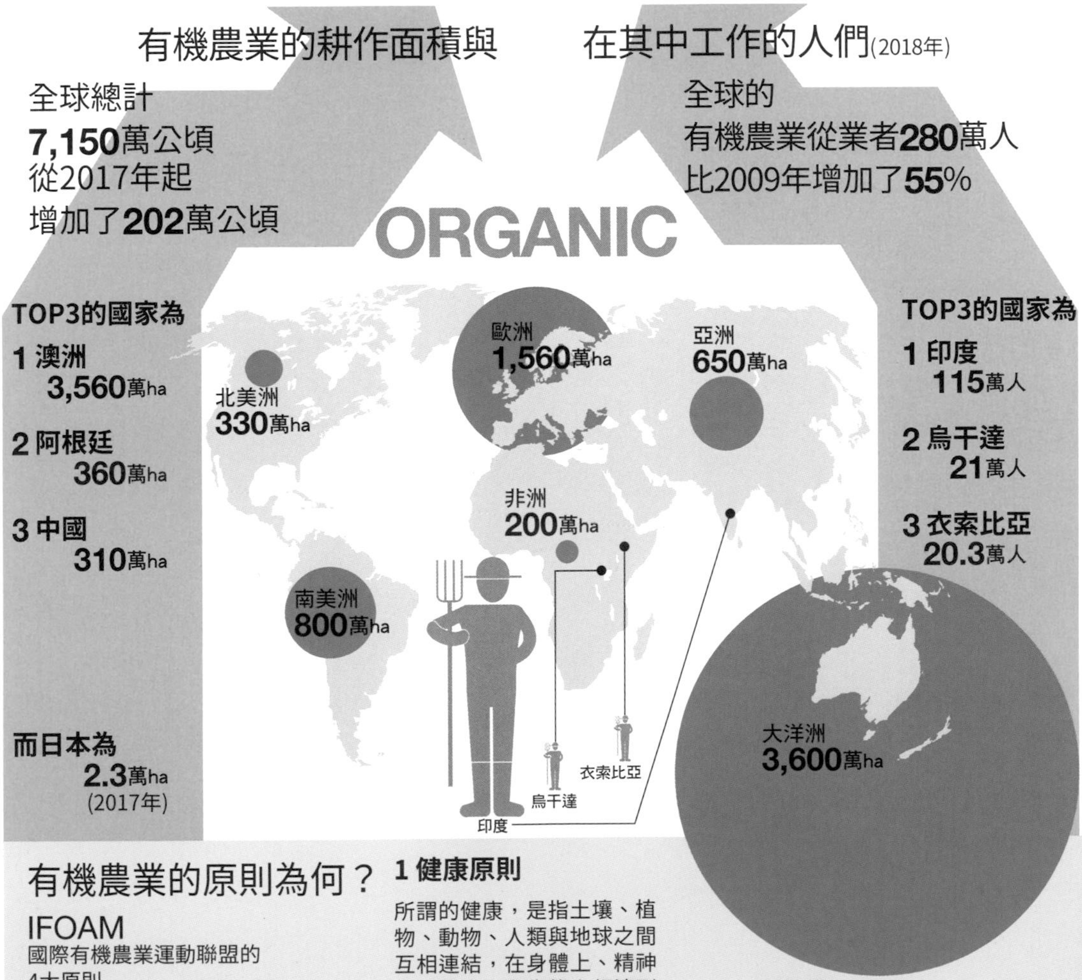

有機農業的耕作面積與　　在其中工作的人們(2018年)

全球總計
**7,150**萬公頃
從2017年起
增加了**202**萬公頃

全球的
有機農業從業者**280**萬人
比2009年增加了**55**%

ORGANIC

TOP3的國家為

**1 澳洲**
　**3,560**萬ha

**2 阿根廷**
　**360**萬ha

**3 中國**
　**310**萬ha

而日本為
**2.3**萬ha
(2017年)

歐洲
**1,560**萬ha

亞洲
**650**萬ha

北美洲
**330**萬ha

非洲
**200**萬ha

南美洲
**800**萬ha

大洋洲
**3,600**萬ha

衣索比亞
烏干達
印度

TOP3的國家為

**1 印度**
　**115**萬人

**2 烏干達**
　**21**萬人

**3 衣索比亞**
　**20.3**萬人

## 有機農業的原則為何？

**IFOAM**
國際有機農業運動聯盟的
4大原則

總部位於德國的波恩，
為全球有機農業從業者的聯盟。
成立於1972年

**1 健康原則**

所謂的健康，是指土壤、植物、動物、人類與地球之間互相連結，在身體上、精神上、社會上與生態上都達到滿足的狀態。因此，有機農業不能使用有危害健康之虞的化學肥料、農藥、動物用藥品與食品添加物

**2 生態的原理**

應在生態系統平衡的條件下從事有機農業，保護自然環境並互相分享其恩惠

廠有所不同，與自然環境息息相關。有機農業對包括土壤、土壤動物、微生物、水與大氣等在內的整個生態系統都是無害的，不會擾亂自然的循環，可說是符合SDGs的永續農業形式。

歐為首的歐洲各國有機意識特別高。

日本的市場規模也從2009年的1,300億日圓穩步成長至2017年的1,850億日圓，不過有機食品的價格相對較高，在全球總零售額中只占了1.4%。

## ■ 以歐美為主，成長的有機食品市場

透過有機農業所產出的作物及其加工品又稱作有機食品。有愈來愈多人出於健康意識與對環境的關懷而選擇購買有機食品，全球有機食品市場的規模也隨之擴大。以北

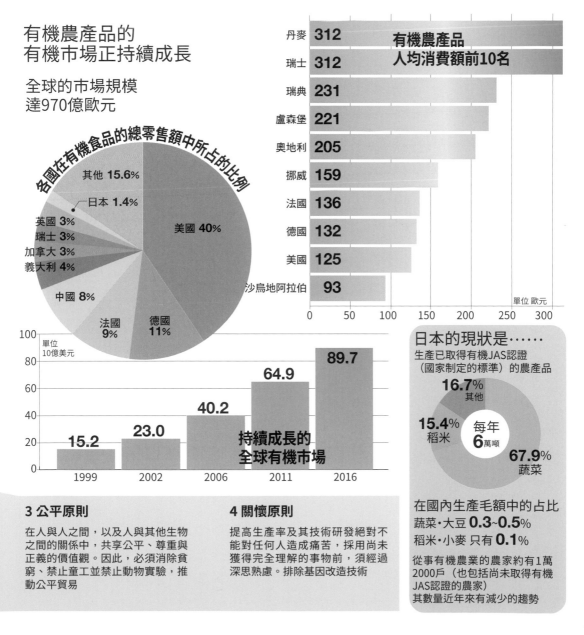

有機農產品的
有機市場正持續成長

全球的市場規模
達970億歐元

各國在有機食品的總零售額中所占的比例

其他 15.6%
日本 1.4%
英國 3%
瑞士 3%
加拿大 3%
義大利 4%
中國 8%
美國 40%
法國 9%
德國 11%

有機農產品
人均消費額前10名

| | 單位 歐元 |
|---|---|
| 丹麥 | 312 |
| 瑞士 | 312 |
| 瑞典 | 231 |
| 盧森堡 | 221 |
| 奧地利 | 205 |
| 挪威 | 159 |
| 法國 | 136 |
| 德國 | 132 |
| 美國 | 125 |
| 沙烏地阿拉伯 | 93 |

持續成長的
全球有機市場

單位 10億美元

| 1999 | 2002 | 2006 | 2011 | 2016 |
|---|---|---|---|---|
| 15.2 | 23.0 | 40.2 | 64.9 | 89.7 |

日本的現狀是……
生產已取得有機JAS認證（國家制定的標準）的農產品

每年 6萬噸

其他 16.7%
稻米 15.4%
蔬菜 67.9%

在國內生產毛額中的占比
蔬菜・大豆 0.3~0.5%
稻米・小麥 只有 0.1%

從事有機農業的農家約有1萬2000戶（也包括尚未取得有機JAS認證的農家）
其數量近年來有減少的趨勢

**3 公平原則**

在人與人之間，以及人與其他生物之間的關係中，共享公平、尊重與正義的價值觀。因此，必須消除貧窮、禁止童工並禁止動物實驗，推動公平貿易

**4 關懷原則**

提高生產率及其技術研發絕對不能對任何人造成痛苦，採用尚未獲得完全理解的事物前，須經過深思熟慮。排除基因改造技術

# 始於大樓街區的都市農業
# 可實現終極的地產地銷？

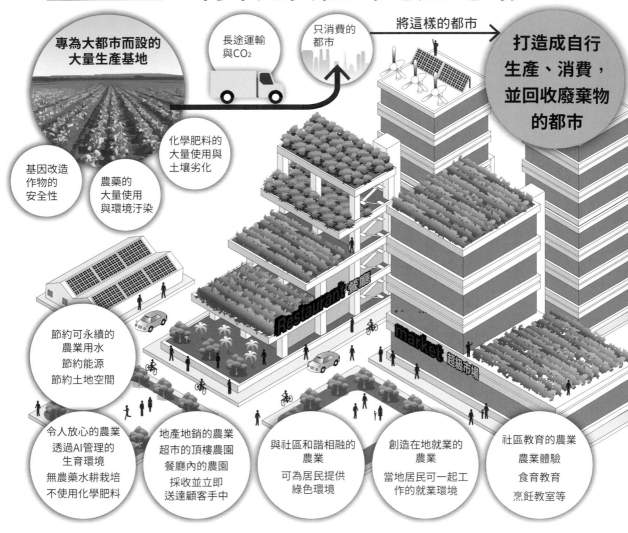

專為大都市而設的
大量生產基地

長途運輸
與CO₂

只消費的
都市

將這樣的都市

打造成自行
生產、消費，
並回收廢棄物
的都市

化學肥料的
大量使用與
土壤劣化

基因改造
作物的
安全性

農藥的
大量使用
與環境汙染

節約可永續的
農業用水
節約能源
節約土地空間

令人放心的農業
透過AI管理的
生育環境
無農藥水耕栽培
不使用化學肥料

地產地銷的農業
超市的頂樓農園
餐廳內的農園
採收並立即
送達顧客手中

與社區和諧相融的
農業
可為居民提供
綠色環境

創造在地就業的
農業
當地居民可一起工
作的就業環境

社區教育的農業
農業體驗
食育教育
烹飪教室等

Restaurant 餐廳　　market 超級市場

## 好處多多的都市農業

全球人口有半數集中居住在都市，一般預測今後都市人口還會進一步增加。因此，世界各地現今紛紛開始試圖從只消耗糧食的都市轉型為生產都市，使得都市農業備受關注。

美國研究團隊已經估算出，只要在世界各地的都市善用所有可用空間來發展農業，每年可生產1億8,000萬噸的糧食，且每年可節約150億千瓦的能源。

在消費地推動都市農業，即可將作物以新鮮狀態送達當地居民手中，並減少運輸過程所排放的CO₂。此外，還可在都市內創造綠色環境、提供居民接觸農業的機會，另一方面，作為災害發生時的糧食供給來源亦備受期待。

## 垂直農法與屋頂農場為矚目焦點

日本也在農林水產省的帶領下推動都市農業，有愈來愈多人開始使用市民農園與體驗農園等。然而，日本著重於振興都市地

# 世界各地的都市接連展開新的嘗試

**法國・巴黎**
目前已有都市農場在巴黎市內陸續開張。巴黎市在「綠色城市化」計畫中，規劃了33公頃的農場

**義大利・米蘭**
翻修工業設施時，不斷建設以植物工廠為中心的高科技辦公室

**伊朗・設拉子**
伊朗正在推動農業高科技化，還計畫將所有露天栽培的蔬菜轉為設施栽培

**哈薩克・阿斯塔納**
以在嚴苛的自然環境中全年栽培蔬菜為目標，開始導入高科技植物工廠

**日本呢？**
可惜尚無作為

**紐約・布魯克林**
在都市正中央開闢了葡萄田。以屋頂栽培的葡萄樹來釀造紐約產葡萄酒

**台灣・台南市**
將新建的蔬果市場屋頂化為8萬㎡的巨大農場。除了農場外，還有觀光設施與辦公室進駐

**紐約・曼哈頓**
6層樓的複合大型設施屋頂上有座約1,000㎡的農場，於2020年迎來收成期

**美國・紐約、芝加哥**
GOTHAM GREENS是目前在美國最成功、利用自然光的都市農業企業。2009年成立於紐約布魯克林，2015年於芝加哥打造了第4座且最大的農場

**阿拉伯聯合大公國・杜拜**
沙漠中的都市杜拜對植物工廠的投資驟增。全球最大的設施也已開始營運，每天生產2700公斤蔬菜

**泰國・曼谷**
於國立法政大學校園內打造了一座22,000㎡的廣大屋頂有機農場。實現校內糧食的自給自足

**新加坡**
土地狹窄的新加坡已陸續建造塔式植物工廠，志在提升糧食自給率

**越南・河內、胡志明市**
迅速推動農業IoT技術的導入，催生出無數小規模的植物工廠。栽種哈密瓜等高附加價值的作物

**巴西・美景市**
在幅員遼闊的國土上運送生鮮食品，很多在運輸途中便遭廢棄。為了消除這些損耗而打造了都市農園

區裡餘留的農家並有效利用農地，與全球趨勢有些微差異。目前在世界各地推動的新型態農業，是以市民、團體與企業等為中心，而非針對既有的農家。

其中較值得關注的，是利用高層建築的樓層或斜面的垂直農法。農業需要大片土地與大量的水。在這方面，如果採用垂直農法，即可有效利用有限的空間，若再結合水耕栽培法，還可有效率地將水回收再利用，也只需少量的肥料與農藥。

除此之外，人們還展開全新的農業嘗試，例如利用大樓頂樓的頂樓農場、利用AI、感應器與LED照明等來管理的植物工廠等，並不斷拓展網絡，為附近超市與餐廳供應產地直銷的蔬菜。

如上述案例所示，世界各地的都市正在逐步實現在當地消費當地產物的「地產地銷」。

# AI 與 IT 企業的目標在於創建連結人與食物的平台

## 由AI支援的食品與健康管理

當AI（人工智慧）開始成為熱門話題時，曾引發各種議論。AI會剝奪人類較單純的勞務工作，甚至連醫生這類專業知識職業都有可能被取代。在這些議論的背後，是出於本能的恐懼：會思考的機器有可能超越人類的大腦。

然而，不過短短數年後的今日，AI已經意外順利地進入我們的生活。無論是天天使用的LINE、推特（現 X ）或Google等搜尋網站，都有AI在其背後運作。AI會收集每個用戶的日常使用紀錄（即所謂的大數據），並對其行為進行記錄與分析，建構對企業行

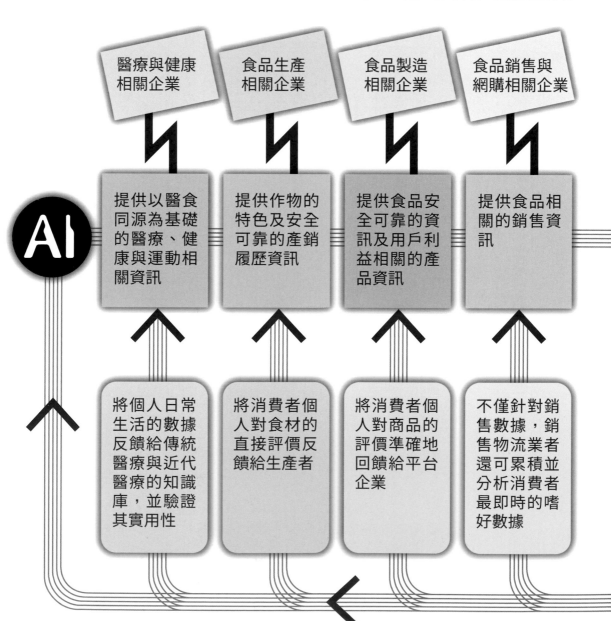

- 醫療與健康相關企業
- 食品生產相關企業
- 食品製造相關企業
- 食品銷售與網購相關企業

**AI**

- 提供以醫食同源為基礎的醫療、健康與運動相關資訊
- 提供作物的特色及安全可靠的產銷履歷資訊
- 提供食品安全可靠的資訊及用戶利益相關的產品資訊
- 提供食品相關的銷售資訊

- 將個人日常生活的數據反饋給傳統醫療與近代醫療的知識庫，並驗證其實用性
- 將消費者個人對食材的直接評價反饋給生產者
- 將消費者個人對商品的評價準確地回饋給平台企業
- 不僅針對銷售數據，銷售物流業者還可累積並分析消費者最即時的嗜好數據

銷有用的數據。只要在購物網站上購買零食，就會收到類似的零食資訊，這也是AI的功能。

關於這類AI數據的活用，目前最受關注的是食品與健康的領域。食品與健康在人類社會中是最私人的領域。出於食欲這種生物最根本的欲望，我們的飲食生活裡充滿形形色色的食材與料理，結果導致人人都有極為私人的健康問題。

人們日常的使用數據會將食材乃至健康狀況連結起來，不妨從中單獨提取特定用戶的特徵，建立一套該用戶專屬的「飲食」與「健康」的系統。集中於美國矽谷的IT企業家皆對此備感興趣。催生出由AI創建的個人化飲食與健康服務平台指日可待。

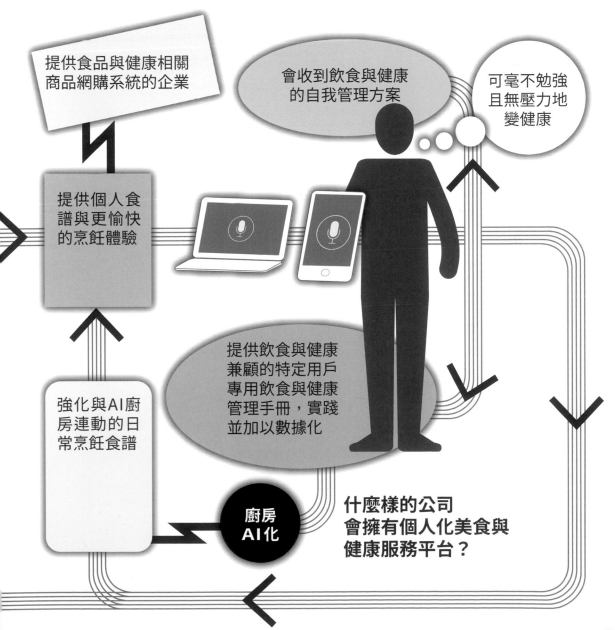

提供食品與健康相關商品網購系統的企業

會收到飲食與健康的自我管理方案

可毫不勉強且無壓力地變健康

提供個人食譜與更愉快的烹飪體驗

提供飲食與健康兼顧的特定用戶專用飲食與健康管理手冊，實踐並加以數據化

強化與AI廚房連動的日常烹飪食譜

廚房AI化

什麼樣的公司會擁有個人化美食與健康服務平台？

# 農村可透過技術革命與世界接軌，成為永續發展的社區

## 農家透過最新技術與消費者連結

2020年春季，新型冠狀病毒也開始在日本擴大傳染後，許多農家都受到打擊。本該供應給學校午餐或餐飲店的食材，因為學校停課與店家自律減少營業而大量滯銷。另一方面，都市居民必須自律減少外出而不得不暫停購物。將有食品庫存的農家與待在家中的消費者連結起來的，便是網路購物網站與可號召支援的社群平台。

如今已建立一套可快速到貨的系統，一部智慧型手機即可完成訂購、出貨與付款。在我們不知不覺中，一場透過最新技術創造全新機制的技術革命正在進行，將迄今

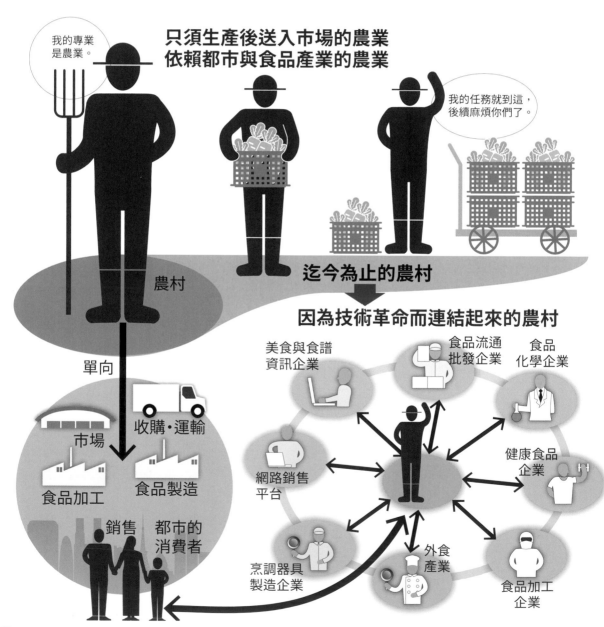

只須生產後送入市場的農業
依賴都市與食品產業的農業

我的專業是農業。

我的任務就到這，後續麻煩你們了。

農村

迄今為止的農村

因為技術革命而連結起來的農村

單向

市場
收購‧運輸
食品加工
食品製造
銷售　都市的消費者

美食與食譜資訊企業
食品流通批發企業
食品化學企業
網路銷售平台
健康食品企業
烹調器具製造企業
外食產業
食品加工企業

為止並無交集的生產者與消費者直接連結起來，有助於消除龐大的庫存。

## 肩負飲食要務的社區

農業與追求生產效率的工業有著本質上的不同。與自然共存的同時，還肩負著生產人類生存所需的糧食，並繼承自古流傳的智慧與技術的任務。農家可說是社會共同資本般的存在，在此之前皆位居幕後，透過這場技術革命而得以與外部連結，並持續擴大網絡。

往後的農村蘊藏著成為獨立經濟圈的潛能。農家不僅要個別生產，還要共同進行加工、銷售、研發、發送資訊、導入可再生能源等，有望成為肩負飲食要務的永續社區。

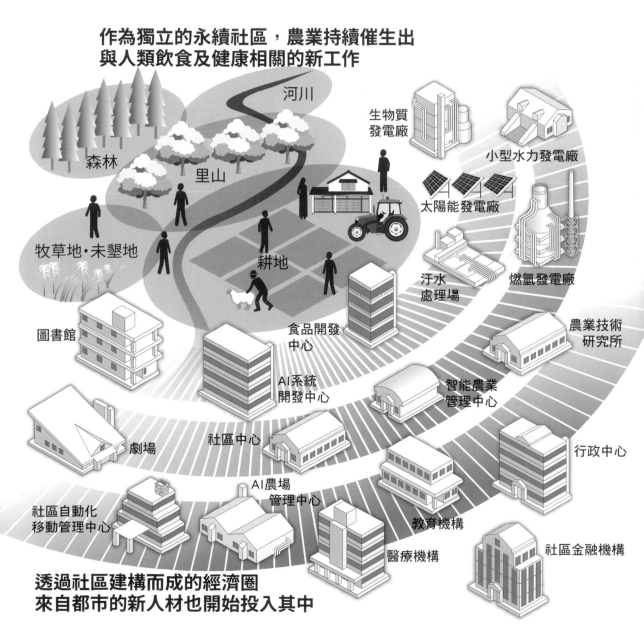

作為獨立的永續社區，農業持續催生出與人類飲食及健康相關的新工作

河川
森林
里山
生物質發電廠
小型水力發電廠
太陽能發電廠
燃氫發電廠
汙水處理場
牧草地・未墾地
耕地
圖書館
食品開發中心
農業技術研究所
AI系統開發中心
智能農業管理中心
劇場
社區中心
行政中心
AI農場管理中心
社區自動化移動管理中心
教育機構
醫療機構
社區金融機構

透過社區建構而成的經濟圈
來自都市的新人材也開始投入其中

# Part 4 日本的糧食 岌岌可危 ①

## 全球為了追求食品安全而採取行動，日本卻反其道而行

### 糧食自給率下降的含意

日本於1965年的糧食自給率為73%，到了2019年下降至38%，減少將近一半。

## 看來我們日本人的行動

| 飲食與健康的全球趨勢 | | 日本的動向與世界背道而馳 |
|---|---|---|
| 已開發國家志在提升自給率 | **糧食自給率** | **日本的動向**<br>日本的自給率持續下降 |

全球的趨勢

持續增加的有機農業
全球的耕作面積

百萬ha
60
50
40
30
20
10

1999　2005　2010　2013　2016

全球的趨勢

| | **有機農業與食品** | **日本的動向**<br>日本的耕作面積位居主要國家之末 |
|---|---|---|

詳見 p70-71

替代肉的研發競爭加劇

詳見 p68-69

**邁向無肉飲食**

全球的趨勢

**日本的動向**

日本的肉類消費仍持續成長

萬日圓 每戶家庭每年的肉類支出金額
9

8

7

6
2010　2012　2014　2015

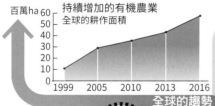

在歐洲各國展開的基因改造作物反對運動

**反對基因改造作物**

全球的趨勢

**日本的動向**

針對基因改造食品做進一步的認證

為了確保糧食安全，針對特定地區的特有種進行保護

**保護特有種與生物多樣性**

全球的趨勢

**日本的動向**

將近300種稻米品種即將被淘汰

這個情況是因為日本人的飲食生活有所改變，自給率高的稻米消費量減少，而畜產品等的進口量卻增加。從右下圖表即可得知，單看穀類一項，日本的自給率水準也低於其他國家。

不僅限於自給率。如下方所示，世界各地正持續推動守護食品安全與健康的對策，例如轉型為有機農業、減少肉食的飲食生活、基因改造作物反對運動、作物特有種的保護等。然而，日本的每一項政策卻都與世界趨勢背道而馳。

有人指出，整體來說，日本為了食品安全所設定的基準比其他國家還要寬鬆。用了農藥的小麥、用了添加物的肉品、安全性未經證實的基因改造作物等，紛紛湧入日本。這些產品的主要出口國皆為美國。這只是單純的偶然嗎？

# 與世界趨勢背道而馳

持續下降的自給率
以熱量為基礎的比例

| 年份 | 比例 |
|------|------|
| 1965 | 73% |
| 1980 | 53% |
| 2000 | 40% |
| 2010 | 39% |
| 2018 | 37% |
| 2019 | 38% |

主要國家的基本穀物自給率

|  |  |
|------|------|
| 法國 | 170 |
| 美國 | 119 |
| 德國 | 112 |
| 英國 | 94 |
| 義大利 | 63 |
| 日本 | 28 |

詳見 p80-81

反米食運動

麵包食品普及運動

美國
小麥出口戰略
（稻米、小麥與玉米等）

反而成為農藥與化學肥料大國 → 為了進口穀物而允許在收割前噴灑除草劑

詳見 p60-61

食品添加物大國 → 允許在歐美受到管制的添加物

允許進口肉類使用添加物 — 允許歐盟禁止的育肥荷爾蒙劑

美國與澳洲的肉食出口戰略

修法使非基因改造食品無須標示 → 促進基因改造食品的進口

詳見 p84-85

突然廢除《種子法》 → 讓美國企業所推出的基因改造稻米市場化？

美國企業的戰略

# 戰後的美國糧食政策
# 改變了日本人的飲食生活

## 從稻米到麵包、從魚類到肉類

日本人自古以來便以稻米為主食，並以魚類或大豆為蛋白質來源。不過，如今這些習慣已被歐美的飲食生活所滲透，轉而以麵包與義大利麵等麵粉製品、肉類與乳製品為主。是戰後的美國政策，改變了日本人的飲食生活。

1945年，日本淪為第二次世界大戰的戰敗國，國土遭戰火摧殘，面臨嚴峻的糧食危機。另一方面，占領統治日本的美國，則透過近代式大規模農業大量生產了過剩的農作物。

美國當時持續借出糧食給日本作為緊

## 美國是這樣改變日本人的飲食生活

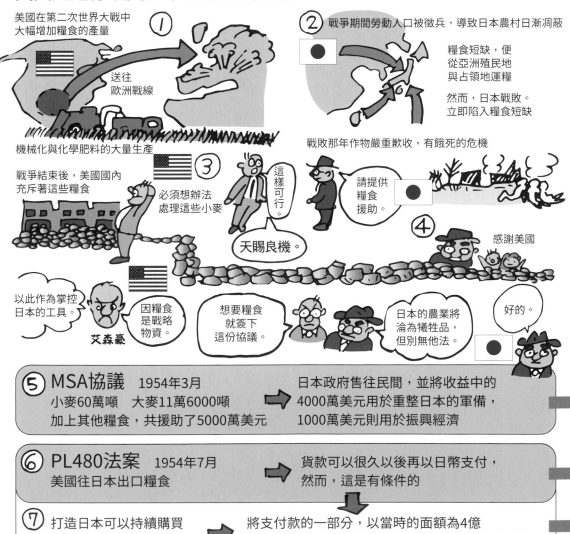

① 美國在第二次世界大戰中大幅增加糧食的產量

送往歐洲戰線

機械化與化學肥料的大量生產

② 戰爭期間勞動人口被徵兵，導致日本農村日漸凋蔽

糧食短缺，便從亞洲殖民地與占領地運糧

然而，日本戰敗。立即陷入糧食短缺

戰敗那年作物嚴重欠收，有餓死的危機

③ 戰爭結束後，美國國內充斥著這些糧食

必須想辦法處理這些小麥

這樣可行。

天賜良機。

請提供糧食援助。

④ 感謝美國

以此作為掌控日本的工具。

艾森豪

因糧食是戰略物資。

想要糧食就簽下這份協議。

日本的農業將淪為犧牲品，但別無他法。

好的。

⑤ MSA協議　1954年3月
小麥60萬噸　大麥11萬6000噸
加上其他糧食，共援助了5000萬美元
➡ 日本政府售往民間，並將收益中的
4000萬美元用於重整日本的軍備，
1000萬美元則用於振興經濟

⑥ PL480法案　1954年7月
美國往日本出口糧食
➡ 貨款可以很久以後再以日幣支付，
然而，這是有條件的

⑦ 打造日本可以持續購買美國小麥的結構
➡ 將支付款的一部分，以當時的面額為4億
2000萬日圓，用於宣傳美國的農產品與拓展市場

急支援，然而在日本於1952年恢復主權成為獨立國家後，美國便鎖定日本作為其農產品的出口對象。

## 美國的糧食出口戰略

美國根據1954年制定的PL480法案（過剩農產品協議），簽訂了往日本出口小麥等的協定，並展開美國農作物的大型宣傳活動。讓餐車巡迴日本各地，宣傳麵包、肉與乳製品等。鼓吹麵包食品更甚米食的風潮漸盛，日本全國各地的學校午餐開始出現麵

包與以脫脂奶粉泡製的牛奶。吃麵包食品長大的孩子們，即便成年後仍會繼續吃麵包。肉類、乳製品與雞蛋是適合搭配麵包的副食。飼養生產這些的家畜，則需要大量玉米或大豆作為飼料。

如此一來，日本就必須持續向美國購買小麥、肉、玉米、大豆等。

⑧ 學校午餐開始供應麵包食品

午餐從米飯改為麵包

成為麵包愛好者　　　餵食麵包與鮮奶長大的孩子

鼓勵日本主婦使用平底鍋與油來普及洋食
⑨ 餐車與平底鍋運動

打造在大型巴士後部裝設廚房而可在野外進行料理指導的「餐車（kitchen car）」，從1956年開始巡迴日本各地，進行從米食轉為麵包食品的營養指導

⑩ 展開反米食的政治宣傳

慶應義塾大學的林髞教授所著的《大腦　發揮才能的處方箋》成為暢銷書。書中鼓吹麵包食品，聲稱只吃米飯會缺乏維生素B1而導致大腦功能退化。後來釐清其研究費來自美國穀物巨頭

以「1天1餐麵包、1天1餐洋食」為口號，展開否定日本人的和食習慣並改吃洋食的「營養改善運動」

⑪ 政治宣傳大成功

稻米消費量的變化
（每人每年的供應量）
120kg
50
1960　1985　2006

稻米的消費量逐步下降，小麥的進口量則迅速竄升

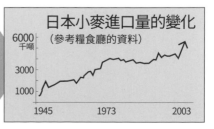

日本小麥進口量的變化
（參考糧食廳的資料）
6000千噸
3000
1000
1945　1973　2003

# 日本成為農藥使用大國
# 及食品添加物大國的緣由

## ▌寬鬆的管制是為了美國？

　　東京奧林匹克運動會因為新型冠狀病毒大流行而延期。在奧運籌備過程中，日本有一個令人憂心的問題——日本的農藥使用規範極其寬鬆，因此基於國際安全標準，選手村的餐飲不能使用日本國產蔬菜。嘉磷塞

在歐美各國有使用限制，日本政府卻將殘留基準放寬400倍，甚至連類尼古丁類農藥的殘留基準也提高至2000倍。用於日本食品的食品添加物也和農藥一樣，放眼國際都是高標準。

　　為何日本的農藥與添加物會變得如此氾濫？請見以下2張圖解。左邊是按時間順

# 農業大國是為了工業犧牲農業的必然結果

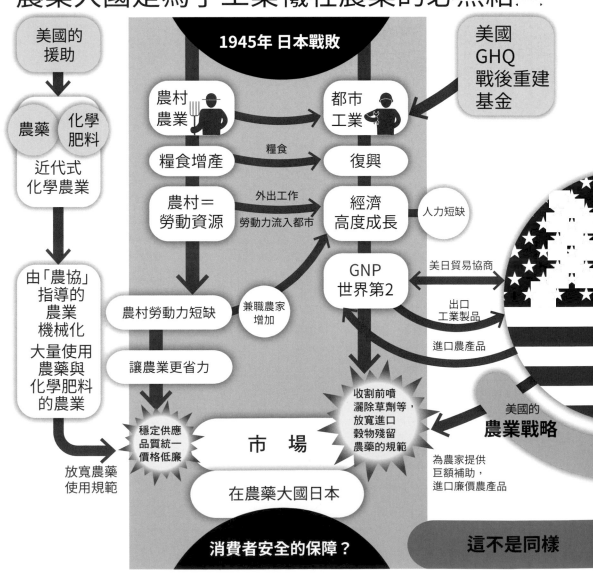

美國的援助

農藥　化學肥料

近代式化學農業

由「農協」指導的農業機械化

大量使用農藥與化學肥料的農業

放寬農藥使用規範

**1945年 日本戰敗**

美國 GHQ 戰後重建基金

農村農業 → 都市工業

糧食增產 —糧食→ 復興

農村＝勞動資源　外出工作 勞動力流入都市 → 經濟高度成長

人力短缺

GNP 世界第2

美日貿易協商

出口工業製品

進口農產品

農村勞動力短缺

兼職農家增加

讓農業更省力

收割前噴灑除草劑等，放寬進口穀物殘留農藥的規範

美國的 **農業戰略**

為農家提供巨額補助，進口廉價農產品

穩定供應 品質統一 價格低廉

市　場

在農藥大國日本

消費者安全的保障？

這不是同樣

序呈現戰後70年間與日本農業相關的重大事件。右邊則是記錄與日本食品產業相關的事件。

觀察這些農業與食品產業的推移，會發現幾個共通點。第一，兩者皆是1945年戰敗後，因為占領日本的美國提供援助而翻開歷史新篇章。

第二，戰後為了復興而接受工業化的洗禮。勞動人口從農村流入都市的工廠，農家轉為小規模的兼職農家，農業則依賴農藥與化學肥料。連食品產業都從傳統的製法轉為依賴工業製的食品添加物。

第三則是農作物與食品皆是從美國大量進口。美國產的農產品裡有農藥殘留，食品則含有添加物。日本為了進口這些而放寬了管制。農業與食品產業實則屬於同一種結構。

# 成為食品添加物大國是飲食快速西化所致

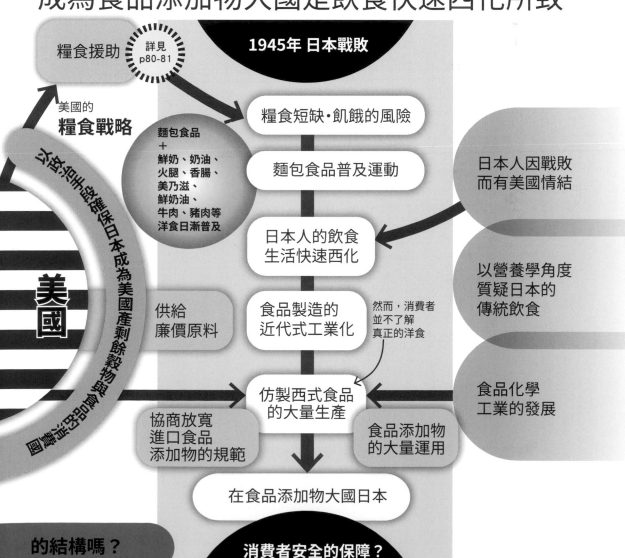

糧食援助　詳見 p80-81

美國的 **糧食戰略**

1945年 日本戰敗

糧食短缺‧飢餓的風險

麵包食品普及運動

日本人的飲食生活快速西化

麵包食品＋鮮奶、奶油、火腿、香腸、美乃滋、鮮奶油、牛肉、豬肉等洋食日漸普及

食品製造的近代式工業化

然而，消費者並不了解真正的洋食

供給廉價原料

仿製西式食品的大量生產

協商放寬進口食品添加物的規範

食品添加物的大量運用

在食品添加物大國日本

美國

日本人因戰敗而有美國情結

以營養學角度質疑日本的傳統飲食

食品化學工業的發展

的結構嗎？

消費者安全的保障？

# 日本政府匪夷所思的政策變更，這麼做是為了誰？有何目的？

## 食品安全性不復存在？

請先觀察下圖。左邊是美國非基因改造食品與有機食品的標示範例。右邊則是現今日本非基因改造食品的標示。美國是全球最大的基因改造農業王國，所生產的玉米與大豆有將近90％是基因改造作物

（GMO）。使用農藥與GMO製成的加工食品在健康方面令人憂慮，在美國市民之間引發不少消費者運動後，才落實現在的標示制度。

另一方面，由於法律的修訂，從2023年起，日本現行的「非基改」標示實施起來變得困難重重。這是因為，即便嚴格管理農

### 美國的情況　允許多種標示方式
因為拒絕基因改造食品的消費者運動，各種組織都會落實產品標示

### 日本的情況　將無法標示？
自2023年起，因為法律的修訂，實際上將無法標示「非基改」或「非基因改造」

| 品　　名 | 充填豆腐 |
|---|---|
| 原材料名 | 大豆（國產）（非基因改造）、凝固劑 |

| 品　　名 | 零食點心 |
|---|---|
| 原材料名 | 玉米（非基因改造）、植物油 |

| 品　　名 | 洋芋片 |
|---|---|
| 原材料名 | 馬鈴薯（非基因改造）、植物油 |

為什麼在日本將會無法標示？　→　因為修法後，標示中的基因改造成分必須為零　→　憑現階段的技術要證明這一點相當困難

這些食品已經可以不必標示

| 沒有標示義務的食品 | 有標示義務的作物 | 有標示義務的食品 |
|---|---|---|
| 肉　蛋　鮮奶　乳酪　人造奶油　美乃滋　沙拉油　醬油　玉米糖漿　多醣體　甜味劑　味醂　玉米片　釀造醋　釀造酒精 | 玉米 | 玉米點心　爆米花　玉米罐頭 |
|  | 大豆 | 豆腐　油豆腐　納豆　豆漿　味噌 |
|  | 馬鈴薯 | 馬鈴薯零食 |
|  | 菜籽 |  |
|  | 棉花籽 |  |
|  | 甜菜 |  |
|  | 紫花苜蓿 |  |
|  | 木瓜 |  |

這是不是意味著將放任基因改造食品不管？

「非基改」的標示即將消失？

**消費者將失去選擇的標準？**

地，GMO的花粉仍會飛散，因此迄今為止允許混入5％以下的基改成分。但修法後變得更加嚴苛，要求GMO混入率盡量趨近於零。政府似乎試圖透過加上不可行的條件來廢除非基因改造標示。

接下來請查看右頁。這裡也列出了政府令人費解的舉措——廢除《主要農作物種子法》。

《種子法》是日本政府基於因戰爭讓國民挨餓的反省而制定的法律，規定國家有責任以低價穩定供應飲食基本的稻種，並針對品種進行改良與維護。

日本於2018年突然廢除這項法律。隨後又開放稻種市場，讓國外企業也能參與其中。這般突然修法，引發農業相關業者與消費者團體等反對聲浪不斷，還組織發起反對運動。

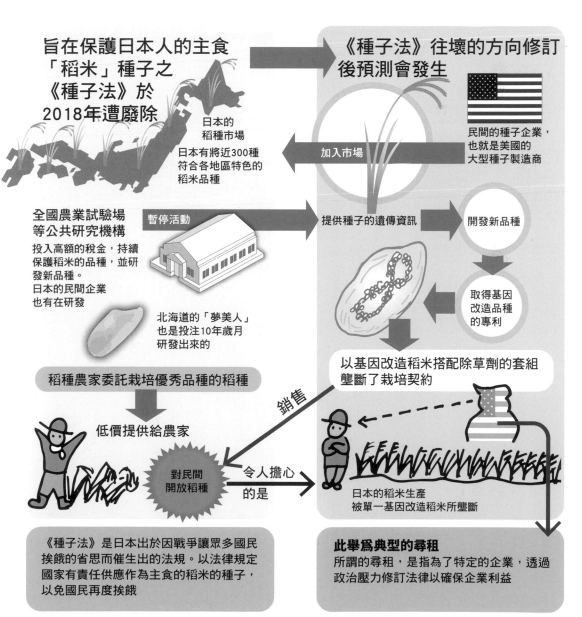

旨在保護日本人的主食「稻米」種子之《種子法》於2018年遭廢除

日本的稻種市場
日本有將近300種符合各地區特色的稻米品種

全國農業試驗場等公共研究機構
投入高額的稅金，持續保護稻米的品種，並研發新品種。
日本的民間企業也有在研發

暫停活動

北海道的「夢美人」也是投注10年歲月研發出來的

稻種農家委託栽培優秀品種的稻種

低價提供給農家

對民間開放稻種

令人擔心的是

《種子法》往壞的方向修訂後預測會發生

民間的種子企業，也就是美國的大型種子製造商

加入市場

提供種子的遺傳資訊

開發新品種

取得基因改造品種的專利

以基因改造稻米搭配除草劑的套組壟斷了栽培契約

銷售

日本的稻米生產被單一基因改造稻米所壟斷

《種子法》是日本出於因戰爭讓眾多國民挨餓的省思而催生出的法規。以法律規定國家有責任供應作為主食的稻米的種子，以免國民再度挨餓

**此舉為典型的尋租**
所謂的尋租，是指為了特定的企業，透過政治壓力修訂法律以確保企業利益

# 全球最大農業協同組合
# 「農協」的糧食與農村的未來

## 農協掌握著日本飲食的未來

直到二戰之前，日本的農地皆歸少數大地主所有，住在農村的農民則是向地主繳納地租的佃農。日本農村的貧窮狀況可溯源至江戶時代這種控管農地的結構。

利用戰敗後統治日本的GHQ這一外部壓力，加上當時農林省官僚矢志達成的心願，這些地主的農地被低價出售給農民。由此衍生出420萬戶小規模自營農家，於1948年團結合作成立了「農協（農業協同組合）」。其目的在於從經濟上讓農家與農村豐饒起來。這個「農協」成立70餘年後，發展成一個會員超過1,000萬人且持有

## 1 日本成立「農協」的緣由

**1945年戰敗**

GHQ的指導＋農林官僚的心願

農地改革

政府從戰前的大地主手中收購土地，再低價出售給佃農

自耕農　自耕農　自耕農　自耕農

**420**萬戶的自營農家誕生

貧困的小農家齊聚

集體與資本談判 — 集體談判 → 農藥製造商 / 流通市場 / 農具製造商

成立協同組合吧!!

1948年
農業協同組合誕生

農協

增加日本貧困農家的所得，讓農村富饒起來

為了會員而啟動各式各樣的合作項目

聯合採購事業
聯合出貨事業
聯合金融支援事業
聯合保險事業

等多項

成立當時的標誌

## 2 成為大型金融集團的「農協」

信貸事業
存款餘額
**104**兆**1148**億日圓
（2018年度）

以將會員的存款借給會員為目的而啟動。是由統稱為JA Bank的JA、JA信連與農林中央金庫所構成的金融服務事業。然而，如今針對農業相關事業的融資寥寥無幾，改以針對非農業準會員的貸款與國際金融投資為主

互助事業
總資產
**58**兆**1896**億日圓
貸款
**51**兆**4250**億日圓
（2018年度）

以會員間的互助為目的，承辦人壽保險、各種損害保險與車輛保險等業務。除此之外，還發展出提供交通事故對策、災害救援、復興支援與促進健康等事業

經濟事業
銷售額
**4**兆**5925**億日圓
（2018年度）

收購並販賣會員的產品，以及向農家仲介並販售務農或生產的材料，拓展A-COOP等生活相關事業。銷售生產者的農產品為其本業，銷售額占整體的6成多，稻米的銷售只占15%

農協員工數
約**20**萬人
（2015年度）

會員數
**1,049**萬人
（2018年度）

成立經過70餘年後，已經發展成一個龐大的組織

資產達104兆日圓的超龐大組織，農家的平均所得也超過國民平均。農家與農村早已富裕起來，「農協」的作用可以說是到此便已結束。

回過神來才發現，正如前幾頁所看到的，日本人如今正面臨多種飲食與健康相關的問題。這些也都是「農協」所面臨的問題。說句不怕引起反彈的話，這些問題都是「農協」背棄全日本人民所造成的結果。舉例來說，為了販售農藥的特權而束縛了農家，使日本成為農藥大國。這個協同組合原是為了守護農業免受資本主義式功利主義影響而組成，卻淪為資本主義色彩最濃厚的組織。

然而，為了超越造成地球氣候變遷危機的資本主義，人們正在摸索一種以農村為基礎的新社區樣貌。「農協」能否因應這個緊急課題？能否訂立新的目標？人們對此發出質疑。

# 3 現今「農協」的行為與矛盾

① 本應是農業資本主義化的安全網，卻從事著最資本主義的活動

> 主要收益來自金融。其規模已超過巨型銀行

> 成為壟斷農藥與化學肥料的最大銷售組織

> 其結果便是背棄日本人的食品安全

② 也放棄提升日本的糧食自給率

> 以米價談判作為與保守政黨的政治交易籌碼
> 為了維持高米價而實施減耕，導致水田荒廢
> 小麥與大豆的轉作尚無進展

③ 不再是只為農家服務的「農協」

> 會員425萬人　　準會員624萬人

> 非農業從業者為了利用農協的服務（主要是金融）而加入，不過沒有會員的表決權

# 4 「農協」能否成為推動新式農村社區的主力？

① 從為了農家而成立的組織，變成為了國民而存在的組織

② 成為達到糧食自給率100%的主力

③ 成為守護日本人食品安全的主力

④ 能否成為新獨立經濟圈農村社區的主要參與者？

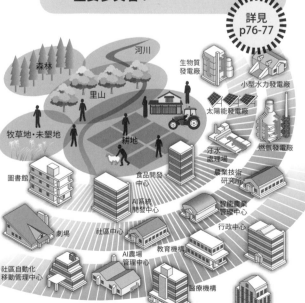

詳見 p76-77

# 為了守護食品的安全與環境，我們目前可以採取的行動

## 取回飲食的自主權

正如到目前為止所看到的，以國家整體來觀察便會發現，日本的飲食正面臨與全球趨勢背道而馳的諸多問題。然而，每位國民對飲食的認知與世界各地人們的方向卻是一致的，都追求兼顧健康與環境的食品。即

便我們無法改變國家政策與大型組織的體質，卻能夠發起改變自身飲食生活之類的活動。

舉例來說，當我們選購食品時，考慮食品安全與對環境的負荷，不購買有疑慮的產品。光是這麼做就能對企業表態。選擇有機食品、無添加食品與非基因改造食品；盡

## 我們可以從明天就採取的行動不計其數

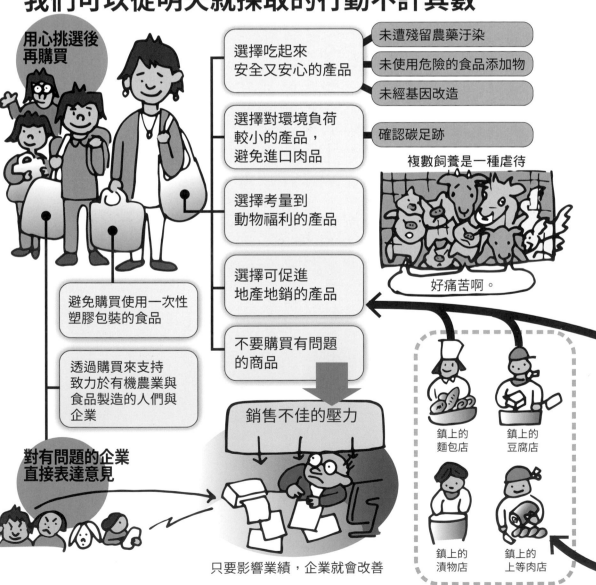

**用心挑選後再購買**

選擇吃起來安全又安心的產品
- 未遭殘留農藥汙染
- 未使用危險的食品添加物
- 未經基因改造

選擇對環境負荷較小的產品，避免進口肉品
- 確認碳足跡

選擇考量到動物福利的產品

複數飼養是一種虐待

好痛苦啊。

選擇可促進地產地銷的產品

避免購買使用一次性塑膠包裝的食品

不要購買有問題的商品

透過購買來支持致力於有機農業與食品製造的人們與企業

**對有問題的企業直接表達意見**

銷售不佳的壓力

鎮上的麵包店　　鎮上的豆腐店

鎮上的漬物店　　鎮上的上等肉店

只要影響業績，企業就會改善

可能購買在地食材與國產商品；減少動物或對環境負荷較大的肉類消費；選擇未使用塑膠包裝的商品等等，可輕鬆做到的事情多不勝數。目前的現狀是，安全性高的食品大多價格相對較高，不過只要購買的人增加，價格應該會下降更多。

最近也有愈來愈多人開始開闢家庭菜園或手工製作食品。自行生產食物還能體會生產的樂趣與生產者的辛苦。自行生產的東西便會毫不浪費地運用，想必有助於減少食品損耗。

新型冠狀病毒的全球大流行期間，我們必須自律減少外出或調整為在家辦公，在家度過的時間變多後，開始比以往更加正視每天的飲食與家人的健康。這種時候不正是能夠重新審視「飲食」並取回自主權的大好時機嗎？

當試自行生產食物
先從陽台上的家庭菜園著手

試著自製乾糧

挑戰蔬菜的無農藥栽培

試著以自行生產的蔬菜享受烹飪之樂

租借田地，稍微正規地種植蔬菜

裝飾餐桌，一起享受用餐之樂

與當地農家成為朋友

彼此交流農業現場的知識與消費者的意見

為當地的食品加工業提供小麥與大豆等食材

協助收成作業

將食品損耗減至最小限度

用於陽台或田地

堆肥

# 聯合國世界糧食計畫
# 獲得諾貝爾和平獎一事
# 對我們發出的質疑

　　2020年度的諾貝爾和平獎頒給了聯合國世界糧食計畫（WFP）。基於人道主義，克服政治動盪與經濟限制，持續為世界各地挨餓受苦的人們提供糧食，這份努力備受讚揚。諾貝爾財團之所以在這個時期表彰WFP的行動，應該是有意讓人們轉而關注全球目前面臨的糧食問題。

　　WFP的執行長大衛・比斯利在獲獎感言中說道：「我們相信，糧食是通往和平的道路」。人類自古以來屢屢遭受飢餓與糧食短缺的侵襲。飢餓與糧食短缺無一例外地會引發社會不安與政治動盪，反之，政治動盪也會招致飢餓。舉例來說，1959年在中國造成約4,000萬人餓死的饑荒，便是中國政府在農業政策上的混亂所致。如今南蘇丹與衣索比亞所發生的饑荒，也是源於接連不斷的政治性內戰。這些事件無不表明，「糧食為和平之路」。

　　閱讀本書的讀者已經知道，人類透過食物所經歷過的事件、對當下的影響，以及正在產生的全新問題。資本主義經濟將「生存之糧」轉變為「利益之糧」而導致地球暖化，就結果來看，預測將會造成全球規模的糧食短缺。這些影響想必會直接打擊到弱勢族群。

　　彷彿與上述的嚴峻狀況毫不相干般，各個已開發國家紛紛運用AI與IT，持續研發支援個人健康的創新及AI自動烹飪設備。本書並非否定這類技術革新。然而，以南蘇丹為例，飽受飢餓之苦的家庭需要AI自動烹飪設備嗎？WFP呼籲各個已開發國家的家庭能與南蘇丹的家庭攜手並進。話雖如此，為南蘇丹人民提供與各個已開發國家家庭一樣的飲食生活是不切實際的。WFP的訴求應該也是一種質問：在這種時候，各個已開發國家的家庭應該做些什麼？

## 參考文獻

《世界 食事の歴史 先史から現代まで》(Paul Freedman編,東洋書林)
《食の500年史》(Jeffrey M. Pilcher著,NTT出版)
《食料の世界地図》(Erik Millstone, Tim Lang著,大賀圭治監譯,丸善)
《図解 食の歴史》(高平鳴海等著,新紀元社)
《食の歴史を世界地図から読む方法》(辻原康夫著,河出書房新社)
《モノの世界史》(宮崎正勝著,原書房)
《市民の考古学1 ごはんとパンの考古学》(藤本強著,同成社)
《食の人類史》(佐藤洋一郎著,中央公論新社)
《縄文農耕の世界 DNA分析で何がわかったか》(佐藤洋一郎著,PHP研究所)
《イネの文明 人類はいつ稲を手にしたか》(佐藤洋一郎著,PHP研究所)
《文明を変えた植物たち コロンブスが遺した種子》(酒井伸雄著,NHK出版)
《パンの歴史》(William Rubel著,原書房)
《コメの歴史》(Renee Marton著,原書房)
《パスタと麺の歴史》(Kantha Shelke著,原書房)
《麺の文化史》(石毛直道著,講談社)
《トマトの歴史》(Clarissa Hyman著,原書房)
《お茶の歴史》(Helen Saberi著,原書房)
《砂糖の歴史》(Elisabeth Abbott著著,河出書房新社)
《「塩」の世界史 歴史を動かした、小さな粒》(Mark Kurlansky著,扶桑社)
《古代ギリシア・ローマの料理とレシピ》(Andrew Dalby, Sally Grainger著,丸善)
《古代ローマの饗宴》(Eugenia S. P. Ricotti著,講談社)
《酔っぱらいの歴史》(Mark Forsyth著,青土社)
《中華料理の文化史》(張競著,筑摩書房)
《メソアメリカを知るための58章》(井上幸孝編著,明石書店)
《世界の野菜を旅する》(玉村豊男著,講談社)
《マッキンゼーが読み解く食と農の未来》(André Andonian、川西剛史、山田唯人著,日經BP日本經濟新聞出版本部)
《フードテック革命 世界700兆円の新産業「食」の進化と再定義》(田中宏隆、岡田亜希子、瀬川明秀著,外村仁監修,日經BP)
《2030年のフード&アグリテック 農と食の未来を変える世界の先進ビジネス70》(野村Agri Planning & Advisory株式会社編,佐藤光泰、石井佑基著,同文舘出版)
《売り渡される食の安全》(山田正彦著,KADOKAWA)
《モンサント 世界の農業を支配する遺伝子組み換え企業》(Marie-Monique Robin著,作品社)
《「アメリカ小麦戦略」と日本人の食生活》(鈴木猛夫著,藤原書店)
《人新世の「資本論」》(斎藤幸平著,集英社)
《「農」に還る時代 いま日本が選択すべき道》(小島慶三著,鑽石社)
《進化する里山資本主義》(藻谷浩介監修,Japan Times Satoyama推進Consortium編,Japan Times出版)
《農協解体》(山下一仁著,寶島社)

## 參考網站

日本農林水産省● https://www.maff.go.jp/
日本 UNICEF 協會● https://www.unicef.or.jp/
世界銀行● https://www.worldbank.org/
FAO（聯合國糧食及農業組織）● http://www.fao.org/
USDA（美國農業部）● https://www.fas.usda.gov/
獨立行政法人農畜産業振興機構● https://www.alic.go.jp/
FiBL Statistics ● https://statistics.fibl.org/
Feeding America ● https://www.feedingamerica.org/
GMO-free Europe ● https://www.gmo-free-regions.org/
農業協同組合新聞● https://www.jacom.or.jp
環境腦神経科學情報中心● https://www.environmental-neuroscience.info
日本食糧新聞● https://news.nissyoku.co.jp
農研機構● http://www.naro.affrc.go.jp
日本消費者連盟● https://nishoren.net
JA 東京中央會● https://www.tokyo-ja.or.jp
JA 銀行● https://www.jabank.org

トウモロコシノセカイ● http://www.toumorokoshi.net/
百科知識中文網● https://www.easyatm.com.tw/wiki/ 彭頭山遺址
古代ローマライブラリー● https://anc-rome.info
Via della Gatta ● http://www.vdgatta.com
Atlas Obscura ● https://www.atlasobscura.com/
ANIMAL RIGHTS CENTER ● https://arcj.org
BUSINESS INSIDER ● https://www.businessinsider.jp
gooddo マガジン● https://gooddo.jp/magazine/
IN YOU journal ● https://macrobiotic-daisuki.jp
サルでもわかる遺伝子組み換え● http://gmo.luna-organic.org
植物性料理研究家協會● https://plant-origin.org
植物工場・農業ビジネスオンライン● http://innoplex.org
IOB Journal ● https://iob.bio/journal/
Think and Grow Ricci ● https://www.kaku-ichi.co.jp/media/
BEYOND MEAT ● https://www.beyondmeat.com
FRAMLAB ● https://www.framlab.com/glasir

# 索 引

# 前言

大家好,我是一名插畫家,名叫乃樹坂くしお。

真的非常感謝您翻開這本書。目前我發表的作品,多半都跟遊戲、周邊商品、角色設計與上色等各方面有關。

近年來,人們越來越常接觸插畫。不只如此,各種解說網站、透過社群軟體與YouTube發表的繪畫講座等……各式各樣的插畫教學也相繼問世。我能從中感受到許多人對插畫抱持的興趣與熱情。

在許多資訊之中,您願意選擇這本書,我深感榮幸。若是能為各位讀者盡一點微薄之力,那就再好也不過了。

本書是繼《絕讚數位插畫繪製3:CLIP STUDIO PAINT PRO人物的描繪方法完全解說》之後,筆者推出的第二本書。上一本著作似乎有許多人購讀,讓我感到非常高興。我希望能盡量成為各位在創作路上的墊腳石,於是撰寫了第二本書。

前作將草稿、線稿到上色的完稿階段統整為一本書,而本書則會聚焦在「上色」的技巧。前作解說了動畫上色與筆刷上色這兩種上色法,而這次則新增了灰階畫法以及使用漸層對應的上色法,總共四種上色方式。在書籍的有限頁數中,我會盡量將上色過程拆解成詳細的步驟,以淺顯易懂的方式進行說明。

本書的解說是針對「勉強畫得出線稿,但不會上色」、「雖然已經開始學上色,卻不知道要從哪下手才好」等上色方面的煩惱。只要按照步驟上色,就能重現同樣的效果,所以各位可以下載上色練習用檔案,試著一一執行書上的步驟,便能從中獲得自信。

只不過,本書的畫法終究是「作者個人的畫法」,並不是「完全的正確答案」。請把本書中的教學,當作各種畫法與上色方式的其中之一。

筆者是「長大成人之後才開始畫畫」的插畫家。儘管有些人認為「沒有從小開始畫畫就沒辦法畫得好」,可事實並非如此。我認識許多長大後才開始畫畫,而且也成為插畫家的朋友,所以何時開始都不嫌晚。

繪圖首重知識與經驗。不只是畫過什麼、畫了多少作品,就連經歷怎樣的人生、見識過什麼的經驗,都能成為畫技的養分。

但願各位讀者閱讀本書之後,可以多少感受到繪畫的樂趣,並且找到向前邁進的契機。

2019年12月
乃樹坂くしお

# ✥ 本書的使用方式

　　本書解說的 4 幅範例插畫的完成檔、未上色線稿、底色檔，以及作者自訂的 34 種筆刷、各章指定的色彩範本，都可以從附錄網址進行下載。此外，用於第 5 章的漸層對應上色法的漸層組素材，可以從 CELSYS 的素材網站進行下載並使用。

　　請讀者搭配本書的解說，使用上述的上色工具，在閱讀的同時體驗上色的步驟。這裡將介紹各種素材的取得方法。關於使用方式，請參考本書的解說頁面。

　　另外，範例檔僅限使用於本書的學習用途。下載而來的檔案屬於個人著作，不可公開部分或全部內容，或是經過修改後再次發布。此外，使用下載檔案所產生的任何損害，作者及出版社皆不負賠償責任。

## ▶ 範例插畫、附錄筆刷、色彩範本的下載方式

　　本書繪製的範例插畫檔、作者自訂的下載筆刷、指定的色彩範本檔，都可以從本書的附錄網址進行下載。請讀者在閱讀本書的同時加以利用。

### ✤ 範例檔案、自訂筆刷、色彩範本的下載網址

**URL** https://reurl.cc/R0DA2n

　　附錄內包含範例插畫的完成檔、線稿&底色檔、自訂下載筆刷、色彩範本的下載連結。下載檔案皆為 RAR 格式的壓縮檔，請在解壓縮後使用。

### 關於範例插畫的完成檔、線稿&底色檔的下載檔案

　　範例插畫的完成檔、線稿&底色檔、附錄版本的插畫檔皆可從附錄連結進行下載。將 RAR 檔解壓縮後，資料夾內會有以下的 CLIP STUDIO 格式（副檔名「.clip」）的檔案。

- **範例插畫檔**
  插畫_動畫上色.clip（第 2 章的動畫上色範例插畫）
  插畫_筆刷上色.clip（第 3 章的筆刷上色範例插畫）
  插畫_動畫上色→筆刷上色.clip（第 2 章範例插畫的筆刷上色版）
  插畫_灰階畫法.clip（第 4 章的灰階畫法範例插畫）
  插畫_漸層對應.clip（第 5 章的漸層對應範例插畫）
- **線稿&底色檔**
  線稿+底色_動畫上色.clip（第 2 章的動畫上色用檔案）
  線稿+底色_筆刷上色.clip（第 3 章的筆刷上色用檔案）
  線稿+底色_灰階畫法.clip（第 4 章的灰階畫法用檔案）
  線稿+底色_漸層對應.clip（第 5 章的漸層對應用檔案）
- **不同版本的插畫檔**
  插畫_動畫上色_追加特效.clip（在附錄追加特效的範例插畫）
  插畫_動畫上色→筆刷上色_夜晚.clip（在附錄更改為夜晚的範例插畫）
  插畫_動畫上色→筆刷上色_黃昏.clip（在附錄更改為黃昏的範例插畫）

## 關於自訂筆刷的使用方式

將下載而來的自訂筆刷RAR檔解壓縮後，資料夾內會有以下的34種筆刷檔案。

**❖本書發布的自訂筆刷檔名**

| | | | |
|---|---|---|---|
| 亮點散布（小顆粒）.sut | 亮點散布.sut | 混色筆（前端細）.sut | 混色筆.sut |
| 厚塗筆Ver1.sut | 厚塗筆Ver2.sut | 自作紅葉.sut | 自作葉子.sut |
| 小點散布.sut | 萬能麥克筆.sut | 雲_001.sut | 雲_002.sut |
| 雲_2色_001.sut | 雲_003.sut | 雲_004.sut | 雲_005.sut |
| 雲_006.sut | 雲_007.sut | 雲_008.sut | 雲_009.sut |
| 雲_010.sut | 雲_011.sut | 雲_012.sut | 雲_013.sut |
| 雲_014.sut | 雲_015.sut | 雲_016.sut | 雲_017.sut |
| 雲_018.sut | 雲_019.sut | 雲_020.sut | 雲_021.sut |
| 雲_022.sut | 雲_大_001.sut | | |

關於筆刷檔案的使用方式，請參考第1章的第6頁。本書使用了「混合筆」與「自作紅葉」等筆刷，其他的下載筆刷也是由作者親自設定，請各位務必試著使用看看。

## 關於指定的色彩範本

將色彩範本的RAR檔解壓縮後，資料夾內會有以下4個PNG格式（副檔名「.png」）的圖檔。
・第2章_色彩範本_動畫上色.png（第2章的色碼）
・第3章_色彩範本_筆刷上色.png（第3章的色碼）
・第4章_色彩範本_灰階畫法.png（第4章的色碼）
・第5章_色彩範本_漸層對應.png（第5章的色碼）

這些是本書指定色彩的各章色碼一覽表。使用方式請參考第1章的第9頁。這裡介紹的方法能輕鬆指定各步驟的顏色，請各位務必活用。

## ▶ 本書使用的漸層對應素材檔的下載方式

本書在第5章使用漸層對應進行上色，其中的漸層組素材檔已經上傳至CELSYS的素材網站，可以下載並使用。

素材的下載並非經由CLIP STUDIO PAINT PRO，而是經由入口應用程式CLIP STUDIO。請點選入口應用程式CLIP STUDIO左側選單項目中的「CLIP STUDIO ASSETS素材庫」。右側的面板會顯示下載素材，請在畫面上方的搜尋框內輸入「入門教室」或「SBクリエイティブ」（SB Creative），進行搜尋。

筆者上傳的漸層組「入門教室使用グラデーションマップ」（gradation map色彩梯度圖）（作者：ku_shi）會出現在搜尋結果中，請點選它。在下載頁面按下「下載」就可以取得該素材了。

關於漸層組素材的使用方式，請參考第5章的第160頁。

請注意，若要透過CLIP STUDIO下載素材，必須先登入CLIP STUDIO的帳號。

❖漸層組素材的下載方式

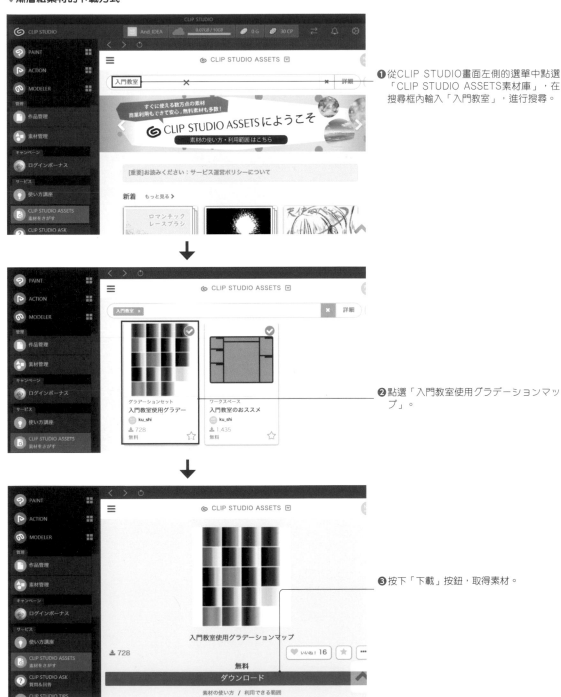

❶從CLIP STUDIO畫面左側的選單中點選「CLIP STUDIO ASSETS素材庫」，在搜尋框內輸入「入門教室」，進行搜尋。

❷點選「入門教室使用グラデーションマップ」。

❸按下「下載」按鈕，取得素材。

# Contents

Chapter **1**

# CLIP STUDIO PAINT PRO的上色準備

# 01 關於CLIP STUDIO PAINT PRO

本書的插畫，是使用許多數位繪圖者愛用的CLIP STUDIO PAINT PRO所繪製而成。

## ✣ CLIP STUDIO PAINT的取得方式

CLIP STUDIO PAINT是由CELSYS所開發與販售的繪圖軟體，可以用於製作插畫、漫畫與動畫等作品。電腦專賣店與家電量販店會販售實體版，但也能從CLIP STUDIO PAINT的網站購入下載版。有Windows版與mac OS版可供選擇。

❖ CLIP STUDIO PAINT的網站

URL https://www.clipstudio.net/tc/

使用這套軟體，必須註冊創作支援網站「CLIP STUDIO」的帳號，購買許可證並輸入序號。詳情請見CLIP STUDIO TIPS「使用CLIP STUDIO PAINT前」。

❖ 「使用CLIP STUDIO PAINT前」

URL https://tips.clip-studio.com/zh-tw/articles/1249

網站也提供了試用版，可以在決定購買之前先試用看看。

# CLIP STUDIO PAINT的版本差異

　　CLIP STUDIO PAINT分為PRO版與EX版等兩種版本。除此之外還有購入繪圖板或電腦時附贈，或是在活動上發送的DEBUT版，但這種版本無法單獨購買，可使用的功能也比PRO版來得少。

　　EX版的功能比PRO版更多，主要追加的功能如下。

- 提取邊緣等一部分的圖層屬性功能
- 多頁功能、情節編輯器等漫畫會使用到的功能
- 2D&3D渲染、3D布局等功能的細項
- 可製作更長的動畫
- 協同作業的管理支援功能
- 濾鏡和檔案的外掛功能的有無

　　基本上，如果只是要畫插畫，PRO版的功能就很足夠了。EX版追加的功能幾乎都是便於繪製漫畫或動畫的功能。而且，如果已經購買PRO版，就能以差額購買EX版，所以有需要時再升級就可以了。

　　關於各版本的詳細內容，「CLIP STUDIO PAINT功能一覽」的頁面有介紹，大家可以從這裡進行確認。

❖ 「CLIP STUDIO PAINT功能一覽」

`URL` https://www.clipstudio.net/tc/functional_list

　　另外也有iPad版與iPhone版可供選擇。iPad版與iPhone版必須從App Store取得。推出iPad版與iPhone版之後，使用者便能把CLIP STUDIO PAINT帶著走，隨時隨地創作插畫。此外，它也具備了支援Windows版與mac OS版的功能。

　　iPad版與iPhone版並非買斷式，而是採用App內付費的形式，每月需支付定額的月費。請參考CELSYS發表的情報，以及CLIP STUDIO PAINT網站上關於iPad版與iPhone版的介紹，或是App Store的CLIP STUDIO PAINT說明內容。

❖CLIP STUDIO PAINT網站的iPad版與iPhone版的App Store連結

　　本書會使用CLIP STUDIO PAINT PRO的Windows版進行解說。雖然按鍵操作等地方有些許的不同，但mac OS版基本上也能進行相同的操作。此外，iPad版也能進行幾乎相同的操作。

# CLIP STUDIO PAINT PRO的基本操作

這裡將介紹使用CLIP STUDIO PAINT PRO的時候該如何設定插畫的畫布、筆刷工具、描繪色等基礎項目，以及本書的便利技巧。

## ✥ 關於畫布設定

繪製插畫的時候，第一件事就是建立新的畫布。如果要建立新畫布，可以從選單點選「檔案」→「新建」，或是點選畫布上方的「新建」按鈕，打開「新建」對話方塊來進行設定。

❖ **打開建立畫布的「新建」對話方塊**

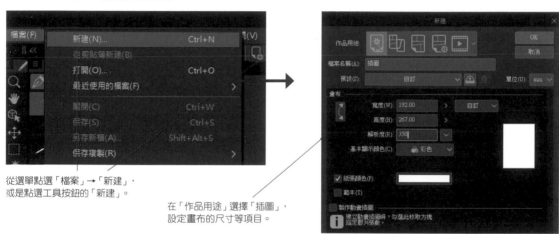

從選單點選「檔案」→「新建」，
或是點選工具按鈕的「新建」。

在「作品用途」選擇「插圖」，
設定畫布的尺寸等項目。

本書的主旨是繪製插畫，所以「作品用途」要選擇最左側的「插圖」，設定插畫專用的內容。「檔案名稱」可隨意輸入。「預設」的項目可以選擇尺寸，但只要選擇「自訂」，就可以藉著下方的「畫布」設定項目來直接指定尺寸。

關於「單位」這個項目，基本上網站用的插畫選擇「px」，印刷在紙上的插畫則選擇「mm」。

關於「畫布」的項目設定，這次的範例插畫全都設定為「寬度192mm／高度267mm／解析度350dpi」。我將「紙張顏色」的項目解除勾選，設定為沒有紙張。

❖ **範例插畫的「畫布」設定**

**TOPIC**

## 為透明的畫布設定顏色

　　若在建立畫布時將「紙張顏色」解除勾選，就會像右邊的左圖一樣呈現透明的狀態。這樣不太方便描繪，所以請更改為右圖般的純白畫布。

　　從選單選擇「檔案」→「環境設定」，開啟「環境設定」對話方塊。

　　開啟「環境設定」對話方塊之後，從左側的選單項目之中選擇「畫布」。在右側面板的「檢視」將「透明部分」的「顯示顏色2」的顏色更改為白色。這麼一來，即使在沒有紙張的情況下，畫布也會顯示為純白色。

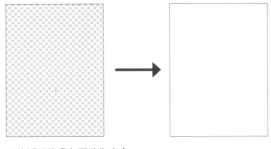

❖將透明的畫布更改為白色

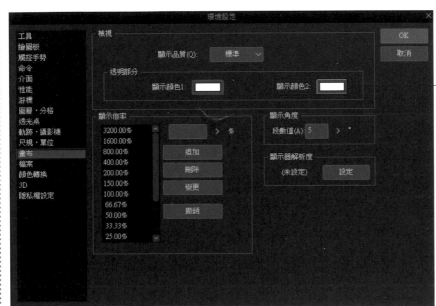

將「透明部分」的「顯示顏色2」設定為白色。

❖在「環境設定」對話方塊的「畫布」中設定「顯示顏色2」

# ❖筆刷工具的選擇與設定

　　使用CLIP STUDIO PAINT PRO繪製插畫的時候，應該選擇適合上色區域的筆刷來進行上色。軟體內包含了許多預設的筆刷工具。另外，有不少插畫家都會分享自己設定的自訂筆刷，大家可以下載來使用、多多嘗試，尋找自己覺得好用的筆刷，漸漸習慣之後，也可以試著自己來設定筆刷。

## ▶本書使用的預設筆刷工具

　　以下將介紹這次的範例插畫主要使用的預設筆刷工具。左邊會標示「工具」面板的圖示，右邊則標示各工具之「輔助工具」面板的選擇畫面。

❖「G筆」工具

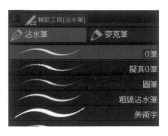

在「沾水筆」工具的「沾水筆」分頁選擇「G筆」。

❖「噴槍」工具

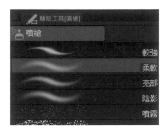

在「噴槍」工具的「噴槍」分頁選擇「柔軟」。

❖「模糊」工具

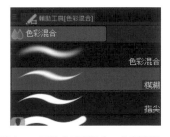

在「色彩混合」工具的「色彩混合」分頁選擇「模糊」。

❖「自動選擇」工具

在「自動選擇」工具的「自動選擇」分頁選擇「參照其他圖層選擇」。

❖「紙質不透明水彩細筆」工具

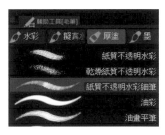

在「毛筆」工具的「油彩」分頁選擇「紙質不透明水彩細筆」。

❖「輕擦紅葉」工具

在「裝飾」工具的「草木」分頁選擇「輕擦紅葉」。

## ▶本書發布的筆刷工具的使用方式

　　範例插畫的上色過程中，有些地方會使用筆者自訂的筆刷。這些筆刷可以從本書的支援網站進行下載，請追加至CLIP STUDIO PAINT PRO並使用。下載方式請參考開頭的「本書的使用方式」。開放下載的筆刷會統整為RAR格式的壓縮檔，請解壓縮後再使用。

❖附錄網址

URL https://reurl.cc/R0DA2n

　　可供下載的筆刷共有34種，但並非全部都會用到。每個上色步驟都會標示使用的筆刷工具，請將要使用的筆刷檔案拖曳到「輔助工具」面板中再使用。

　　以下一張圖為例，我將「混色筆」工具追加到「沾水筆」工具之「輔助工具」面板的「沾水筆」分頁。

❖ 下載筆刷的追加方式

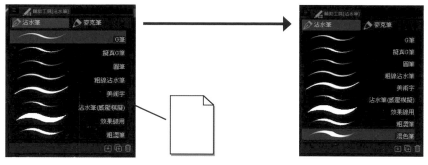

❶ 選擇「沾水筆」工具，開啟「輔助工具」面板
的「沾水筆」分頁。

❷ 將「混色筆」的檔案
拖曳到筆刷一覽中。

❸ 這樣就可以把「混色筆」工具
登錄到面板中了。

編按：有時檔案拖曳進去後會顯示日文，此時在筆刷上按右鍵，選擇「設定輔助工具」，將名稱從「なじませ筆」改成「混色筆」即可。

## TOPIC

### CELSYS發布的「鉛筆R」工具

本書會使用CELSYS官方發布的「鉛筆R」工具來描繪線稿等地方。它是一種效果十分出色的鉛筆素材，可以使用在草稿或線稿等各式各樣的地方。大家可以從CLIP STUDIO的「CLIP STUDIO ASSETS素材庫」進行搜尋，或是從以下的網址取得。

URL https://assets.clip-studio.com/zh-tw/detail?id=1702962

## ▶ 筆刷尺寸的變更方式

　　範例插畫的上色過程中，有時候會指定筆刷工具的大致尺寸。遇到這種情況，請至該筆刷工具的「工具屬性」面板，設定「筆刷尺寸」的數值。

　　而且，「筆刷尺寸」面板會顯示塗色範圍的大小，可以輕鬆更改為特定尺寸。只不過，如果要調整到小數點以下的尺寸，就需要使用「工具屬性」面板的「筆刷尺寸」來指定詳細的數值。

　　另外也可以使用「Ctrl」+「Alt」鍵+滑鼠左鍵拖曳，以更直覺的方式來變更尺寸。

❖「工具屬性」面板

在「筆刷尺寸」的項目
中指定數值。

❖「筆刷尺寸」面板

從筆刷尺寸一覽中點
選指定的尺寸。

# ✥ 關於描繪色的指定

繪製插畫的時候會用到各式各樣的顏色。在CLIP STUDIO PAINT PRO，我們可以透過色環和顏色滑桿來指定顏色。

筆者較常使用「HSV」設定的HSV滑桿來指定顏色。

**✥「色環」面板**

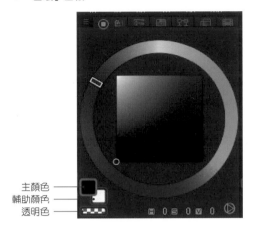

主顏色
輔助顏色
透明色

**✥ 顯示為HSV的「顏色滑桿」面板**

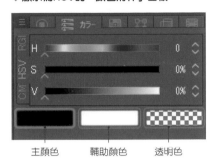

主顏色　　　輔助顏色　　　透明色

HSV的「H」代表「色相」，「S」代表「彩度」，「V」代表「明度」；色相指定的是顏色的種類，彩度指定的是顏色的鮮豔程度，明度指定的是顏色的明亮程度。

只要移動HSV滑桿下方的各個「∧」符號，就能更改顏色，嘗試操作幾次便能漸漸了解什麼樣的彩度與明度會搭配出什麼樣的顏色。換句話說，大家可以在過程中培養對色彩的敏銳度。本書也會透過HSV滑桿來指定線條或色塊的顏色，並使用HSV的數值來標示每次使用的顏色。

另外，對已經塗好的顏色進行色調補償的「色相・彩度・明度」對話方塊的設定畫面中，也一樣是以HSV的數值來指定顏色。習慣操作HSV滑桿的話，使用這個功能時也會比較容易。

在本書的上色過程中，有時候會指定使用「透明色」。遇到這種情況時，請選擇「顏色滑桿」面板的「透明色」來使用。使用透明色來描繪，就能得到類似橡皮擦的效果。

## ▶ 本書的色彩標示

本書會以色票和HSV數值來介紹每個步驟所使用的顏色。不過，在實際上色的過程中，每次都要設定HSV的數值是件很麻煩的事。因此，我為每個顏色色標上了號碼，讓各位可以用更簡單的方式選色，不嫌棄的話請試試看。

首先，本書的色彩標示如下。其中包含了色票、色號、上色範圍的說明文與HSV的設定值。

**✥ 本書的色彩標示**

色票　　　　　在本書中的色號　　上色範圍等等
【A.05】外套
H:354 S:38% V:100%　← HSV的設定值

## ▶本書發布之色彩範本的使用方式

本書的色號以第2章的動畫上色為例,共有「A.01」到「A.50」。以此類推,第3章從「B.01」開始,第4章從「C.01」開始,第5章從「D.01」開始,分別以各章的顏色來標記色號。

另外,我將各章使用顏色的色票、色號、HSV設定值統整起來,做成一張色彩的範本圖片。這張圖片會以PNG檔案的格式發布在附錄網址中,供各位下載。取得方式請參考開頭的「本書的使用方式」。下載而來的檔案是RAR格式的壓縮檔,將檔案解壓縮之後,就會看到下圖這種以章節分類的使用色一覽,總共4份。

### 使用色

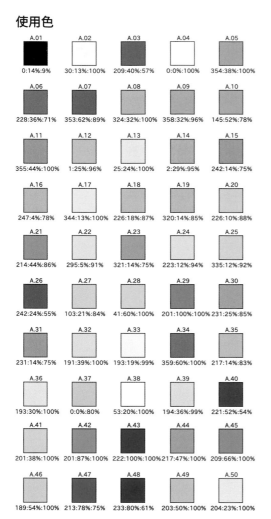

❖ **以上色步驟分類的色彩範本一例**

這是將第2章的動畫上色所使用到的顏色統整為一張圖片的色彩範本。同樣地,第3章的筆刷上色、第4章的灰階畫法、第5章的黑白上色法+漸層對應也都有統整所有顏色的範本供大家使用。

接下來我將介紹如何使用這種色彩範本來指定顏色的簡單方法,那就是利用CLIP STUDIO PAINT PRO的「輔助預覽」面板。

從選單點選「視窗」→「輔助預覽」,顯示「輔助預覽」面板。「輔助預覽」面板預設的位置與「導航器」面板相同,可以從分頁進行切換。可是這樣不方便使用「導航器」面板,所以請點選「輔助預覽」面板的分頁部分,拖曳至下方的面板與面板之間。這麼一來就能將「輔助預覽」面板設定為獨立顯示的面板了。

❖「將「輔助預覽」面板設定為獨立顯示的面板

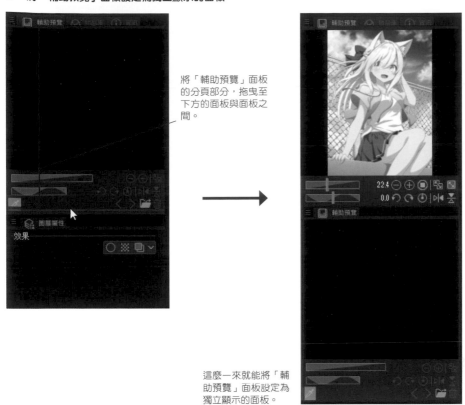

將「輔助預覽」面板
的分頁部分，拖曳至
下方的面板與面板之
間。

這麼一來就能將「輔
助預覽」面板設定為
獨立顯示的面板。

　　接下來請將各章的色彩範本圖片檔拖曳至這個「輔助預覽」面板之中。只要這麼做，面板就會顯示出圖片內容。
然後，按下「自動切換至吸管」按鈕，開啟這個功能。

❖將色彩範本圖片檔登錄至「輔助預覽」面板

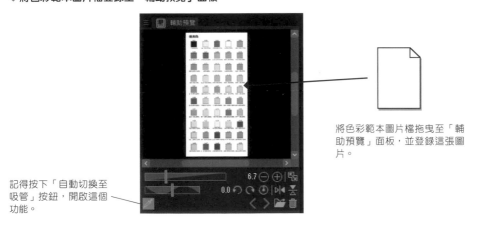

將色彩範本圖片檔拖曳至「輔
助預覽」面板，並登錄這張圖
片。

記得按下「自動切換至
吸管」按鈕，開啟這個
功能。

　　將滑鼠游標移動到範本圖片上，就會變成吸管的形狀，這時候吸取顏色一覽中的指定顏色，就能將該顏色設定為
描繪色。這麼一來就能輕鬆選擇教學中指定的顏色了。

❖ 從「輔助預覽」面板吸取指定的顏色

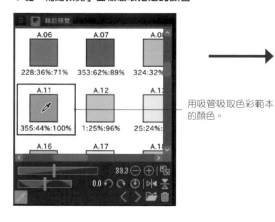

用吸管吸取色彩範本的顏色。

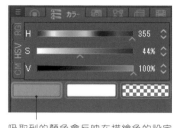

吸取到的顏色會反映在描繪色的設定上。

# ❖ 關於插畫的保存與寫出

CLIP STUDIO PAINT PRO的插畫檔案有幾種保存方式。首先，描繪途中的插畫和完成的插畫可以透過「檔案」選單的「保存」、「另存新檔」、「保存複製」來進行保存。

- 「保存」：直接保存現在開啟的插畫
- 「另存新檔」：將現在開啟的插畫更改為別的名稱並保存
- 「保存複製」複製現在開啟的插畫檔案，以各種格式進行保存

其中的「保存複製」可以選擇各式各樣的檔案格式。「.clip」是CLIP STUDIO的格式，與「另存新檔」幾乎相同。「.psd」與「.psb」可以維持原本的圖層構造，保存為適用於Photoshop的格式。「.psd」與各種軟體之間的通用性特別高。只不過，它會刪除CLIP STUDIO特有的設定資料，所以必須注意。

除此之外還有「.bmp」、「.jpg」、「.png」、「.tif」、「.tga」等圖片檔案格式，但都不會維持圖層構造的資料，而是保存為單一的圖片。

另外，完成插畫時會用到的是「檔案」選單的「平面化影像並寫出」。它會將圖層構造平面化，輸出為單一的圖片，而且可以指定輸出為「.psd」、「.psb」、「.bmp」、「.jpg」、「.png」、「.tif」、「.tga」等各種圖片格式。

原則上，投稿到網站上的作品會選擇「.jpg」或「.png」，使用在印刷等方面的檔案則選擇「.psd」。

❖「平面化影像並寫出」選單的子選單

在子選單中，我們可以選擇輸出格式，然後進行寫出。「保存複製」也一樣，可以從子選單選擇保存格式。

# 03 圖層與蒙版的 基本操作

使用CLIP STUDIO PAINT PRO繪製插畫的時候，最常操作的功能就是圖層了。使用蒙版等功能之前，也必須先充分理解圖層的原理。

## ✤ 關於圖層的基礎與「圖層」面板

繪製數位插畫的時候，一定要弄懂的功能就是圖層。包含CLIP STUDIO PAINT PRO在內，幾乎所有的繪圖軟體都具備圖層功能，數位插畫基本上都會使用圖層功能來繪製。

### ▶ 圖層是什麼？

圖層功能簡而言之就是「重疊」的概念。舉例來說，左邊這幅貓的插畫，便是以下圖的多張圖層重疊而成的結果。CLIP STUDIO PAINT PRO的「圖層」面板會從下方的圖層往上方重疊，疊在愈上方的圖層就愈接近表面。

這幅插畫是以「紙張→色彩→線稿→文字」的順序，由下往上重疊而成。

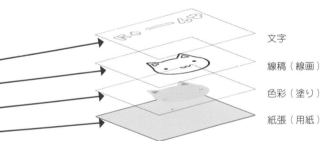

文字

線稿（線画）

色彩（塗り）

紙張（用紙）

❖ 圖層範例

### ▶「圖層」面板的操作方式

在CLIP STUDIO PAINT PRO，圖層（レイヤー）的操作要在「圖層」面板進行。繪製插畫的時候會頻繁操作「圖層」面板，請務必習慣它的操作方式。

這裡將介紹它的基本功能。另外，各功能的按鈕顯示可能會因為設定而改變，請注意。

❖「圖層」面板

操作圖層的功能會統整為不同的按鈕。

所有的圖層都顯示在這裡。圖層的上下順序可以藉著拖曳的方式來調換，疊在上方的圖層會顯示在表面。

❖「圖層」面板的操作按鈕

| 按鈕 | 功能名稱 | 功能內容 |
|---|---|---|
| | 變更面板顏色 | 變更圖層面板上的顏色。 |
| 通常 | 混合模式 | 選擇圖層的混合模式。 |
| 100 | 不透明度 | 調整圖層的不透明度。「0」代表完全透明，「100」代表完全不透明。 |
| | 用下一圖層剪裁 | 也就是剪裁蒙版。會使用下一圖層進行剪裁（參照不透明部分，只在這個範圍內顯示）。 |
| | 設定為參照圖層 | 將選擇的圖層設定為參照圖層。 |
| | 設定為底稿圖層 | 將選擇的圖層設定為底稿圖層。 |
| | 鎖定圖層 | 將圖層鎖定，使圖層設定無法變更。鎖定後無法移動或編輯圖層。 |
| | 鎖定透明圖元 | 鎖定點陣圖層的透明部分，只有不透明部分能夠描繪。 |
| | 使蒙版有效 | 切換圖層蒙版的有效／無效。 |
| | 設定尺規的顯示範圍 | 設定尺規所顯示的範圍。 |
| | 變更圖層顏色 | 將圖層的顏色切換為圖層顏色／輔助顏色。 |
| | 用2個窗格顯示圖層 | 將顯示圖層一覽的部分分割為兩個區域。 |
| | 新點陣圖層 | 建立新的點陣圖層。 |
| | 新向量圖層 | 建立新的向量圖層。 |
| | 新圖層資料夾 | 建立新的圖層資料夾。 |
| | 謄寫到下一圖層 | 將選擇中的圖層謄寫到下一圖層。謄寫後，謄寫的來源圖層會被清空。 |
| | 與下一圖層組合 | 將選擇中的圖層與下一圖層合併。 |
| | 建立圖層蒙版 | 建立圖層蒙版。 |
| | 在圖層上套用蒙版 | 將開啟圖層蒙版的狀態套用到圖層上。 |
| | 刪除圖層 | 刪除選擇中的圖層。 |

這裡將針對圖層一覽部分進行說明。❶的眼睛圖示可以將圖層切換為顯示／不顯示。

眼睛圖示的右邊，也就是❷的位置有筆的圖示，表示這個圖層是目前描繪（編輯）的對象。

❸的部分是圖層的縮圖。描繪在圖層內的圖像會顯示在縮圖上。

❹的部分顯示了關於圖層的各種資訊。右圖的「100%」代表不透明度，「普通」代表圖層的混合模式，「圖層1」則是圖層名稱。除此之外，底稿圖層與是否受到鎖定等各種資訊也會顯示在這裡。

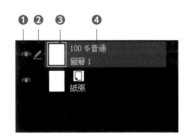

❖顯示圖層一覽的部分

# 關於圖層的混合模式

　　圖層會隨著上色過程而愈來愈多，這時必須為圖層設定的功能就是混合模式了。在對象圖層與下方圖層的色彩重疊部分，混合模式能夠呈現各式各樣的效果。

　　光是在筆者撰寫原稿的當下，CLIP STUDIO PAINT PRO的圖層混合模式就多達28種，本書也會在建立圖層時標記圖層的設定。這裡將介紹其中幾種基本的混合模式。

　　下圖是圖層混合模式的範例，由上而下分別以綠色圓圈、紅色圓圈、灰色背景等3個圖層所組成。將其中位於最上層的綠色圖層更改為其他混合模式時會顯示什麼樣的效果，請各位確認看看。

❖ **顯示圖層一覽的部分**

圖層混合模式的更改處

## 圖層混合模式的範例

❖ **圖層混合模式「普通」（通常）**

在「普通」模式下，圖層會顯示原本的顏色。換句話說，顏色並不會受到下方圖層的影響。

❖ **圖層混合模式「色彩增值」（乘算）**

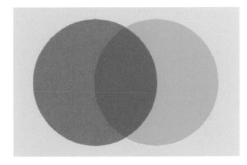

在「色彩增值」模式下，上方圖層與下方圖層的顏色會相乘。混合後，色調會變得比原本更暗。描繪陰影時經常使用這個模式。

❖ **圖層混合模式「濾色」（スクリーン）**

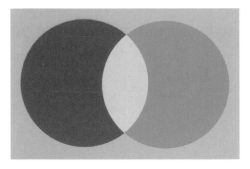

在「濾色」模式下，下方圖層的顏色會反轉，與上方圖層的顏色相乘。混合後，色調會變得比原本更亮。描繪亮面時經常使用這個模式。

❖ **圖層混合模式「覆蓋」（オーバーレイ）**

在「覆蓋」模式下，會以下方圖層的顏色為基準，使亮處更亮，暗處更暗。亮處會得到「濾色」的效果，暗處會得到「色彩增值」的效果。想要讓配色不至於太單調時，會經常使用這個模式。

# 活用各種蒙版功能

　　CLIP STUDIO PAINT PRO共有3種蒙版功能，本書會分別活用這些功能。這裡將簡單介紹它們的特徵。

## ▶剪裁蒙版（クリッピングマスク）

　　在上色過程中，使用機會特別多的功能就是剪裁蒙版。被設為剪裁的圖層會參照下一圖層，只顯示在下一圖層的描繪範圍內。換句話說，下一圖層的透明部分並不會顯示任何內容。剪裁蒙版經常使用在描繪陰影或花紋的時候。

❖剪裁蒙版的套用前（左）與套用後（右）

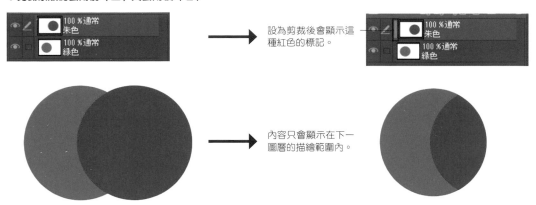

設為剪裁後會顯示這種紅色的標記。

內容只會顯示在下一圖層的描繪範圍內。

## ▶圖層蒙版（レイヤーマスク）

　　這個功能可以針對特定的圖層，隨意決定是否要顯示選擇範圍。簡而言之，就是建立「消除特定範圍」的蒙版，以ON／OFF來切換顯示／不顯示。換句話說，消除的部分隨時都能恢復原狀。

❖圖層蒙版的ON（左）與OFF（右）

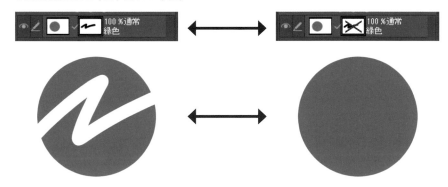

　　建立圖層蒙版後，按著「Shift」鍵再點選圖層蒙版的縮圖，就可以切換ON／OFF。如果切換為OFF，圖層蒙版的縮圖就會出現紅色的「╳」記號，使蒙版遮住的部分恢復原狀。

　　就像這樣，如果想頻繁地消除或顯示圖層內的一部分圖像，或是想要暫時消除圖像的一部分時，就可以利用這個功能。

## ▶快速蒙版（クイックマスク）

　　快速蒙版的功能，很類似「工具」面板之「選擇範圍」工具的輔助工具「選擇筆」，在快速蒙版狀態下描繪的部分可以作為選擇範圍來使用。

快速蒙版可以從選單的「選擇範圍」→「快速蒙版」來開啟。在選單點選「快速蒙版」後，「圖層」面板就會建立名叫「快速蒙版」的新圖層。

選擇這個快速蒙版的圖層，然後在畫布上描繪想要選擇的範圍，範圍內就會呈現淡淡的紅色。在這個狀態下再次選擇選單的「選擇範圍」→「快速蒙版」，「快速蒙版」選單左側的勾勾便會消失，使快速蒙版解除，把剛才在畫布上描繪的部分轉換為選擇範圍。

### ❖ 快速蒙版的使用方式

在選單點選「選擇範圍」→「快速蒙版」，就會新增快速蒙版的圖層。

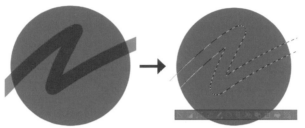

於畫布上描繪想要選擇的範圍。描繪過的部分會呈現淡淡的紅色。

畫好範圍後，在選單點選「選擇範圍」→「快速蒙版」。這麼一來，在畫布上描繪的部分就會變成選擇範圍。

## ❖ 描繪底色的訣竅是了解圖層構造

想要毫無空隙地確實塗滿底色，其實是一件比想像中更困難的事。筆者描繪底色時會使用「填充」工具和「G筆」工具，不過即使「填充」工具可以一口氣塗好看似沒有超出範圍的底色，還是有可能在顏色的交界處產生些微的空隙。

### ❖ 顏色的交界處可能產生些微的空隙

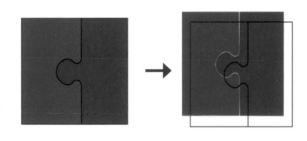

即使看起來符合界線，好像沒有空隙……。

只要拿掉線稿，顏色之間就會出現一點點空白。

這種時候，只要利用圖層的重疊特性，將下方圖層的塗色範圍擴大，就能防止空隙的產生。

右圖將下方圖層的紅色塗到界線之外，如此一來便能毫無空隙地塗滿顏色。

這是上色時相當重要的技巧，請大家一定要記起來。

### ❖ 下方的圖層必須塗出界線

將下方圖層的紅色塗到界線之外，再疊上藍色圖層，沒有塗到的空白處就消失了。

Chapter **2**

# 使用動畫上色法
# 來描繪角色

## 01 使用動畫上色法
## 來描繪角色的準備工作

開始進行動畫上色之前，首先要準備可上色的角色。在這裡，我將介紹從
草稿到線稿的大致步驟。

### ✥ 關於動畫上色法

動畫上色法（嚴格來說是「動畫風上色法」）的特徵，原本是簡單的上色方式。只不過，近年來的動畫會採用複
雜的上色，或是大量使用漸層，色彩的表現方式愈來愈多樣化。

在這裡，我將介紹最基本的上色步驟，也就是所謂的「賽璐璐上色法」。

左圖是用動畫上色法為球體加上陰影和亮面的範例。其特
徵是用色少，陰影和亮面的界線都很清晰。

接下來就用這種方法，為角色塗上光影分明的色彩吧。

❖ 用動畫上色法畫出的球體

#### ▶ 關於角色與使用的筆刷

這是動畫上色法的範例角色。畫面中有一個看起來很活潑的貓耳女孩，坐在夏日天空下。動畫上色法會用到的筆
刷如下。

- 預設
  「麥克筆」工具
  「G筆」工具
  「噴槍」工具
  「填充」工具
  「乾燥紙質不透明水彩」工具
- 下載
  「混色筆」工具
  「雲筆刷」工具

❖ 動畫上色法的範例角色

# 繪製角色草稿

開始解說動畫上色法之前,我要先按照順序,簡單地介紹從草稿到線稿的繪製流程。本書的主題是上色,所以這部分的解說會快速帶過。

## ▶ 首先描繪骨架

首先,畫出角色的骨架。這次我畫了女孩坐著的姿勢。右手放在腰部附近,左手則放在臉頰旁邊。我認為這樣的姿勢搭配隨風飄逸的長髮比較好看。

骨架本身是使用「麥克筆」工具和「鉛筆」工具繪製,沒有特別整理線條,畫得很粗略。

❖ 構思姿勢並畫出骨架

## 》》 若不擅長畫骨架……。

覺得畫骨架很困難,不管怎麼畫都畫不出好的姿勢——如果遇到這種問題,大家可以考慮使用CLIP STUDIO PAINT PRO的3D模型功能。

不習慣畫圖的時候,本來就很難順利畫出骨架。我認為這種時候與其煩惱,不如在習慣之前多多利用素材。例如使用真實的素描人偶拍成的照片,或是使用CLIP STUDIO PAINT PRO的3D素描人偶,這些方法都完全沒有問題。

一開始就在描繪骨架的時候碰到瓶頸,導致停滯不前的話,反而會變成持續創作插畫的障礙。若是還不習慣畫圖,我建議大家可以把素材當成是一種「畫具」,這樣才能向前邁進一步。

關於骨架的畫法與CLIP STUDIO PAINT PRO的3D素描人偶,同系列的書籍《絕讚數位插畫繪製3:CLIP STUDIO PAINT PRO人物的描繪方法完全解說》有介紹,可以的話請當作參考。

❖ 使用CLIP STUDIO PAINT PRO 的3D素描人偶擺出的姿勢

## ▶替骨架畫上表情、頭髮與服裝

畫好擺出姿勢的骨架後,接下來要描繪表情與服裝等細節。

**❶描繪臉部表情**

首先在骨架上畫出表情。由於是個充滿活力的女孩,因此我畫了大大的眼睛,加上露出虎牙的笑容。

**❷描繪頭髮**

我選擇描繪由右側隨風飄向左側的長髮。比起瀏海,後方的頭髮被風吹起的動態更明顯。我也同時畫上了緞帶。

**❸為角色加上貓耳**

因為我希望角色能有個亮眼的特徵,於是追加了貓耳。

**❹描繪服裝**

既然頭髮隨風飄逸,外套也該稍微飄起來,所以我將它畫成沒有緊貼肌膚的樣子。相反地,上衣則綁在腰際,呈現貼身的感覺。我覺得這樣的反差能製造不錯的效果。我想強調雙腳,於是將裙子畫成偏短的百褶裙。

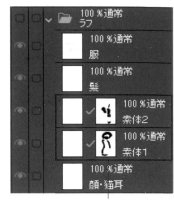

我使用圖層蒙版,將骨架(素体)1與骨架2重疊到服裝等部分的地方遮住了。

❺草稿完成

這是完成的草稿。衣服與骨架重疊的部分已用圖層蒙版遮住。這麼一來,多餘的線條就會消失,畫線稿的時候也比較容易抓到感覺。

## ✥ 繪製線稿

以草稿為準,開始描線。筆者繪製線稿時,會先把草稿的圖層資料夾改成不透明度25%,並設定為底稿圖層。因為在使用填充等工具的時候,底稿圖層會排除在選擇範圍之外,不會妨礙到線稿和底色的作業,描繪起來比較方便。雖然這個步驟並非必須,我還是建議大家積極使用。

另外,這次後方頭髮的線條不夠多,我覺得這樣不好描繪線稿,於是加上了藍色的線條來補足後方頭髮的流向。這些線條的形狀就是後方頭髮的輪廓。我會沿著髮流描繪周圍的輪廓部分,畫成線稿。

❖ 將草稿(ラフ)的圖層資料夾設定為不透明度25%的底稿圖層

❖ 為方便描繪線稿而用藍色線條補上後方的髮流

## ▶開始繪製線稿

那麼，現在開始畫線稿吧。使用「麥克筆」工具，以【A.01】的顏色畫出線稿。

關於本書的色彩標示，請參考1-02節的「關於描繪色的指定」（第8頁）。使用純黑色（H:0／S:0%／V:0%）也可以，但筆者本身幾乎不會使用純黑色。以前我曾聽說「照片中也很少出現純黑色，自然界的純黑色是很稀少的」，覺得很有道理，從此以後便幾乎不使用純黑色。

另外，我將「麥克筆」工具的筆刷尺寸設為「5〜6px」。這次我使用「麥克筆」工具來畫線稿，但使用「G筆」工具或「鉛筆」工具也可以。大家可以選擇自己用起來比較順手的筆刷工具。

畫線稿的其中一個重點，是不要將線條粗細畫得太過平均。舉例來說，頭髮尾端的線條可以畫得比較細，畫不同部位時可以特別留意這一點。

● 【A.01】線稿的顏色
H:0 S:14% V:9%

描繪不同部位時，要注意別把線條粗細畫得太平均，例如將頭髮尾端的線條畫得比較細。

**❶從臉部周圍開始描繪**

從頭髮、臉的輪廓、脖子等臉部周圍開始描繪線稿。

**❷描繪臉部表情**

按照草稿的表情，畫出線稿。我使用較細的線來描繪嘴巴和鼻子等處。如果太強調臉部線條，五官就會給人太密集的印象。

❸**描繪服裝和整體的線稿**
描繪手腳和衣服，畫出整體的線稿。和頭髮相同，我會依部位來調整線條的粗細變化。

*memo* ■ ■
我會將這份線稿塗滿底色的檔案當作範例，供各位上網下載。檔案是CLIP STUDIO的格式，可以直接以CLIP STUDIO PAINT PRO開啟，用來練習上色。下載方式請參考開頭之「本書的使用方式」。

❹**線稿完成**
畫好線稿後，將草稿隱藏，確認成品。

## 02 確實塗滿底色

角色線稿完成後,接下來要塗滿底色。底色必須確實塗滿,避免顏色之間出現空隙。

## 下方的圖層必須塗出界線

正如第1章結尾解說的方式,描繪底色時必須考慮圖層的順序,避免造成沒有塗到的空隙。以肌膚和裙子為例,位於下方的肌膚圖層必須塗到裙子的範圍,再將裙子的顏色置於上方,這樣就能畫出沒有空隙的底色。

### ❖ 下方的圖層必須塗出界線

將下方圖層的紅色塗到界線之外,再疊上藍色圖層,沒有塗到的空白處就消失了。

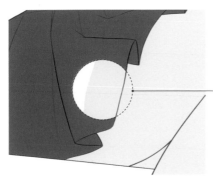

將裙子下方的肌膚圖層塗到裙子的範圍,再將裙子的顏色疊在上方,沒有塗到的空白處便會消失。

### ❖ 肌膚與裙子部分的底色

## 使用淺色作為底色的訣竅

範例角色有幾個部位會使用純白色作為底色。使用白色作為底色的時候,很難看出哪裡有塗出界線或是漏塗。這種時候,把顏色暫時更改為容易辨識的顏色會比較好操作。塗好底色之後,再將圖層的顏色改成本來的底色就可以了。

另外,按照同樣的邏輯,各位也可以暫時把周圍的顏色更改為其他顏色。

### ❖ 更改髮色來描繪底色的範例

為頭髮的圖層塗上底色的時候,因為衣服是紅色系,同色系的顏色不好辨識,於是我用色相差異較大的綠色系作為底色。藍色或紫色應該也很容易辨識。

### ❖ 眼白的底色範例

在明亮的膚色上,眼白部分也是不好辨識的地方。選擇這種較深的顏色,就可以在方便辨識的情況下上色。

❖ **白色服裝也用深色作為底色**
這次的範例插畫中，上衣與頭髮都同樣使用白色，所以頭髮和上衣的界線特別難以區分。這時候也可以暫時用不同的底色來描繪上衣，塗好之後再將顏色改回白色即可。

# 畫好底色的角色

　　這是畫好底色的範例角色。我會用圖層區分每個部分，建立圖層資料夾，留意圖層的重疊順序，確認是否有漏塗底色的地方。

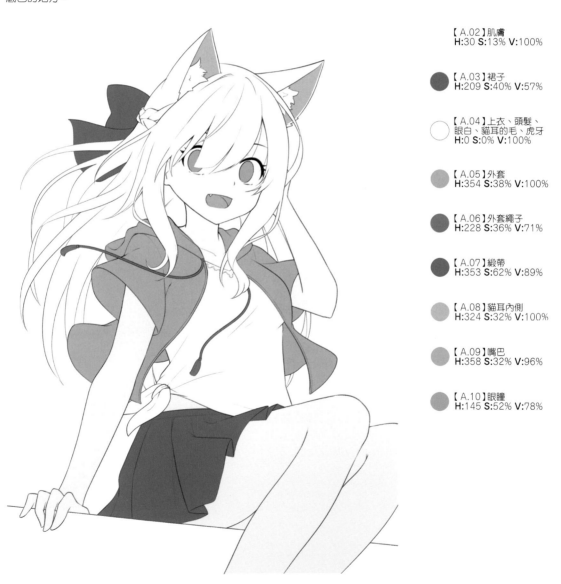

【A.02】肌膚
H:30 S:13% V:100%

【A.03】裙子
H:209 S:40% V:57%

【A.04】上衣、頭髮、
眼白、貓耳的毛、虎牙
H:0 S:0% V:100%

【A.05】外套
H:354 S:38% V:100%

【A.06】外套繩子
H:228 S:36% V:71%

【A.07】緞帶
H:353 S:62% V:89%

【A.08】貓耳內側
H:324 S:32% V:100%

【A.09】嘴巴
H:358 S:32% V:96%

【A.10】眼瞳
H:145 S:52% V:78%

# 03 使用動畫上色法 來為角色上色

那麼，實際開始執行動畫上色法吧。接下來要為塗好底色的範例插畫增添陰影和亮面。

## ❖ 描繪臉頰與嘴唇

首先從最底部的肌膚開始上色。基本上每執行一個上色步驟，就要在各部位的圖層資料夾內的底色圖層上，新增一個設為剪裁的圖層。在本書中，如果各步驟沒有特別指定圖層的不透明度是多少%，就代表了100%（不透明）。

本章節的開頭有提到，這裡主要使用的筆刷是預設的「噴槍」工具、「G筆」工具與「填充」工具。

在描繪肌膚陰影之前，先在肌膚的底色圖層上畫好臉頰與嘴唇吧。

**❶加上臉頰的紅暈**

首先替臉頰加上紅暈。圖層混合模式設為「普通」，將「噴槍」工具的尺寸設為240px左右，畫上【A.11】的顏色。在箭頭附近，從內到外輕輕上色。描繪時要注意別畫得太濃。

**❷描繪嘴唇**

與臉頰的顏色同樣是【A.11】，所以在同一個圖層描繪下唇。

【A.11】臉頰、嘴唇
H:355 S:44% V:100%

稍微擦掉下唇的兩端，使顏色呈現透明感。

**❸使顏色呈現自然的透明感**

原本的下唇顏色有點太濃了，於是我選擇透明色的「噴槍」工具，將嘴唇兩端的顏色畫成自然的透明感。

## **TOPIC**

### 臉頰的其他變化

關於臉頰的上色方式,其實也可以不用「噴槍」工具,而是用「G筆」工具畫出一條一條斜線。大家可以按照自己的畫風或喜好來嘗試。右圖是用「G筆」工具的5px尺寸畫出的效果。

使用「G筆」工具畫出斜線的效果。

## ✥ 描繪肌膚陰影

接著要描繪落在肌膚上的陰影。從頭到腳,依序描繪陰影。以圖層混合模式「普通」來建立肌膚陰影的圖層,開始上色。

想像頭髮蓋住肌膚所造成的陰影,塗上顏色。

**❶描繪頭髮造成的陰影**

選擇「G筆」工具,使用【A.12】的顏色來描繪頭髮在臉上造成的陰影。

【A.12】肌膚陰影
H:1 S:25% V:96%

## **TOPIC**

### 簡單描繪頭髮陰影的方式

儘管嚴格來說有些不同,但以稍微把頭髮形狀往下挪的方式來描繪陰影,各位應該會比較容易理解。

右圖是直接將頭髮的底色範圍往下挪,然後置換為陰影顏色的效果。雖然右側明顯缺乏陰影,不過這樣就很類似頭髮在臉上造成的陰影了。

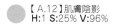

❖ 將頭髮底色稍微往下挪之後換成陰影的顏色

**❷描繪鼻子的陰影**

繼續使用【A.12】的顏色，以「G筆」工具描繪鼻子的陰影。將鼻子的陰影畫成橫向的三角形（▶）就能營造自然的效果。
雖然只是個人意見，但我覺得將這部分的陰影畫得愈大，就會讓臉部變得愈深邃。因此我在畫女孩子的時候，都會盡量畫得小一點。

---

**TOPIC**

## 鼻子陰影的其他變化

鼻子陰影的上色方式還有其他的形狀。右圖與範例不同，在角色面對的反方向畫了菱形的陰影。這是最近很常見的畫法。
使用這種畫法時，只要把陰影畫成圓角，側面也畫成平滑的弧線，就能呈現柔和的陰影。
大家可以根據自己的喜好和角色來選擇上色方式。

❖ **菱形的陰影畫法**

---

**❸描繪落在脖子上的陰影**

描繪頭部遮住脖子所造成的大片陰影。這裡的顏色一樣是【A.12】，使用「G筆」工具來上色。

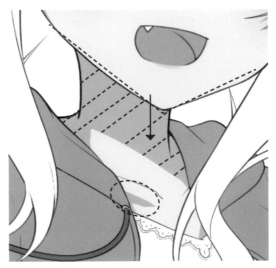

因為是來自頭部的陰影，所以要意識到光源，畫上大範圍的陰影。另外，為了讓角色更有魅力，我也在鎖骨的部分加上一點陰影。

## TOPIC

### 脖子陰影的其他變化

如果將頭部造成的陰影畫成稍微簡化一點的形狀，就會變成右圖的樣子。

這種陰影的表現方式或許比較有動畫的味道。就跟臉頰和鼻子相同，大家可以選擇自己喜歡的畫法。

❖ 稍微變形過的陰影畫法

### ❹ 描繪左手的陰影

用【A.12】與「G筆」工具，描繪頭髮所造成的陰影，以及手臂本身出現的陰影。不要忘了手臂是圓柱狀的立體，所以要畫上較大範圍的陰影。

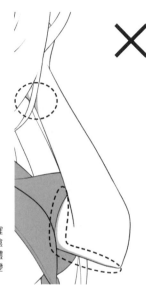

❖ 錯誤範例

這是上色初學者經常犯的錯誤。儘管有確實畫出衣服造成的陰影和手臂周圍的陰影，可陰影範圍不夠大，因此缺乏立體感。太單薄的陰影會使整幅畫的色彩都變得很薄弱，請注意。

### ❺ 描繪右手的陰影

與左手同樣，畫上陰影。手指彎曲的地方也要畫上陰影，營造立體感。

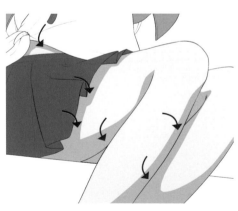

### ❻ 描繪從腰部到雙腳的陰影

畫好手臂之後，加上從腰部到雙腳的陰影。這裡也一樣，大範圍地畫上衣服、大腿與小腿所造成的陰影。

# 為肌膚加上亮面

畫好肌膚陰影之後，接著要加上亮面（ハイライト）。建立混合模式為「普通」的亮面圖層，開始上色。

加上亮面的時候有個訣竅。描繪淺色肌膚的時候，用白色來畫亮面就不容易看出哪裡有畫過。這種時候，先用容易辨識的顏色來畫亮面，之後再變更為本來的亮面顏色，描繪起來會比較方便。這裡為了清楚標示，首先使用紅色來描繪亮面，最後才將亮面圖層的描繪色改回原本的顏色。

**❶ 描繪臉部周圍的亮面**

使用容易辨識的紅色和「G筆」工具，在臉頰與嘴唇處加上圓形的反光點，並在鼻子和臉頰的線條上描繪亮面。

**❷ 描繪手臂與雙腳的亮面**

同樣使用紅色，在手臂和雙腳的邊緣加上亮面。

**❸ 更改圖層的描繪色**

先把描繪色更改為【A.04】的亮面色，然後在選擇亮面圖層的狀態下點選選單的「編輯」→「將線的顏色變更為描繪色」。這麼一來，圖層的描繪色就會全部變成亮面的顏色。

◯ 【A.04】亮面
H:0 S:0% V:100%

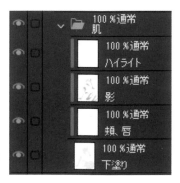

**❖ 肌膚的圖層構造**

這是到目前為止的肌膚圖層構造。

## 試著更改為曬黑的肌膚

因為白髮非常適合搭配曬黑的肌膚，所以我便試
著把肌膚的底色改成【A.13】，再把陰影改成
【A.14】。這樣很有夏日風情呢。描繪曬黑的肌
膚時，不只要把膚色調暗，將色相調整得比普通
膚色稍微偏紅，就會變成不錯的顏色。
陰影的顏色則要注意別太偏橘色。

● 【A.13】曬黑的肌膚
　 H:25 S:24% V:100%

● 【A.14】曬黑肌膚的陰影
　 H:2 S:29% V:95%

❖ 改成曬黑膚色的角色

# ✦ 描繪裙子

　　底層的肌膚已經畫好了，接下來要描繪上方的衣服。首先從裙子開始。在裙子的圖層資料夾的底色圖層上新增圖
層，開始上色。

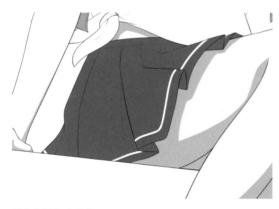

### ❶ 為裙子加上線條

圖層混合模式設為「普通」，用【A.04】為裙子加上白色的
線條，增添立體感。畫上白色線條能增加資訊量，第一眼看
到作品的印象也會更好。

○ 【A.04】線條
　 H:0 S:0% V:100%

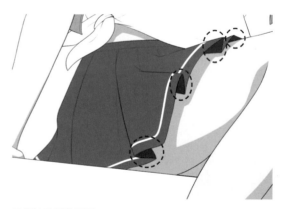

### ❷ 描繪內側的陰影

圖層混合模式設為「色彩增值」。使用「填充」工具，為裙
子的內側部分塗滿【A.15】。

● 【A.15】內側陰影
　 H:242 S:14% V:75%

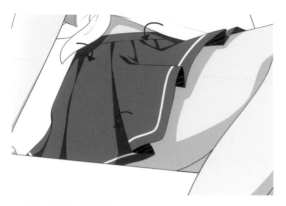

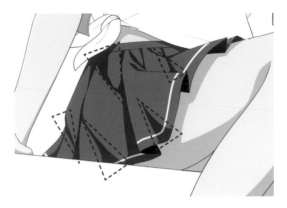

**❸描繪被遮蔽處的陰影**

圖層混合模式設為「線性加深」（燒き込み（リニア）），不透明度85%。選擇【A.16】的顏色和「G筆」工具，描繪被上衣和裙子遮蔽的陰影。剛才上色的內側部分也要再上色，畫成更深的顏色。

【A.16】影・皺
H:247 S:4% V:78%

**❹追加裙子的皺褶陰影**

圖層與顏色都和上一步相同，追加裙子的皺褶陰影。就像是用皺褶連結陰影與陰影，畫出凹凸不平的感覺。用細長的三角形來描繪皺褶，便能消除不自然感。

**❺加上亮面**

圖層混合模式設為「普通」，不透明度50%，使用「G筆」工具在裙子邊緣加上亮面。

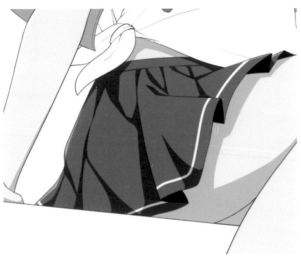

【A.04】亮面
H:0 S:0% V:100%

❖ **裙子的圖層構造**

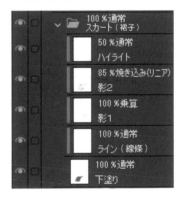

---

**TOPIC**

## 以皺褶陰影來表現布料質地

步驟❹的皺褶陰影如果畫得少，就會變成偏硬或偏厚的布料，畫得多就會變成柔軟或輕薄的布料。兩者給人的印象不同，所以上色時要注意服裝的質地。

❖ **布料質地因皺褶
多寡而異的範例**

# 描繪上衣

裙子畫好之後，接下來要畫白色的上衣。在這次的範例中，上衣的領口部分加上了一點花紋。

**❶描繪領口的花紋**

先把圖層混合模式設為「普通」，為上衣的領口花紋塗上【A.17】的粉紅色，呈現可愛的感覺。使用「填充」工具來上色，超出界線的地方再用「G筆」工具進行調整。

【A.17】領口花紋
H:344 S:13% V:100%

**❷加上胸部的陰影**

圖層混合模式設為「普通」。使用【A.18】在胸部下緣畫出圓形的陰影。

【A.18】陰影、皺褶
H:226 S:18% V:87%

**❸加上外套造成的陰影**

在同樣的圖層，用同樣的顏色追加外套造成的陰影。陰影的範圍要盡量畫得夠大。

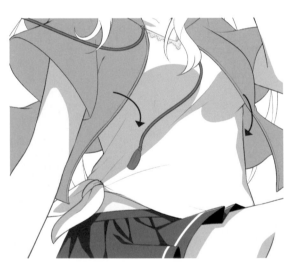

**❖上衣的圖層構造**

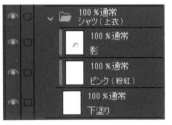

**❹追加皺褶的陰影**

繼續在同樣的圖層使用同樣的顏色，沿著上衣的皺褶流向，畫出細部的菱形陰影。

# ✦ 描繪外套

上衣畫好之後,接著來畫外套。外套包含底色在內,總共分成3個圖層資料夾,分別是整件外套、繩子、從兜帽延伸出繩子的小型金屬零件。我會在各個圖層資料夾內新增圖層,進行上色。

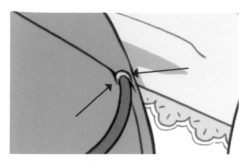

**❶描繪金屬零件的陰影**

雖然延伸出繩子的金屬零件很小,但還是要畫上陰影。使用圖層混合模式「線性加深」和【A.15】來上色。金屬零件只畫了陰影。雖然從整體來看,這種地方很不顯眼,不過我還是會畫上陰影。

● 【A.15】金屬的後方陰影
H:242 S:14% V:75%

○ 【A.04】漸層
H:0 S:0% V:100%

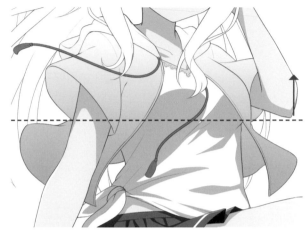

**❷為外套加上漸層**

為了呈現明亮的氛圍,我對整件外套加上了【A.04】的白色。圖層混合模式設為「普通」,考量到光源,我在胸部以上的部分,畫上愈偏上方愈明亮的漸層。

**❸描繪袖子和下襬內側的陰影**

圖層混合模式設為「色彩增值」,不透明度65%,以【A.15】的顏色描繪袖子和下襬內側的陰影。

這是皺摺

**❹描繪胸部以下的陰影**

圖層混合模式設為「線性加深」,不透明度80%,以【A.19】的顏色描繪胸部以下的大範圍陰影。

● 【A.19】陰影
H:320 S:14% V:85%

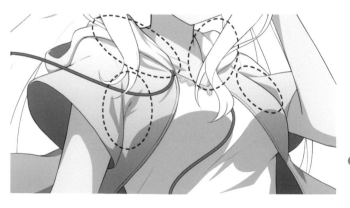

**❺描繪袖子與兜帽的細部陰影**

在同樣的圖層繼續使用【A.19】,為袖子和兜帽周圍加上細部的陰影。

**⑥加上亮面**

圖層混合模式設為「普通」，不透明度50%，加上亮面。因為在白色的漸層上不好辨識，所以我暫時用顯眼的紅色來上色。

**⑦變更亮面的顏色**

先把暫時畫成紅色的亮面變更為白色，再將描繪色改成【A.04】，選擇亮面的圖層，從選單的「編輯」→「將線的顏色變更為描繪色」就能變更了。

〇　【A.04】亮面
　　H:0 S:0% V:100%

**⑧描繪繩子的陰影**

接著替兜帽延伸出來的左右兩條繩子加上陰影。圖層混合模式設為「線性加深」，顏色是【A.20】。雖然是很瑣碎的地方，還是要確實畫上陰影。

　【A.20】繩子的陰影
　　H:226 S:10% V:88%

**⑨替繩子加上亮面**

最後在繩子受光的邊緣加上亮面。圖層混合模式設為「普通」，不透明度50%。亮面的顏色是【A.04】的白色。

❖金屬零件的圖層構造 　　❖外套的圖層構造 　　　❖繩子的圖層構造

 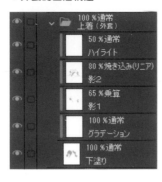 

# ✛ 描繪緞帶與貓耳

接下來要為增添可愛氣息的緞帶與貓耳上色。貓耳的內側與裡面的毛是不同的顏色，所以我會將圖層資料夾分開。首先就從緞帶開始上色吧。

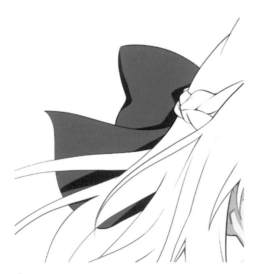 

**❶描繪緞帶的陰影**

圖層混合模式設為「線性加深」，不透明度是66%。使用【A.21】，以「G筆」工具畫上大略的陰影。

**❷追加皺褶的陰影**

就跟裙子和上衣一樣，加上皺褶的陰影。在同樣的陰影圖層，用同樣的顏色追加陰影。

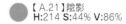

【A.21】陰影
H:214 S:44% V:86%

**❸加上亮面**

圖層混合模式設為「普通」，不透明度50%，在受光的邊緣加上亮面。使用【A.04】與「G筆」工具來描繪。

【A.04】亮面
H:0 S:0% V:100%

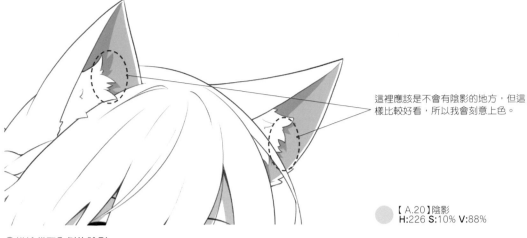

這裡應該是不會有陰影的地方，但這樣比較好看，所以我會刻意上色。

【A.20】陰影
H:226 S:10% V:88%

**❹描繪貓耳內側的陰影**

　　圖層混合模式設為「色彩增值」，用【A.20】描繪耳朵內側的陰影。即使是不會有陰影的地方，我有時候也會稍微上色。畫上陰影的效果比較好，色彩也不會太單調。感覺就像是為陰影加上一點變化。

**❺為貓耳內側的毛加上陰影**

　　圖層混合模式設為「普通」，用【A.22】畫出有立體感的毛。想要營造立體感，就要畫出有點細密的陰影，並避免陰影的方向太過統一。

【A.22】毛的陰影
H:295 S:5% V:91%

❖ **緞帶的圖層構造**

❖ **貓耳的圖層構造**

# 04 描繪表情並完成角色

角色的肌膚與服裝已經完成上色了。接下來要描繪眼睛和頭髮等,與角色表情有關的部分。

## ✥ 描繪嘴巴與眼睛

眼睛、嘴巴和頭髮等部分會大幅影響角色的形象。眼睛給人的印象特別強,所以要仔細上色。

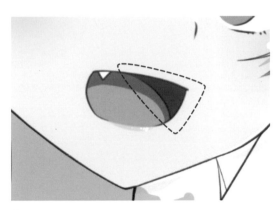

**❶描繪嘴巴內側的陰影**

圖層混合模式設為「色彩增值」,用「G筆」工具和【A.23】描繪嘴巴內側的陰影。因為舌頭帶著平滑的弧度,所以上色時要避免畫得太生硬。

**❷在舌頭後方追加陰影**

圖層混合模式設為「色彩增值」,同樣使用【A.23】來追加舌頭後方的陰影。

● 【A.23】舌頭的陰影
H:321 S:14% V:75%

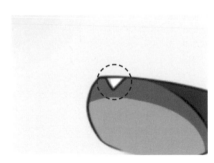

**❸描繪虎牙**

圖層混合模式設為「普通」,為虎牙加上一點陰影。這個地方非常小,幾乎看不見,但我還是畫上了【A.24】的顏色。

● 【A.24】虎牙的陰影
H:223 S:12% V:94%

● 【A.25】眼白的陰影
H:335 S:12% V:92%

**❹描繪眼白的陰影**

暫時隱藏頭髮的圖層會比較容易上色。圖層混合模式設為「普通」,使用【A.25】在眼白上半部畫出弧形的陰影。

⑤ 畫出瞳孔

從這裡開始要在眼瞳的圖層資料夾進行描繪。圖層混合模式設為「色彩增值」，選擇「G筆」工具，用【A.26】畫出瞳孔。因為這次畫的是貓耳角色，所以我將瞳孔畫成貓一般的細長形狀。

● 【A.26】瞳孔
H:242 S:24% V:55%

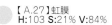
● 【A.27】虹膜
H:103 S:21% V:84%

⑥ 畫上眼瞳的虹膜

圖層混合模式設為「普通」，顏色是【A.27】。用「G筆」工具在瞳孔的下半部附近畫出一圈虹膜，注意長度和間隔不要太過平均。

● 【A.26】陰影
H:242 S:24% V:55%

⑦ 為眼瞳加上陰影

圖層混合模式設為「色彩增值」，顏色是【A.26】。以環繞眼瞳一圈的方式上色。
描繪上半部的陰影時，可以配合眼白的陰影和臉的角度，效果會更好。

⑧ 在眼瞳的上半部加上漸層狀陰影

圖層混合模式設為「色彩增值」，用「噴槍」工具在眼瞳的上半部畫上不會太深的陰影。顏色跟陰影一樣是【A.26】。

【A.28】亮面的漸層
H:41 S:60% V:100%

**❾用漸層在眼瞳的下半部加上亮面**

圖層混合模式設為「加亮顏色（發光）」，用【A.28】的
顏色在眼瞳的下半部畫上漂亮的漸層。

**❿追加眼瞳的色調**

圖層混合模式設為「加亮顏色（發光）」。選擇「噴槍」工具，用
【A.29】在眼瞳上半部畫上漸層，追加眼瞳的色調。

漸層範圍太大就會像這樣蓋住其他的顏色，所以要特別
注意。

【A.29】色調的追加漸層
H:201 S:100% V:100%

【A.04】反光
H:0 S:0% V:100%

**⓫在眼瞳的上下處加上淡淡的反光**

圖層混合模式設為「普通」，不透明度25％，在眼瞳的上
下處加上反光。顏色是【A.04】。

**⓬呈現眼瞳閃閃發亮的感覺**

在表情的最上方新增混合模式「普通」的圖層，畫上使眼
瞳閃閃發亮的光點。我使用「G筆」工具，畫了各種大大
小小的光點。顏色是【A.04】。不要把大小畫得太平均，
比較能增加閃閃發亮的感覺。

❖ 表情（嘴巴與眼睛）的圖層構造

嘴巴與眼睛歸類在「表情」圖層資料夾內，分別為各自的底色建立圖層資料夾來進行上色。

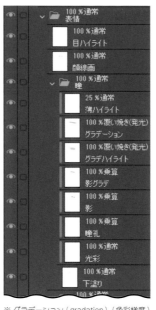

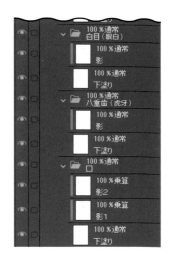

※ グラデーション（gradation）（色彩梯度）

# ❖ 描繪頭髮

接著要為頭髮上色。因為頭髮也是會大幅影響角色形象的地方，所以要仔細描繪。

*memo* ■ ■

我先從後方的頭髮開始畫，理由是先畫上後方的陰影，就能突顯前後的立體感。這麼做可以讓頭髮整體的上色更有立體感。儘管非必要，但我很推薦這種方法。

## ❶ 大致畫上後方頭髮的陰影

首先要大致畫上後方頭髮的陰影。圖層混合模式設為「線性加深」，使用「G筆」工具，顏色是【A.30】。

【A.30】陰影
H:231 S:25% V:85%

## ❷ 追加後方頭髮的陰影

在同樣的圖層，替還沒上色的後方頭髮追加陰影。

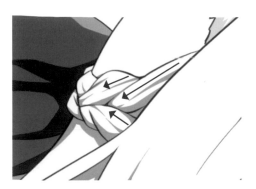
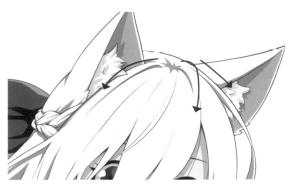

**❸為編髮畫上陰影**

在同樣的陰影圖層，為編髮的部分畫上陰影。以描繪衣服皺褶的方式來畫陰影，看起來就會像辮子的造型。

**❹描繪頭頂的陰影**

在同樣的陰影圖層，畫上頭頂的陰影。留意頭髮的髮線，沿著頭髮的流向畫出陰影。

**❺為瀏海畫上陰影**

在陰影圖層追加瀏海的陰影。我不會將瀏海的陰影畫得太厚重，而是沿著頭髮的流向，簡單畫上稍細的陰影。

這是用紅色標出漸層範圍的狀態。

**❻加上漸層狀的陰影**

圖層混合模式設為「線性加深」，加上漸層狀的陰影。這麼做就能讓頭髮呈現淡淡的立體感。顏色是【A.31】。

【A.31】漸層狀陰影
H:231 S:14% V:75%

紅色的範圍是使用
「噴槍」工具上色的
地方。

● 【A.32】以濾色所畫的顏色
H:191 S:39% V:100%

### ❼減輕後方頭髮的陰影顏色

圖層混合模式設為「濾色」，使用「噴槍」工具大致畫上
【A.32】，減輕陰影的顏色。

【A.33】亮面
H:193 S:19% V:99%

● 【A.30】陰影
H:231 S:25% V:85%

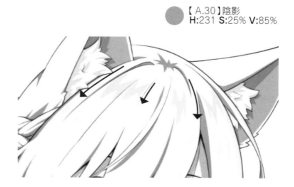

### ❽為頭髮加上亮面

圖層混合模式為「普通」。因為頭髮是白色，所以我使用
【A.33】作為亮面的顏色，以「G筆」工具沿著頭部畫了一
圈光暈。

### ❾描繪增添頭髮光澤的陰影

在頭頂附近畫上陰影，呈現頭髮的光澤。圖層混合模式設為
「線性加深」，不透明度33%。用【A.30】畫出M或N的形
狀。順著髮流去畫，看起來會比較自然。

紅色的部分，是使用
「噴槍」工具上色的
地方。

● 【A.34】用噴槍所畫的顏色
H:359 S:60% V:100%

### ❿對頭髮進行透出膚色的處理

圖層混合模式設為「濾色」，不透明度35%。用「噴槍」
工具刷上【A.34】。

## ▶對頭髮進行透出眼睛的處理

到目前為止的頭髮圖層構造如右圖。機會難得，最後再為頭髮加上透出眼睛的效果吧。

選擇描繪嘴巴與眼睛的「表情」圖層資料夾，並從選單點選「圖層」→「圖層轉換」。這麼做會開啟「圖層轉換」對話方塊，將名稱取為「臉的複製」，然後將「保留原圖層」打勾，按下「OK」。這麼一來就能建立名為「臉的複製」之圖層。

請將這個「臉的複製」圖層，移動到線稿圖層與包含目前所有上色圖層的「上色」圖層資料夾之間。移動完成後，請將圖層的不透明度更改為15%。

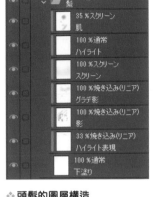

❖頭髮的圖層構造

❖「圖層轉換」對話方塊

這裡將圖層名稱取為「臉的複製」，但只要方便區分就可以了。「保留原圖層」的選項請務必打勾。

❖將建立的圖層移動到線稿圖層的下方

將建立的圖層移動到線稿圖層的下方，並將不透明度調整為15%。

❖對頭髮進行透出眼睛的處理之前（左）與之後（右）

❖ 完成動畫上色的角色

# 05 加上背景並完成插畫

角色的動畫上色已經完成了。為了完成這幅插畫,也要加上背景才行。在這裡,我將介紹簡單完成背景的方式。

## 描繪地面與天空的底色

這次的角色背景是夏天的太陽下,坐在學校屋頂的柵欄邊的模樣。聽起來好像很難畫,但只要使用預設的物件就能輕鬆畫好。

首先要從底色開始畫。儘管我將角色坐著的地方稱為地面,不過其實是坐在屋頂的水泥上。關於底色的圖層,我會建立名為「背景」的圖層資料夾,並在裡面建立「地面」圖層資料夾與「天空」圖層資料夾,分別將這些部分的底色圖層歸納在裡面。

### ▶地面與天空的底色

地面(水泥)的底色使用【A.35】,天空的底色使用【A.36】。

【A.35】地面
H:217 S:14% V:83%

【A.36】天空
H:193 S:30% V:100%

## 描繪地面

首先從角色坐著的地面(水泥)開始上色。

【A.37】用乾燥紙質不透明水彩所畫的顏色
H:0 S:0% V:80%

### ❶呈現水泥的質感

圖層混合模式設為「線性加深」,不透明度50%。使用「毛筆」工具的「油彩」分頁中的「乾燥紙質不透明水彩」工具。選擇【A.37】的顏色,往橫的方向輕輕描繪,就能簡單呈現水泥般的質感。

【A.15】陰影
H:242 S:14% V:75%

**❷描繪雙腳與手造成的陰影**

　　圖層混合模式設為「線性加深」，使用本書發布的「混色筆」工具，描繪雙腳與手造成的陰影。顏色是【A.15】。

❖ **地面的圖層構造**

**❸用漸層追加陰影**

　　圖層混合模式設為「線性加深」，使用「噴槍」工具，在一半以下的位置追加淡淡的陰影。陰影的顏色同樣是【A.15】。

**❹加上亮面**

　　圖層混合模式設為「加亮顏色（發光）」，使用「混色筆」工具，沿著邊緣輕輕畫上亮面。顏色是【A.38】。

【A.38】亮面
H:53 S:20% V:100%

**❺用覆蓋讓顏色配合天空**

　　圖層混合模式設為「覆蓋」。為了配合天空的顏色，用「噴槍」工具稍微畫上【A.39】，使顏色出現變化。

【A.39】以覆蓋所追加的顏色
H:194 S:36% V:99%

# ✤ 配置柵欄

　　接下來要在角色的背景處加上柵欄。這裡會使用CLIP STUDIO PAINT PRO的預設素材，輕鬆完成它。

## ▶配置預設素材的柵欄

　　在CLIP STUDIO PAINT PRO的選單點選「視窗」→「素材」→「素材[Background]」，或是在「素材」面板點選「All materials」→「Image material」→「Illustration」→「Building」。在這裡，我們要使用的是素材中的「Fence 2」。

　　將「Fence 2」拖曳到「圖層」面板，放在剛才上色好的地面圖層之下，這麼一來，便能追加「Fence 2」的圖層。

　　我們要配合背景來調整柵欄的形狀，但以目前的設定是無法順利變形的。要變形的時候，請點選「工具」的「操作」工具→「物件」，將「工具屬性[物件]」中的「保持原圖像的比例」解除勾選。這樣就可以自由改變素材物件的形狀了。那麼請配合背景，改變「Fence 2」的形狀吧。

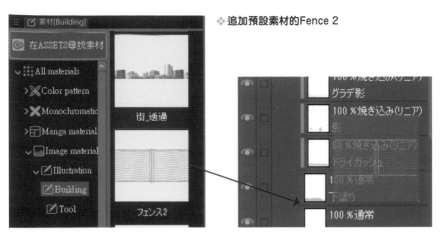

❖ 追加預設素材的Fence 2

將預設素材的「Fence 2」
拖曳到地面圖層的下方。

❖ 使Fence 2可以自由變形

點選「工具」的「操作」工具→「物件」，將「工具屬性〔物件〕」面板中的「保持原圖像的比例」解除勾選。

*memo* ■ ■

安裝CLIP STUDIO PAINT PRO的時候，系統會詢問是否要下載「Fence 2」等預設素材。如果還沒有下載，從CLIP STUDIO的工具按鈕點選「設定」→「立即下載追加素材」就可以了。

❖ 配合背景來擺放Fence 2

將素材設定為可以自由變形後，配合角色、地面（水泥）和天空的背景來調整柵欄的形狀與位置。

## ▶將柵欄物件轉換成線稿

將柵欄物件擺放好之後，我們要利用這個物件來製作線稿。

首先，在選擇「Fence 2」圖層的情況下，點選「圖層屬性」面板的「減色顯示」。這樣就能讓柵欄轉變成黑白的狀態。確定變成黑白後，對「Fence 2」圖層按下右鍵，執行「複製圖層」。這麼一來就會在「Fence 2」圖層上方建立名為「Fence 2的複製」的圖層。對「Fence 2的複製」圖層按下右鍵，執行「點陣圖層化」。選擇點陣圖層化的「Fence 2的複製」圖層，從選單點選「編輯」→「將輝度變為透明度」，便可以單獨取得線稿。

做出線稿後，為了讓柵欄的線不會在背景中顯得突兀，請更改顏色。選擇做成線稿的「Fence 2的複製」圖層，再選擇【A.40】的顏色，從選單點選「編輯」→「將線的顏色變更為描繪色」，藉此改變線稿的顏色。

### ❖將「Fence 2」圖層改為黑白

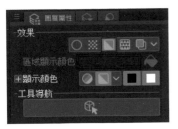

選擇「Fence 2」圖層，點選「圖層屬性」面板的「減色顯示」，柵欄就會變成右圖般的黑白狀態。

### ❖將「Fence 2的複製」圖層變成點陣圖層化的線稿

對複製出來的「Fence 2的複製」圖層按下右鍵，執行「點陣圖層化」。如此一來，圖層狀態就會變成上圖的樣子。在這個狀態下繼續選擇「Fence 2的複製」圖層，從選單點選「編輯」→「將輝度變為透明度」，就可以單獨取得線稿，使它變成線稿的圖層。

### ❖更改「Fence 2的複製」圖層的描繪色

為了讓線稿的顏色在背景中顯得更自然，現在要更改顏色。選擇作為線稿圖層的「Fence 2的複製」圖層，再選擇【A.40】作為描繪色。然後從選單點選「編輯」→「將線的顏色變更為描繪色」，藉此變更顏色。右圖是更改線稿顏色之後的狀態。

【A.40】線稿的顏色
H:221 S:52% V:54%

## ▶描繪柵欄

現在我們有了原本的「Fence 2」圖層與作為線稿之「Fence 2的複製」圖層。接下來要用原本的「Fence 2」圖層來新增剪裁圖層,開始上色。只不過,唯獨步驟❷也要用作為線稿的「Fence 2的複製」圖層來新增剪裁圖層。

### ❶用漸層描繪陰影

將圖層的混合模式設為「線性加深」,不透明度33%。使用「噴槍」工具畫上【A.20】的漸層。

紅色範圍是上色的區域。下方的顏色比較深。

【A.20】漸層狀陰影
H:226 S:10% V:88%

### ❷為柵欄上色

圖層混合模式設為「覆蓋」,為柵欄上色。如右圖,使用【A.41】塗滿整體,再用「噴槍」工具於下半部畫上較深的【A.42】。

這個時候,也要用作為線稿的「Fence 2的複製」來新增剪裁圖層,以圖層混合模式「濾色」、不透明度36%來進行同樣的上色。

這一些顏色,分別是以原本的「Fence 2」圖層、作為線稿的「Fence 2的複製」圖層來新增剪裁圖層,然後上色的結果。

【A.41】整體顏色
H:201 S:38% V:100%

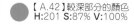【A.42】較深部分的顏色
H:201 S:87% V:100%

【A.15】陰影
H:242 S:14% V:75%

### ❸為柵欄的支柱和交叉處加上陰影

圖層混合模式設為「線性加深」,使用「G筆」工具為柵欄的交叉處和支柱畫上陰影。顏色是【A.15】。

紅色範圍是加上亮面的區域。

【A.04】亮面
H:0 S:0% V:100%

**❹加上亮面**

圖層混合模式設為「加亮顏色（發光）（覆い焼き（発光））」，不透明度20%。使用「G筆」工具，加上【A.04】的亮面。

**❖ 柵欄的圖層構造**

到目前為止的圖層都收納在「柵欄」圖層資料夾內。

# ✣ 追加城鎮

　　光是柵欄也有點單調，所以我在柵欄的另一側加上了高樓大廈。這裡使用了與剛才的「Fence 2」放在同一處的預設素材「City_transparent」物件。

　　與「Fence 2」相同，將「City_transparent」物件拖曳到柵欄的圖層下，並進行設定。將「保持原圖像的比例」解除勾選，配合地面和柵欄進行變形與擺放。

　　原本的大樓顏色太深，有點缺乏遠近感，所以我使用了遠處物體會比較模糊的空氣透視法，呈現遠近感。圖層混合模式設為「濾色」，運用由下往上的漸層來使顏色變淡，帶出空氣感。顏色從上而下分別是【A.43】、【A.44】、【A.45】。

❖ 配置「City_transparent」物件

將預設素材的「City_transparent」物件拖曳到柵欄的圖層下，配合地面和柵欄的位置。

❖ 描繪漸層來呈現遠近感

使用混合模式為「濾色」的圖層，描繪由下往上的漸層，帶出空氣感。

【A.43】漸層的上層
H:222 S:100% V:100%

【A.44】漸層的中層
H:217 S:47% V:100%

【A.45】漸層的下層
H:209 S:66% V:100%

❖ 城鎮的圖層構造

❖ 用濾色加上漸層的城鎮

# 🔅 描繪天空

最後要為天空上色。我用漸層在天空處疊上充滿夏日氣息的藍色，也用重疊的方式描繪雲朵，呈現遠近感。只要使用本書發布的「雲」筆刷，就能簡單地畫出像樣的雲朵。天空的圖層混合模式全都是「普通」，也沒有必要設定剪裁。

**❶加上淡淡的漸層**

使用【A.46】的淡藍色，從正中央偏下的地方開始，朝右上方畫出漸層。

【A.46】淡色的天空
H:189 S:54% V:100%

**❷追加稍深的漸層**

從正中央附近朝右上方追加【A.47】的鮮豔藍色漸層。

【A.47】稍深的天空
H:213 S:78% V:75%

**❸追加更深的漸層**

從正中央偏上的地方開始，朝右上方追加【A.48】的更深漸層。

【A.48】更深的天空
H:233 S:80% V:61%

### TOPIC

## 使用「雲」筆刷

只要使用本書發布的「雲」筆刷工具,就能輕鬆畫出右圖般的雲朵。筆者準備了能畫出大大小小各種雲朵的「雲」筆刷,請先嘗試一下,再使用自己覺得順手的筆刷。

❖ 用「雲」筆刷畫出的雲朵範例

**❹加上淡淡的雲朵**

使用【A.49】與「雲」筆刷,以隨意蓋章的方式畫上雲朵。

 【A.49】淡淡的雲朵
H:203 S:50% V:100%

**❺加上稍淡一點的雲朵**

使用【A.50】,追加比剛才更少的較淡雲朵。

【A.50】追加的雲朵
H:204 S:23% V:100%

**❻進一步追加更淡的雲朵**

使用【A.04】追加顏色最亮的主要雲朵,看起來就會有夏季天空的感覺。這麼一來,背景就完成了。

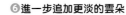 【A.04】主要的雲朵
H:0 S:0% V:100%

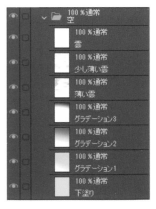

❖ 天空的圖層構造

❖ 加上背景後便大功告成的動畫風角色插畫

Chapter **3**

# 使用筆刷上色法
# 來描繪角色

# 01

# 使用筆刷上色法來描繪角色的準備工作

首先要準備筆刷上色法的角色。在這個章節，我將按照草稿、線稿、底色的順序來進行介紹。

## ✥ 關於筆刷上色法

筆刷上色法是以動畫上色法為基礎的衍生上色法。它的特徵是使用模糊或漸層等方式來上色，主要使用在遊戲或輕小說等作品的插畫中。與上一章介紹的動畫上色法相比，陰影與亮面多了深淺變化，比較不單調的地方是最大的不同。

這裡將解說筆者經常使用的筆刷上色步驟。

與第2章的動畫上色法相同，我試著使用筆刷上色法來表現球體。與動畫上色法的球體相比，輕柔的色調是它的特徵。

就像這樣，接下來要使用比動畫上色法更滑順的陰影與亮面，開始替角色上色。

❖ 使用動畫上色法（左）與筆刷上色法（右）上色的球體

### ▶ 關於角色與使用的筆刷

這是筆刷上色法的範例角色。有一個女孩在房間裡喝飲料，看起是比較乖巧的個性，穿著春天風格的衣服。

筆刷上色法主要使用的筆刷是以下的預設與下載筆刷。

- 預設
  「麥克筆」工具
  「G筆」工具
  「噴槍」工具
  「填充」工具
  「模糊」工具
  「紙質不透明水彩細筆」工具
- 下載
  「混色筆」工具
  「混色筆（前端細）」工具

❖ 筆刷上色法的範例角色

# ✥ 繪製草稿

與動畫上色法相同，這裡將針對筆刷上色法的範例角色，簡單介紹草稿到線稿的繪畫流程。

## ▶ 描繪骨架

我將角色設定為在房間內用吸管喝飲料的樣子，畫出骨架的姿勢。只要確實描繪好骨架的形狀，就能畫出穿上衣服也沒有破綻的角色。

我使用麥克筆和鉛筆等工具，不特別整理線條，粗略地描繪。另外，第2章也有提到，如果不擅長畫骨架的姿勢，請積極活用CLIP STUDIO PAINT的3D素描人偶等素材作為參考。

✥ 構思姿勢並畫出骨架

## ▶ 替骨架畫上表情、頭髮與服裝

為擺好姿勢的骨架畫上表情與服裝等細節。

**❶描繪臉部表情**
決定臉部表情。我將角色描繪成用吸管喝飲料的樣子，眼神看著鏡頭。

**❷描繪瀏海**
我將瀏海畫得稍厚，在瀏海根部的頭頂處畫上有點翹起來的頭髮。

**❸描繪後方頭髮**

接著畫出後方頭髮的部分。我決定畫成簡單
的及腰長髮。依喜好畫成馬尾等造型也不
錯,但這次我選擇了容易上色的標準長髮。

**❹描繪服裝**

我畫出有荷葉邊的裙子加上蛋糕上衣,身上披著春天會穿的
薄外套,搭配出簡單的服裝。胸口處稍微敞開,希望能呈現
比較悠閒的氛圍。

## ▶描繪背景的草稿、追加細節

這次不只畫角色,我也畫了房間背景的草稿。而在進入線稿階段之前,我再次檢查草稿,加上方便描繪線稿的細
節。

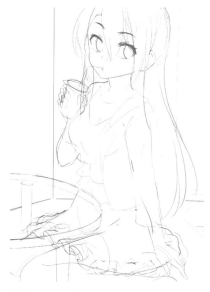

**❶描繪背景的草稿**

因為場景設定在房間內,所以我讓角色坐在窗
邊,並擺上玻璃桌。我考慮角色的氛圍,在邊緣
處畫上抱枕與書本等配件。

**❷在粗略處追加細節**

最後重新檢視草稿,在不方便畫成線稿的粗略
處追加細節。拿著飲料的手、裙子、眼睛等地
方的紅線是補充過的痕跡,這樣後續繪製線稿
時會比較方便。如此一來,草稿就完成了。

# ⁜ 繪製線稿

　　線稿的基礎與第2章相同。使用「Ｇ筆」工具，仔細地畫出角色的線稿。筆刷的粗細設定為5px。

　　描繪角色的時候，請注意線條較細的部分，例如髮尾等等。

● 【 B.01】線稿的顏色
H:0 S:14% V:9%

❖ 角色的線稿

## ▶ 使用透視尺規以避免背景扭曲

　　畫好角色的線稿之後，這次也要畫背景的線稿。第2章使用了預設的素材，但這次要自行描繪。由於背景在室內，我決定使用透視尺規作為透視的參考。

　　要使用透視尺規，請從選單點選「圖層」→「尺規・分格邊框」→「建立透視尺規」。這麼做會開啟「建立透視尺規」對話方塊，在這裡將類型設定為「1點透視」，把「新建立圖層」的選項打勾，然後點選「OK」。這麼一來，畫布上就會顯示透視尺規，圖層一覽中也會新增「透視尺規」圖層。

**❖ 追加「透視尺規」圖層**

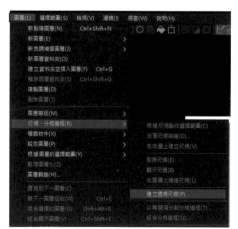

要使用透視尺規，請從選單點選「圖層」→「尺規・分格邊框」→「建立透視尺規」，在「建立透視尺規」對話方塊中將類型設為「1點透視」，並將「新建立圖層」的選項打勾，點選「OK」。

　　畫布上出現透視尺規後，接下來要操作透視的線條。在「工具」面板選擇「操作」工具，並在「輔助工具[操作]」面板點選「物件」。然後，只要隨意點選透視的任何線條，線條上就會顯示●的圖案，變得可以自由操作。或者，在線條上按著「Ctrl」鍵再按左鍵，也可以進入操作狀態。

　　舉例來說，像下圖般以拖曳的方式移動透視線的中央，就可以移動透視的線條。

❖ **透視尺規的操作方式**

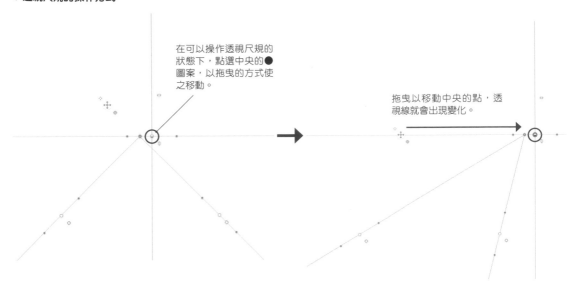

在可以操作透視尺規的狀態下,點選中央的●圖案,以拖曳的方式使之移動。

拖曳以移動中央的點,透視線就會出現變化。

　　那麼,接下來要使透視尺規的線條對齊背景的草稿。這麼一來就能畫出符合透視的線了。另外,不使用透視尺規的時候,請隱藏「透視尺規」圖層。以圖層的形式追加透視尺規,就能輕鬆切換顯示／不顯示。

❖ **使透視尺規配合背景的草稿**

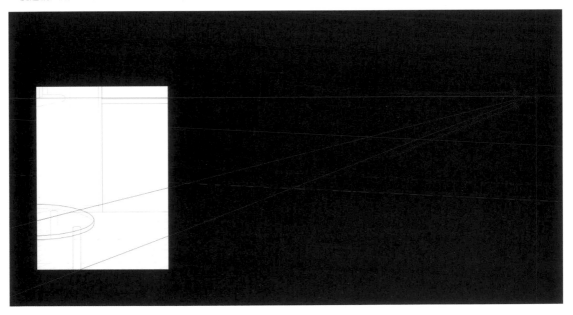

　　配合透視,按照草稿來描繪背景的線稿。這個時候,我分別以不同的圖層來描繪前方的桌面、桌腳、抱枕、其他的室內背景。事先區分成不同的圖層,以後分開上色或是調整成半透明的時候也比較輕鬆。

　　最後,我用蒙版遮住角色與背景重疊的部分,完成了線稿。

❖ 背景的線稿

❖ 搭配上角色的完整線稿

角色與背景重疊的部分使用了蒙版來
遮住。

## ✤ 為角色塗滿底色

留意2-02解說過的訣竅，為角色塗滿底色。背景
可以稍後再上色。

用圖層區分每個部位，建立圖層資料夾，注意圖層
的重疊順序，確實塗滿底色。

【B.02】肌膚
H:30 S:8% V:100%

【B.03】飲料、眼白
H:0 S:0% V:100%

【B.04】裙子
H:29 S:11% V:91%

【B.05】上衣
H:0 S:2% V:100%

【B.06】外套
H:238 S:25% V:48%

【B.07】眼瞳
H:233 S:42% V:63%

【B.08】頭髮
H:29 S:20% V:100%

❖ 畫好底色的角色

# 3
# 02 使用筆刷上色法來
為角色的肌膚上色

現在實際開始執行筆刷上色法吧。首先從角色的肌膚開始畫起。與第2章的
動畫上色法相比，重疊的顏色多了不少，步驟也會增加。

## ✤ 描繪臉頰與指甲

首先從最底部的肌膚開始上色。第一步是描繪臉頰與指甲。在肌膚的底色圖層上建立設為剪裁的圖層。和第2章
相同，各步驟的圖層若沒有指定不透明度的數值，則一律代表100%（不透明）。

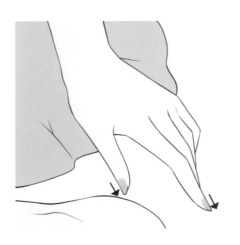

❶描繪臉頰的紅暈

圖層混合模式設為「普通」。將「噴槍」工具的尺寸
調整到180px左右，用【B.09】從內側到外側輕輕
刷上一層顏色。

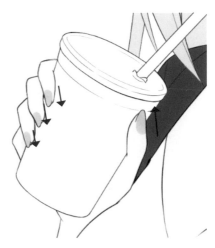

❷描繪右手的指甲

在同樣的圖層，繼續替右手的指甲上色。將下載的「混
色筆」工具調整到45px左右，從指甲根部朝指尖塗上
【B.09】。使用「混色筆」工具，就能簡單畫出漂亮的指
甲。

● 【B.09】臉頰、指甲
H:335 S:46% V:100%

❸描繪左手的指甲

以同樣的方式替左手的指甲上色。因為左手偏後
方的指甲被遮住了，所以只需要替拇指和食指的
指甲上色。

# ✤ 描繪肌膚陰影

接著要描繪落在肌膚上的陰影。首先就從頭髮在臉上造成的陰影開始，依序描繪吧。上色的部分基本上跟動畫上色法幾乎相同，但筆刷上色法比較著重於深淺變化。

**❶描繪頭髮造成的陰影**

圖層混合模式設為「普通」。沿著頭髮的流向，用【B.10】描繪頭髮造成的陰影。使用的筆刷是75px左右的「混色筆（前端細）」工具。上色的訣竅是將顏色輕輕帶過。

● 【B.10】陰影
H:358 S:32% V:96%

*memo* ■■

上色的位置基本上跟第2章的動畫上色法相同。描繪細節時，可以視情況調整筆刷尺寸。

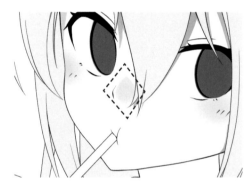

**❷描繪其餘頭髮造成的陰影**

在同樣的圖層，繼續描繪其餘頭髮造成的陰影。左耳的陰影也可以在這時畫好。

**❸描繪鼻子的陰影**

在同樣的肌膚陰影圖層，將「混色筆」工具調整為100px左右，畫上淡淡的顏色。畫出沒有尖角的菱形，就能呈現漂亮的陰影。

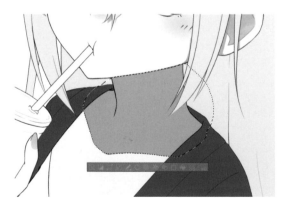

**❹在脖子處畫上陰影**

在同樣的肌膚陰影圖層，描繪臉部在脖子處造成的陰影。使用【B.10】，將鎖骨線條以上的部分塗滿。

**❺選擇塗滿的脖子陰影範圍**

使用「選擇範圍」工具來選擇塗滿的脖子陰影。利用選擇範圍就可以限定上色範圍，防止顏色超出界線，或是畫到其他已經完成上色的部分。

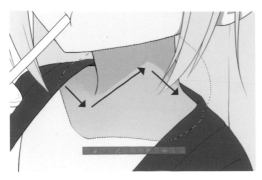

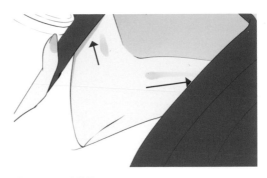

**❻使用透明色來調整陰影的形狀**

將透明色的「混色筆」工具調整到250px左右，沿著圖中的箭頭方向描繪。這麼做可以調整下巴造成的陰影形狀。

**❼描繪鎖骨的線條**

在同樣的陰影圖層，使用40px左右的「混色筆」工具，從內到外輕輕畫出鎖骨的線條。顏色是【B.10】。

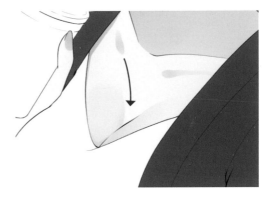

**❽描繪衣服在胸部上造成的陰影**

衣服造成的陰影也是在同樣的圖層上色。將「混色筆」工具調整到250px左右的尺寸，以較輕的筆壓由上往下描繪。下筆時力道要輕，愈靠近乳溝陰影愈深，看起來就會更有真實感。

**❾也描繪另一側的陰影**

以同樣的要領，繼續描繪另一側的胸部陰影。

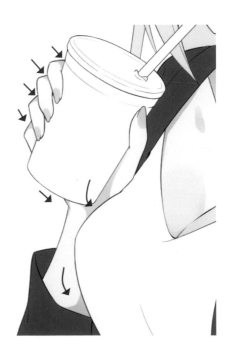

**❿描繪拿著飲料的右手陰影**

在同樣的陰影圖層，用「混色筆」工具描繪拿著飲料的右手陰影。上色時要注意飲料造成的陰影，以及手臂的圓柱狀特徵。

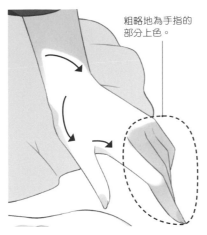

粗略地為手指的
部分上色。

**⑪描繪左手的陰影**

在同樣的陰影圖層，描繪左手的陰影。首先
大致描繪手指的部分。

**⑫將手指的顏色調整成滑順的形狀**

將透明色的「混色筆」工具調整成90px左右，擦掉
手指關節處的顏色。這麼做就能畫出滑順的手指陰
影。

**⑬在腳上描繪裙子造成的陰影**

腳上也要確實畫出裙子造成的陰影，以及
腿部本身的弧度產生的陰影。

# ✥ 調整肌膚陰影的顏色

肌膚的陰影基本上已經完成上色了。只不過，目前整體的色調都很亮，使肌膚陰影看起來只是彩度很高的顏色，
所以要更改陰影部分的顏色。

選擇肌膚陰影的圖層，按著「Ctrl」鍵對圖層的縮圖按下左鍵，就可以選擇該圖層的描繪範圍。

**✤ 選擇肌膚陰影圖層的上色範圍**

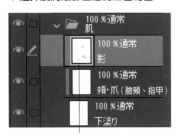

按著「Ctrl」鍵，對肌膚陰影的圖層縮
圖按下左鍵。

這樣便可選擇目前上色好的
陰影範圍。

選擇好範圍之後，以圖層混合模式「普通」建立設為剪裁的圖層。使用「噴槍」工具，在下圖的紅色部分畫上【B.11】的顏色。畫上這層顏色後，肌膚的陰影就會變成比較沉穩的色調。只不過，如果畫得太濃，陰影就會變成偏藍的顏色，所以請稍微刷上一點顏色就好。

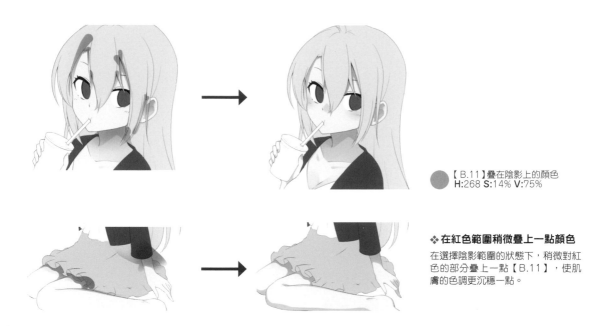

【B.11】疊在陰影上的顏色
H:268 S:14% V:75%

### ❖ 在紅色範圍稍微疊上一點顏色

在選擇陰影範圍的狀態下，稍微對紅色的部分疊上一點【B.11】，使肌膚的色調更沉穩一點。

針對加上顏色後彩度降低的肌膚陰影，現在要提升交界處的彩度。以混合模式「加亮顏色（發光）」建立新圖層，沿著陰影的交界處，用「混色筆」工具畫上【B.12】。下方的左圖是用藍色標明上色區域的狀態。使彩度低的肌膚陰影邊緣變得更鮮豔，就會成為右圖這種比較漂亮的樣子。

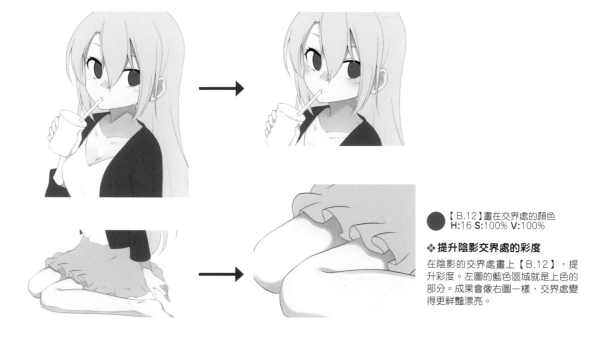

【B.12】畫在交界處的顏色
H:16 S:100% V:100%

### ❖ 提升陰影交界處的彩度

在陰影的交界處畫上【B.12】，提升彩度。左圖的藍色區域就是上色的部分。成果會像右圖一樣，交界處變得更鮮豔漂亮。

# ✤ 為肌膚加上亮面

陰影的上色完成後，接著要為肌膚加上亮面。圖層混合模式設為「加亮顏色（發光）」，以不透明度30%建立新圖層，開始描繪亮面。

這是用藍色標示亮面範圍的狀態。

○ 【B.03】亮面
H:0 S:0% V:100%

**❶為上半身的肌膚加上亮面**

正如第2章的肌膚亮面，在肌膚的邊緣畫上亮面。使用「混色筆」工具與【B.03】來描繪。

這是用藍色標示亮面範圍的狀態。

**❷為下半身的肌膚加上亮面**

繼續上色，也為下半身的肌膚加上亮面。

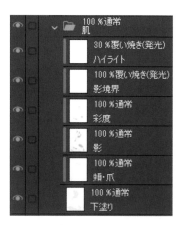

✤ 肌膚的圖層構造

# 03 為角色的服裝上色

肌膚上色完成後,接著就來畫裙子和上衣等服裝部分。儘管算是配件,但飲料也要在這個時候上色。

## ❖ 描繪裙子

首先從服裝之中最下方的裙子開始上色。

● 【B.13】陰影
H:321 S:14% V:75%

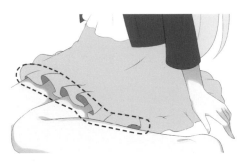

**❶描繪荷葉邊的內側**

圖層混合模式設為「色彩增值」。使用「填充」工具在荷葉邊的內側填滿【B.13】。這時不用注意深淺變化也沒問題。

**❷描繪上衣、外套與手臂造成的陰影**

圖層混合模式設為「色彩增值」,使用「混色筆」工具,確實描繪來自上方的陰影。顏色仍然使用【B.13】。

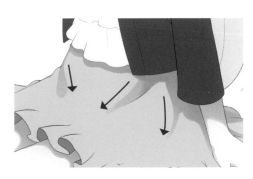

**❸追加裙子的皺褶**

在同樣的圖層,用「混色筆」工具延長陰影,追加裙子的皺褶。

**❹描繪荷葉邊的陰影**

在同樣的圖層,考慮布料的凹凸,描繪荷葉邊所產生的陰影。特別是凹凸的部分,必須確實畫上陰影。

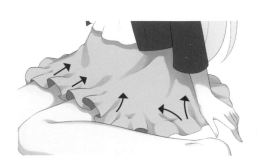

**❺追加荷葉邊所產生的皺褶**

在同樣的圖層,追加荷葉邊所產生的皺褶。

圖中的紅色範圍是畫上亮面的區域。

### ❻加上亮面

圖層混合模式設為「加亮顏色（發光）」。使用「混色筆」
工具，沿著皺褶畫上【B.14】的亮面。

【B.14】亮面
H:53 S:20% V:100%

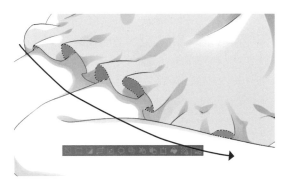

### ❼選擇荷葉邊內側的範圍

按著「Ctrl」鍵，對填滿荷葉邊內側的圖層縮圖按下左鍵，
選擇這些範圍。

### ❽用濾色稍微上色

圖層混合模式設為「濾色」，使用「噴槍」工具，按照圖中
的箭頭方向輕輕畫上【B.15】。

【B.15】用濾色所畫的顏色
H:237 S:35% V:100%

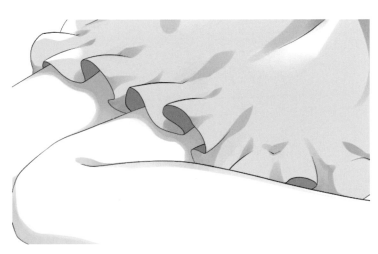

### ❾裙子上色完成

原本看起來有點太深的荷葉邊內側變得比較自然，可以融入下方的肌膚陰影。這樣
一來，裙子的上色就完成了。

### ❖ 裙子的圖層構造

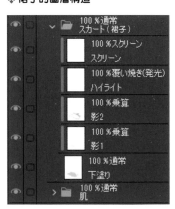

# ✥ 描繪上衣

接著替上衣上色吧。上衣的構造是所謂的蛋糕上衣。上色時要注意下半部一層一層的荷葉邊。

**❶選擇上衣上半部的區域**

圖層混合模式設為「色彩增值」。因為每一層荷葉邊都要分開上色,所以現在要先選擇最上方的大範圍。

**❷描繪陰影**

先使用「混色筆」工具,畫上【B.16】的陰影。與裙子相同,要在荷葉邊的凹凸處確實畫上陰影。

● 【B.16】陰影
H:242 S:14% V:75%

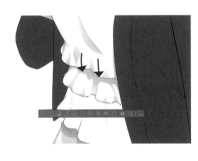 →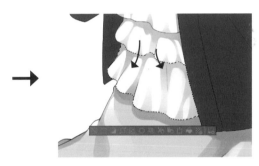

**❸為第二層與最下層的荷葉邊加上陰影**

在同樣的圖層,選擇第二層的荷葉邊,加上陰影。上方荷葉邊造成的陰影也要確實描繪。第二層畫好後,接著選擇最下層的荷葉邊,同樣加上陰影。

**❹描繪胸部的陰影**

圖層混合模式設為「色彩增值」。這個時候,我會暫時隱藏剛才的陰影圖層。胸部的陰影是使用「混色筆」工具來描繪,以慢慢刷上顏色的方式上色。顏色是【B.16】。

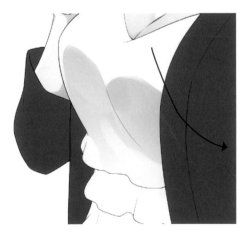

**❺描繪另一側胸部的陰影**

在同樣的圖層,以同樣的手法畫上另一側胸部的陰影。

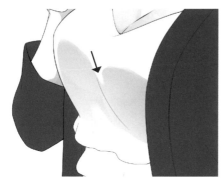

**❻擦掉胸部中間的皺褶陰影**

畫上兩側胸部的陰影後,胸部中間的皺褶陰影顯得有
些不自然。因此,要使用「混色筆」工具,沿著箭頭
的方向畫上透明色,將陰影擦掉。

**❼顯示剛才隱藏的陰影圖層**

顯示一開始隱藏的陰影圖層,確認陰影的狀態。

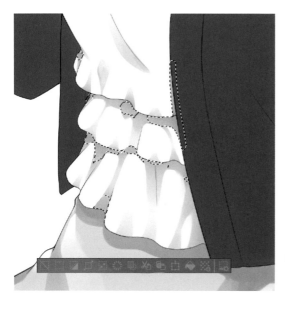

紅色的範圍是加上漸
層的區域。加上漸層
後,布料之間的界線
變得稍微深一點了。

**❽加上陰影的漸層**

圖層混合模式設為「色彩增值」,用【B.16】加上陰影的漸層。
選擇一開始的陰影圖層的上色範圍,用「噴槍」工具畫上漸層。

**❾也在胸口附近畫上淡淡的陰影**

在同樣的漸層圖層,用「噴槍」工具為胸口處的衣服畫上
淡淡的陰影。在紅色標示的區域,使用【B.16】來上色。

圖中的區域是用覆蓋來上色的範圍。感覺就像是為整體增添一點色調。

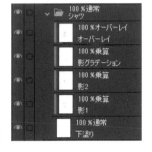

● 【B.17】覆蓋的顏色
H:355 S:44% V:96%

### ⑩用覆蓋來調整色調

圖層混合模式設為「覆蓋」。使用「噴槍」工具，畫上【B.17】的顏色。加上這層紅色調，就能使色彩更豐富，呈現不錯的效果。

❖上衣的圖層構造

## ✤ 描繪外套

畫好上衣之後，接著要替外套上色。

### ❶選擇身體部分的範圍

只要將外套分成袖子與身體的部分，就會非常方便上色。這個時候，請使用快速蒙版，選擇身體部分的範圍。紅色所標示的部分就是選擇的範圍。

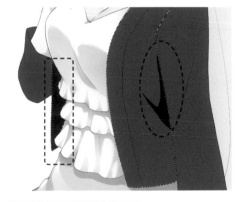

● 【B.18】陰影
H:242 S:15% V:71%

### ❷描繪內側與腋下部分的陰影

圖層混合模式設為「色彩增值」。描繪右手旁邊的外套內側，以及左手腋下部分的陰影。使用「G筆」工具，畫上【B.18】的顏色。

### ❸調整陰影的形狀

調整陰影的形狀。使用透明色的「混色筆（前端細）」工具，輕輕擦掉剛才上色的部分，或是延長陰影。

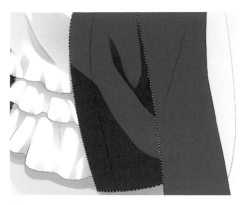

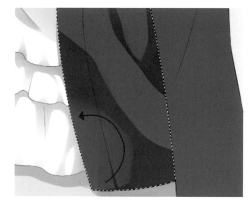

**❹大致描繪下半部的陰影**

在同樣的圖層，為外套的下半部描繪陰影。使用「G筆」工具大致上色。

**❺調整下半部陰影的形狀**

使用透明色的「混色筆（前端細）」工具，沿著圖中箭頭的方向擦掉顏色。

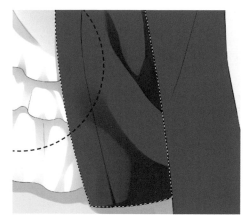

**❻將陰影的上半部畫成自然的形狀**

在外套下半部陰影的上緣，以圖中的虛線為標準，用透明色的「噴槍」工具擦掉陰影，調整形狀。

**❼追加皺褶的陰影**

在同樣的圖層，沿著圖中的箭頭方向，用「混色筆」工具畫上淡淡的皺褶陰影。

**❽反轉選擇範圍**

身體部分上色完成後，請點一下選擇範圍桌面啟動器的「反轉選擇範圍」按鈕。這麼一來，目前還沒有上色的袖子部分就會變成選擇範圍。

**❾描繪袖子的陰影**

在同樣的圖層，使用「G筆」工具，以平塗的方式描繪袖子的陰影和皺褶的形狀。

**⑩調整袖子陰影的形狀**

使用透明色的「混色筆（前端細）」工具，沿著陰影的邊緣擦掉顏色，調整形狀。

**⑪追加皺褶的陰影**

在同樣的圖層，追加袖子的皺褶陰影。使用「混色筆」工具來上色。上色的時候要注意顏色的深淺變化。

**⑫描繪剩下的陰影**

在同樣的陰影圖層，替還沒上色的地方加上陰影。使用「混色筆（前端細）」工具來上色。

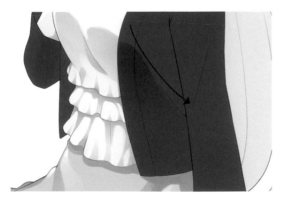

**⑬描繪胸部的陰影**

將先前的陰影圖層暫時隱藏，以描繪上衣的方式，加上胸部的陰影。圖層混合模式設為「色彩增值」，使用「混色筆」工具，配合上衣的胸部陰影，沿著箭頭的方向刷上顏色。

**⑭顯示陰影圖層以進行確認**

胸部陰影畫好後，顯示下方的陰影圖層，確認陰影的狀態。

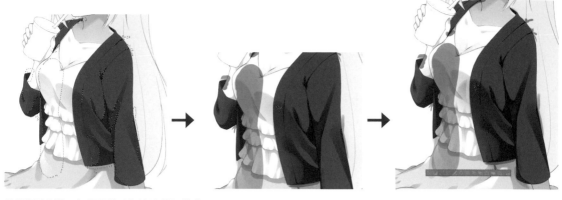

⑮選擇陰影的兩個圖層並改為快速蒙版模式

為了調整陰影色調，現在要選擇陰影的範圍。選擇下層陰影的圖層，改為快速蒙版模式。接著，像上方的右圖一樣，選擇胸部陰影
圖層的範圍，將兩個陰影圖層都改為快速蒙版模式。

紅色的範圍是疊上顏
色的部分。不需要為
所有陰影上色，而是
局部增添色調。

● 【B.19】覆蓋的顏色
H:244 S:39% V:100%

⑯追加陰影的色調

對快速蒙版追加色調。圖層混合模式設為「覆蓋」，使用「噴槍」工具，輕輕疊
上【B.19】，將一部分的陰影改成稍微帶藍的色調。

紅色範圍是加上亮面
的部分。

【B.14】亮面
H:53 S:20% V:100%

⑰加上亮面後完成外套的上色

圖層混合模式設為「加亮顏色（發光）」，加上亮面。使用
「混色筆」工具，輕輕畫上【B.14】。

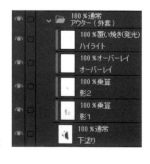

❖ 外套的圖層構造

# 描繪飲料

角色手上拿著的飲料也要上色。我將飲料設定為2019年很流行的珍珠奶茶。

【B.20】基礎色
H:22 S:16% V:89%

## ❶塗上基礎色

圖層混合模式設為「普通」。原本的底色是白色，但我決定將飲料畫成珍珠奶茶，所以使用【B.20】作為基礎色，塗滿整杯飲料。

液體會與地面呈現水平，所以水面不是以傾斜的容器為準，而是以地面為準。

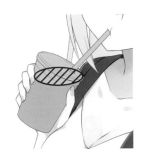

【B.21】內容物的陰影
H:26 S:47% V:91%

## ❷描繪杯子內容物的陰影

圖層混合模式設為「普通」，使用「G筆」工具描繪杯中飲料的陰影。顏色是【B.21】。

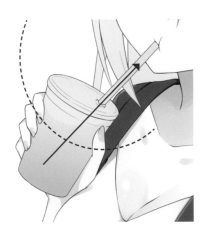

## ❸只用漸層來呈現奶茶的質感

圖層混合模式設為「普通」，使用「噴槍」工具畫上【B.22】的漸層。這麼做可以增添奶茶的質感。

【B.22】漸層的顏色
H:44 S:11% V:100%

## ❹描繪吸管

圖層混合模式設為「普通」，使用「填充」工具為吸管塗滿【B.23】。

【B.23】吸管
H:312 S:35% V:92%

● 【B.01】珍珠
H:0 S:14% V:9%

❺ 描繪珍珠的顆粒

圖層混合模式設為「普通」，描繪珍珠的顆粒。使用預設
之「毛筆」工具「油彩」分頁中的「紙質不透明水彩細
筆」工具，在容器下半部與吸管處畫上【B.01】的不規則
圓形。

紅色範圍是畫上亮面
的部分。

○ 【B.03】亮面
H:0 S:0% V:100%

❻ 加上亮面

圖層混合模式設為「普通」，用【B.03】為整個容器畫上
亮面。選擇「混色筆」工具，在容器上描繪縱向的亮面，
呈現光澤感。

● 【B.24】陰影
H:321 S:15%
V:86%

❖ 飲料的圖層構造

❼ 描繪容器本身與手指造成的陰影

圖層混合模式設為「線性加深」。選擇「混色筆」
工具，用【B.24】畫上容器的陰影、手指造成的陰
影，以及吸管的陰影，完成飲料的上色。

# 3
# 04 使用筆刷上色法
來為表情上色

角色的肌膚與服裝已經完成上色了。接下來就比照動畫上色法，描繪眼睛
和頭髮等，與角色表情相關的部分。

## ✥ 描繪眼睛與表情

底色已經區分眼白與眼瞳（黑眼珠）的部分。眼白只有在一開始會畫上陰影，之後的上色步驟，基本上都是針對
眼瞳的底色來新增圖層。會影響到表情的眼睛周圍也要在此時上色。

●【B.24】眼白的陰影
H:321 S:15% V:86%

### ❶加上眼白的陰影

一開始要描繪眼白的陰影。圖層混合模式設為「普通」。選擇
「混色筆」工具，用【B.24】沿著箭頭方向畫上眼白的陰影。不
需要特別注意深淺，可以確實上色。

●【B.25】瞳孔
H:242 S:24% V:55%

### ❷描繪瞳孔

從這裡開始，要在眼瞳（黑眼珠）的底色圖層上建立新圖層。
圖層混合模式設為「線性加深」。選擇「麥克筆」工具，用
【B.25】來描繪瞳孔。先塗滿顏色後，再用透明色的「混色筆」
工具輕輕把瞳孔的中央部分擦淡，就能畫出邊緣較深的圓形瞳
孔。

●【B.14】虹膜
H:53 S:20% V:100%

### ❸描繪眼瞳的虹膜

圖層混合模式設為「加亮顏色（發光）」，不透明度54%。選擇
「混色筆（前端細）」工具，縮小筆刷尺寸，用【B.14】描繪虹
膜。與動畫上色法相同，位置沿著瞳孔周圍排列。

**❹加上眼瞳的陰影**

圖層混合模式設為「線性加深」，用「G筆」工具為眼瞳畫上弧形的陰影。顏色是【B.25】。

● 【B.25】陰影
H:242 S:24% V:55%

**❺稍微擦掉陰影的顏色**

使用透明色的「混色筆」工具，沿著剛才畫好的陰影描繪，只留下邊緣的顏色。

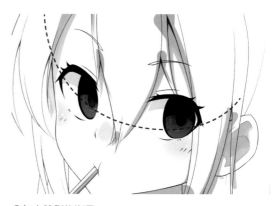

**❻加上眼瞳周圍的陰影**

在同樣的陰影圖層，用「麥克筆」工具在眼瞳周圍加上一圈顏色。

**❼加上陰影的漸層**

圖層混合模式設為「線性加深」。用「噴槍」工具畫上陰影的漸層，使眼瞳上半部變得更暗。顏色依然是【B.25】。

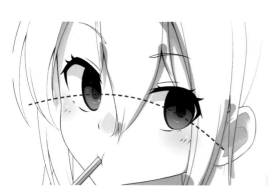

**❽加上亮面的漸層**

圖層混合模式設為「加亮顏色（發光）」，與陰影漸層相反，在下半部畫上亮面的漸層。使用「噴槍」工具畫上【B.14】。

● 【B.14】亮面
H:53 S:20% V:100%

**❾加上圓形的亮面**

圖層混合模式設為「加亮顏色（發光）」，不透明度61％。使用「混色筆」工具和【B.14】的顏色，在眼瞳的下半部畫上圓形的亮面。

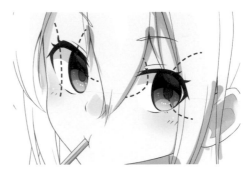

**⑩在眼瞳上半部加上反光**

圖層混合模式設為「普通」。使用「混色筆」工具，在眼瞳上半部加上反光。顏色是【B.25】，畫得又輕又淡。

● 【B.25】陰影
H:242 S:24% V:55%

**⑪在眼睛周圍加上顏色**

從這裡開始，要以臉部的線稿圖層來設定剪裁圖層。圖層混合模式設為「普通」。使用「噴槍」工具，在眼睛兩側加上【B.26】的紅色調。

● 【B.26】追加的紅色調
H:355 S:100% V:53%

● 【B.27】臉頰的斜線
H:355 S:44% V:96%

**⑫為臉頰的斜線上色**

圖層混合模式設為「普通」。用「G筆」工具將臉頰的斜線畫成【B.27】的顏色。

● 【B.28】眼瞳周圍的模糊顏色
H:240 S:86% V:16%

沿著紅色標出的線條，塗上一圈顏色。

**⑬加上眼瞳周圍的模糊顏色**

在眼瞳圖層與眼白圖層之間新增混合模式為「普通」的圖層。將「噴槍」工具的尺寸縮小，用【B.28】在眼瞳周圍畫上一圈顏色。

❖ **表情與眼睛的圖層構造**

○ 【B.03】光點
H:0 S:0% V:100%

**⑭加上光點**

最後在眼睛的最上層新增混合模式為「普通」的圖層，於眼白與眼瞳之間的上半部加上光點。使用「G筆」工具畫上【B.03】的顏色。

# ✤ 描繪頭髮

表情畫好後，就可以開始為頭髮上色。雖然長髮的面積很大，但也要注意光源，一步一步畫出有立體感的頭髮。

## ▶ 描繪後方頭髮的陰影

### ❶描繪後方頭髮的陰影

圖層混合模式設為「色彩增值」，用「G筆」工具在後方頭髮等處塗滿【B.29】，如左圖。

### memo ■ ■ ■

請不要將後方頭髮全部塗滿，而是避開容易受光的地方，畫出立體感。

【B.29】陰影
H:272 S:14% V:75%

### ❷擦掉陰影的顏色

使用透明色的「混色筆」工具，沿著箭頭的方向描繪，擦掉部分髮流的顏色。

### ❸也擦掉另一側陰影的顏色

另一側臉部旁邊的頭髮也要用透明色的「混色筆」工具來擦掉顏色。

### ❹將頭髮下半部的顏色擦淡

繼續使用透明色的「混色筆」工具，將後方頭髮的下半部顏色擦淡。
畫到這裡之後，請暫時隱藏畫了後方陰影的圖層。

具體而言就像這樣，沿著畫好的陰影
描繪，使顏色變得透明。這個時候，
如右圖般留下邊緣的線條，效果就會
更好。

● 【B.13】陰影
H:321 S:14% V:75%

**❺描繪頭髮整體的陰影**

圖層混合模式設為「色彩增值」。使用「混色筆（前端細）」工
具，為頭髮整體畫上【B.13】的陰影。要領與第2章的動畫上色法相
同。

**❻擦掉瀏海的陰影顏色**

畫好陰影後，使用透明色的「混色筆」工具，將陰影
擦淡。

**❼也擦掉下半部陰影的顏色**

與瀏海相同，下半部的頭髮陰影也要用透明
色的「混色筆」工具，將顏色擦淡。

**❽顯示後方頭髮的圖層以
進行確認**

調整好陰影的顏色後，顯
示暫時隱藏的後方頭髮陰
影圖層。這個時候，將後
方頭髮陰影圖層的不透明
度調整為50%，陰影就會
變成這種有層次的樣子。

## ▶加上反光造成的陰影

接著描繪反光造成的陰影。要在頭頂稍微偏下的位置，畫上一圈陰影。請將頭髮想成一束一束的毛，為每一束頭髮上色。

這一圈陰影就是反光的陰影。

最簡單的方式是將頭髮想成一束一束的毛，為每一束頭髮上色。

❖反光的陰影

❖把頭髮分成幾束

**❶描繪反光的陰影**

圖層混合模式設為「色彩增值」。使用「混色筆」工具，為頭髮的上層的每一束頭髮畫上一圈【B.13】的塊狀陰影。

**❷調整陰影的形狀**

使用透明色的「混色筆（前端細）」工具，調整色塊的形狀。首先從上方開始慢慢削。重點是削出有角度的形狀。

**❸也從下方削出角度**

上方畫好後，接著也要削出下方的形狀。與上方不同，這裡要擦掉兩個地方。同樣要畫成有角的形狀。

**❹細節的形狀也要調整**

細小的色塊也要調整形狀。同樣要確實削出稜角。

*memo* ■ ■

調整形狀的方式很靠感覺，所以筆者無法明確地形容，但大家可以想成是隨機削出一到三個大大小小的缺口。

**❺繼續描繪剩下的反光陰影**

剩下的色塊也要削出形狀。將整體畫成不平均（隨機）的感覺，看起來就會更自然。

**❻也為後方頭髮加上反光**

在同樣的圖層，為後方頭髮追加反光的陰影。畫法與前面完全相同。

3

04

使用筆刷上色法來為表情上色

## ▶加上漸層與亮面

調整好陰影的形狀後，再畫上陰影的漸層和亮面，完成頭髮的上色吧。

圖中的紅色範圍是畫上陰影漸層的區域。

● 【B.13】陰影的漸層
H:321 S:14% V:75%

### ❶加上陰影的漸層

圖層混合模式設為「線性加深」，為整體加上陰影的漸層。將「噴槍」工具的尺寸放大，畫上【B.13】的顏色。

○ 【B.03】亮面的漸層
H:0 S:0% V:100%

圖中的紅色範圍是畫上亮面漸層的區域。

### ❷加上亮面的漸層

圖層混合模式設為「加亮顏色（發光）」，不透明度20%。將「噴槍」工具的尺寸放大，畫上【B.03】的顏色。

【B.14】亮面
H:53 S:20% V:100%

紅色範圍是畫上亮面的區域。角色被強烈的光源照射時，我會將亮面畫得較粗，但這次因為是在室內，所以要注意別畫得太粗。

### ❸為整體頭髮加上亮面

圖層的混合模式設為「加亮顏色（發光）」，使用「混色筆」工具，在頭髮邊緣畫上亮面。顏色是【B.14】。

**❹在頭上描繪亮面**

在同樣的亮面圖層，描繪頭部的亮面。使用「混色筆（前端細）」工具，大約在額頭的高度，畫上一圈類似手機電波標誌的線條。

**❺也在頭頂處描繪亮面**

也在頭頂處畫上一圈同樣形狀的亮面。位置大概在箭頭標示的地方。數量比額頭附近少，但形狀是相同的。

**❻也為後方頭髮加上亮面**

儘管比較不明顯，但後方頭髮也要加上與頭部相同的亮面。

**❖頭髮的圖層構造**

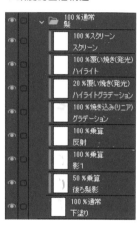

【B.30】濾色的顏色
H:203 S:70% V:100%

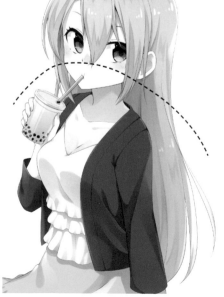

紅色範圍代表上色區域。

**❼以濾色來調整色調**

圖層混合模式設為「濾色」。將「噴槍」工具的尺寸放大，在後方頭髮的中央附近畫上【B.30】。這麼一來，頭髮的上色就完成了。

# ✥ 進行眼睛的透明處理

角色上色大抵完成後，就可以開始處理讓眼睛透出頭髮的部分。處理步驟跟第2章的第44頁相同，請先複製所有表情部分的「表情」圖層資料夾，放在所有上色圖層的「上色」圖層資料夾與線稿圖層之間。

❖ 眼睛已經完成透明處理的臉

❖ 角色的圖層構造

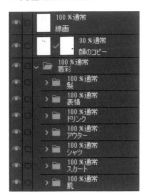

這是將每個部位區分成圖層資料夾之後，角色整體的圖層構造。

❖ 上色完成的角色

# ❖ 為線稿上色

　　雖然角色的上色已經完成了，但線稿的顏色似乎有點太過單調。這種時候就來改變一下線稿的顏色吧。

　　這種手法稱為線稿的**彩色描線**，也就是讓線稿的顏色配合周圍的顏色，使線條的色調更自然，提升插畫的質感。這裡將介紹可以輕鬆完成彩色描線的手法。

　　首先選擇完成所有上色步驟的「上色」圖層資料夾，按下右鍵再點選「圖層轉換」，開啟「圖層轉換」對話方塊。請將「保留原圖層」打勾，然後按下「OK」鍵。這個時候，如果沒有把「保留原圖層」打勾，「上色」圖層資料夾本身就會被合併，所以請務必打勾。

　　這麼一來，「上色」圖層資料夾上方，就會追加一個合併了所有上色圖層的圖層，名為「上色2」。請將這個圖層移動到「線稿」圖層的上方。

### ❖ 建立合併了「上色」圖層資料夾的圖層

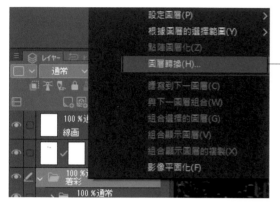

對包含所有上色圖層的「上色」圖層資料夾按下右鍵，點選「圖層轉換」。

其他設定不需要更改，按下「OK」鍵。

因為要保留原本的圖層（資料夾），所以這裡請務必打勾。

### ❖ 移動合併後的圖層

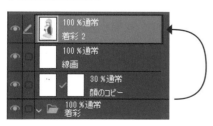

將原本的「上色」圖層資料夾上方新增的「上色2」圖層，移動到「線稿」圖層的上方。

將合併後的圖層移動到「線稿」圖層上方之後，在選單點選「濾鏡」→「模糊」→「高斯模糊」。這麼做會開啟「高斯模糊」（ガウスぼかし）對話方塊，請將「模糊範圍」設定為「15」，然後按下「OK」鍵。這麼一來，整個角色就會呈現相當模糊的狀態。

❖ 加上高斯模糊的效果

以「15」的設定值，加上高斯模糊的效果。

執行高斯模糊後，整個角色就會呈現模糊的狀態。

完成高斯模糊的處理後，為了方便辨識，請將圖層名稱改為「上色複製+高斯模糊」（着彩コピー+ガウスぼかし）。然後，用下方的「線稿」圖層進行剪裁，將圖層混合模式設為「濾色」，不透明度設為25%。這樣就會讓角色的模糊感消失，單獨使剪裁的線稿變色。如此一來，角色部分就完成了。

❖ 用「線稿」圖層剪裁以變更線稿顏色

為了方便辨識，請更改圖層名稱，然後用「線稿」圖層進行剪裁。接著，將圖層混合模式設為「濾色」，不透明度設為25%。

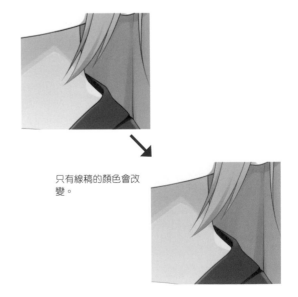

只有線稿的顏色會改變。

❖ 角色部分上色完成

# 05 描繪背景並完稿

3

角色的上色已經完成了。這個章節的背景也有線稿，所以現在開始依序上色吧。

## 描繪桌子

我將桌子設定為玻璃材質。因為角色坐在桌子後方，所以雖說是背景，但桌子也有一部分是在角色的前方。因此，只有桌子的圖層會放在角色的圖層上方。

### ▶塗滿底色

首先塗滿底色。桌面的玻璃部分要將圖層混合模式設為「普通」、不透明度60%，塗滿【B.03】。桌腳部分的圖層混合模式設為「普通」，塗滿【B.31】。

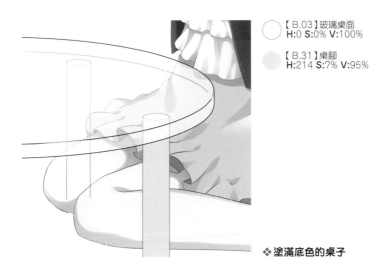

○ 【B.03】玻璃桌面
H:0 S:0% V:100%

● 【B.31】桌腳
H:214 S:7% V:95%

❖ 塗滿底色的桌子

### ▶描繪玻璃桌面

首先要從桌子的本體，也就是桌面的玻璃部分開始上色。這個時候，請建立玻璃部分的上色用圖層資料夾，在資料夾內新增圖層。因為是玻璃材質，請將上色用圖層資料夾本身的混合模式設為「穿透」（通過）。

❖將玻璃部分的圖層資料夾設為「穿透」

因為桌面的材質是玻璃，請將圖層資料夾本身的混合模式設為「穿透」，在裡面進行上色。

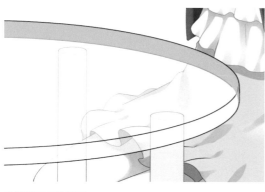

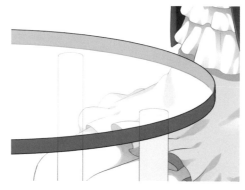

**❶ 描繪深處的側面**

在玻璃桌的底色圖層下方新增深處側面的圖層，將圖層混合模式設為「色彩增值」，塗滿【B.33】。

**❷ 描繪前方的側面**

這次在玻璃桌的底色圖層上方新增前方側面的圖層，將圖層混合模式設為「色彩增值」，並塗滿【B.33】。

● 【B.33】桌子側面
H:181 S:34% V:48%

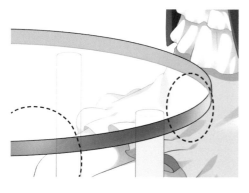

○ 【B.03】亮面
H:0 S:0% V:100%

**❸ 在前方側面加上亮面**

用前方側面的圖層進行剪裁，加上亮面。圖層混合模式設為「加亮顏色（發光）」，使用「噴槍」工具，畫上【B.03】的顏色。

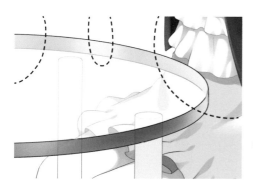

暫時隱藏玻璃的底色圖層，就可以看到深處也畫了跟前方一樣的亮面。

**❹ 在深處側面加上亮面**

這次用深處側面的圖層進行剪裁，加上亮面。圖層混合模式設為「加亮顏色（發光）」，上色方式與前方相同。

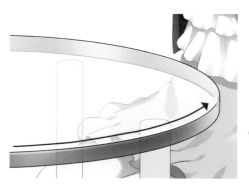

**❺ 在前方側面的邊緣加上亮面**

在前方側面的邊緣畫上一圈亮面。選擇桌子的底色圖層範圍，建立蒙版。圖層混合模式設為「加亮顏色（發光）」，不透明度20%，使用「混色筆」工具來上色。

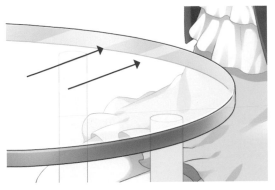
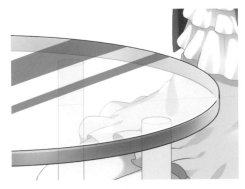

紅色範圍是在桌面畫上亮面的部分。

**❻描繪玻璃桌面的亮面**

選擇桌面的底色圖層,建立蒙版。圖層混合模式設為「濾色」,不透明度45%,使用「G筆」工具描繪玻璃桌面的亮面。

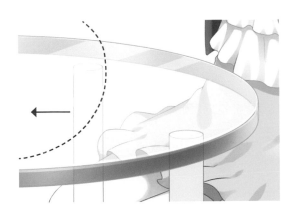

**❼將桌面的亮面擦淡**

使用透明色的「噴槍」工具,往左側輕輕擦掉桌面的亮面。
這樣就完成玻璃桌面的上色了,所以請暫時隱藏這些圖層。

▶ **描繪桌腳**

接下來要為桌腳的部分上色。請用桌腳的底色圖層進行剪裁,依序上色。

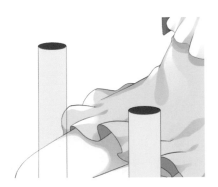

**❶描繪支撐桌面的接觸面陰影**

在桌腳上方與桌面接觸的面畫上陰影。圖層混合模式設為「色彩增值」。使用「填充」工具來描繪。

● 【B.32】陰影
H:249 S:16% V:35%

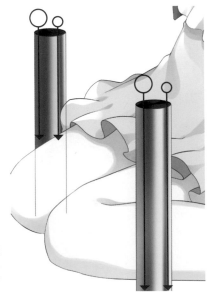

**❷描繪桌腳整體的陰影**

圖層混合模式設為「線性加深」。使用「噴槍」工具畫上縱向的【B.32】。
上方的圓形圖案代表大概的尺寸,感覺就像是畫上了兩條大小不一的模糊線條。

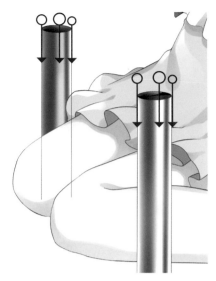

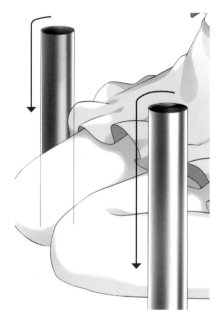

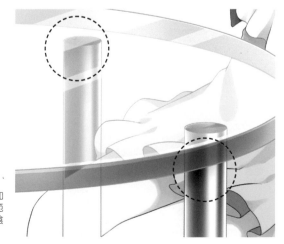

○ 【B.03】亮面
H:0 S:0% V:100%

**❸加上桌腳整體的亮面**

圖層混合模式設為「加亮顏色（發光）」。選擇「噴槍」
工具，用【B.03】畫上桌腳整體的亮面。與剛才的陰影相
同，上方的圓形圖案代表大概的尺寸，畫出三條縱向的亮
面。

紅色範圍是在邊緣畫上亮面
的區域。

**❹加上邊緣的亮面**

圖層混合模式設為「普通」，追加
邊緣的亮面。使用「G筆」工具，
沿著上緣到左側邊緣描繪。

**❺描繪桌面與桌腳重疊處的陰影**

顯示先前隱藏的玻璃桌面。圖層混合模式設為「線性加
深」，使用「噴槍」工具畫上【B.32】。在虛線框起的範
圍內，也就是玻璃桌面和桌腳重疊的部分，畫上模糊的陰
影。

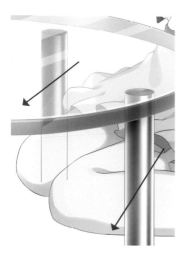

紅色範圍是加上反光的區域。

⬤ 【B.03】亮面
H:0 S:0% V:100%

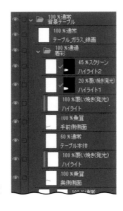

**❻加上反光後完成**

圖層混合模式設為「相加（發光）（加算（発光））」，不透明度25%。使用尺寸偏大的「混色筆」工具，從正中央往下描繪斜向的反光。顏色是亮面的【B.03】。

❖ 桌子的圖層構造

# ✤ 描繪剩下的背景

描繪剩下的背景時，請在角色的圖層資料夾下方，建立名為「背景」的圖層資料夾，並在其中區分不同部位的圖層資料夾。

## ▶ 塗滿背景的底色

為桌子以外的背景塗滿底色。

◯ 【B.36】牆壁
H:225 S:3% V:97%

⬤ 【B.35】地板
H:22 S:11% V:66%

◯ 【B.03】抱枕、窗簾
H:0 S:0% V:100%

◯ 【B.34】窗框
H:227 S:6% V:93%

⬤ 【B.37】書本
H:228 S:28% V:86%

⬤ 【B.38】書本
H:23 S:28% V:86%

❖ 畫好底色的背景

## ▶描繪窗框的部分

現在來描繪窗簾所遮住的窗框部分。

### ❶加上陰影

圖層混合模式設為「線性加深」,加上陰影。使用「噴槍」工具沿著箭頭的方向,畫上稍深的【B.16】。

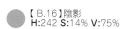

【B.16】陰影
H:242 S:14% V:75%

### ❷稍微擦掉一點顏色

使用透明色的「噴槍」工具與「混色筆」工具,考慮光源的方向,稍微擦掉一點陰影的顏色。

【B.03】亮面
H:0 S:0% V:100%

### ❸加上亮面

圖層混合模式設為「加亮顏色(發光)」,使用「噴槍」工具,加上【B.03】的亮面。因為窗框會被窗簾遮住,所以不用畫得太仔細也沒問題。

## ▶描繪抱枕

接下來要描繪白底的抱枕。首先就從方格花紋開始畫起吧。

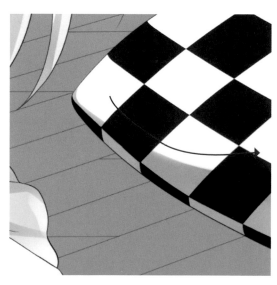

### ❶描繪方格花紋

圖層混合模式設為「普通」。用【B.39】的顏色,在白底的抱枕上畫出方格花紋。描繪時要配合抱枕的曲線。

【B.39】花紋
H:220 S:6% V:20%

### ❷加上陰影

圖層混合模式設為「線性加深」,加上陰影。使用「混色筆」工具,沿著箭頭畫上【B.40】的陰影。

【B.40】陰影
H:239 S:27% V:64%

### ❸完成陰影

在同樣的陰影圖層，使用「模糊」工具暈開圖中的圓形範圍。接著，使用「混色筆（前端細）」工具，描繪抱枕縫合處的皺褶陰影。

● 【B.16】漸層狀陰影
H:237 S:35% V:100%

### ❹加上漸層狀陰影

圖層混合模式設為「線性加深」，使用「噴槍」工具，在圖中框起的範圍內，稍微畫上【B.16】的漸層狀陰影。

【B.41】亮面
H:43 S:15% V:100%

### ❺加上亮面

圖層混合模式設為「加亮顏色（發光）」，加上亮面。使用「混色筆」工具，沿著上半部的箭頭方向，輕輕畫上【B.41】。

### ❻加上漸層狀亮面

圖層混合模式設為「加亮顏色（發光）」。使用「噴槍」工具，畫上【B.03】的漸層狀亮面。

○ 【B.03】漸層、邊緣的亮面
H:0 S:0% V:100%

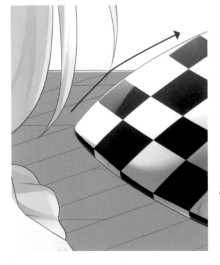

### ❼加上邊緣的亮面

圖層混合模式設為「相加（發光）」。使用「混色筆」工具，在抱枕的邊緣畫上亮面。
這樣就完成抱枕的上色了。

## ▶描繪窗簾

因為我將窗簾設定為薄紗的款式,所以有必要進行透出外側窗框的處理。為此,窗簾的圖層資料夾必須放在窗框的圖層資料夾上方。背景整體的圖層構造請參考第100頁。

### ❶加上窗簾整體的陰影

圖層混合模式設為「線性加深」,使用「混色筆」工具,由上往下畫出強弱稍有變化的陰影。顏色是【B.42】,必須確實畫出窗簾的布料起伏。

### ❷使窗簾的圖層變得透明

將窗簾圖層資料夾的混合模式設為「穿透」,不透明度調整為85%。這麼一來就能隱約看到先前畫好的窗框。

【B.42】陰影
H:227 S:12% V:85%

### ❸加上窗框造成的陰影

一邊強調窗簾的波浪感,一邊畫上窗框造成的陰影。流向如箭頭所示。窗簾的下襬部分也要畫上同樣的波狀陰影。

## ▶描繪書架與書本

接下來，開始描繪書架與書本吧。因為書架與書本的底色不同，所以會分別歸類在不同的圖層資料夾內。這裡將依序進行上色。

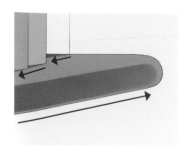

【B.43】陰影
H:242 S:18% V:69%

### ❶為書架加上陰影

先從書架開始上色。圖層混合模式設定為「線性加深」，並使用「混色筆」工具，畫上【B.43】的陰影。

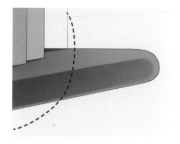

### ❷加上漸層狀陰影

圖層混合模式設為「線性加深」，使用「噴槍」工具，畫上漸層陰影。顏色是【B.43】。

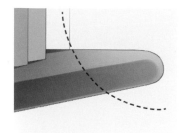

【B.14】亮面
H:53 S:20% V:100%

### ❸加上漸層狀亮面

圖層混合模式設為「加亮顏色（發光）」，使用「噴槍」工具，畫上【B.14】的漸層狀亮面。

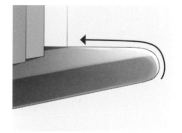

### ❹加上邊緣的亮面

圖層混合模式設為「加亮顏色（發光）」，使用「混色筆」工具，在邊緣處畫上亮面。顏色是【B.14】。

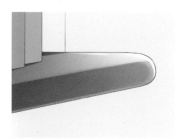

【B.45】覆蓋的顏色
H:21 S:44% V:96%

### ❺用覆蓋增加色調

圖層混合模式設為「覆蓋」，使用「噴槍」工具，輕輕為整體加上【B.45】的顏色。

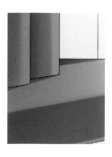

【B.40】陰影
H:239 S:27% V:64%

### ❻為書本加上陰影

現在開始為書本上色。圖層混合模式設為「線性加深」，使用「混色筆」工具，為書本加上陰影。顏色是【B.40】。

### ❼在書本邊緣加上亮面

圖層混合模式設為「加亮顏色（發光）」。使用「混色筆」工具，在書本邊緣畫上【B.14】的亮面。

## ▶描繪牆壁

**❶為牆壁加上陰影**

首先描繪牆壁的下緣。圖層混合模式設為「普通」，使用「填充」工具，在牆壁的下緣填滿【B.44】的顏色。接下來，再建立混合模式為「線性加深」的圖層，並使用「噴槍」工具，為整面牆壁畫上陰影。顏色是【B.16】。另外，請不要忘了用「填充」工具，在這個整體陰影的圖層描繪書架上方的陰影。

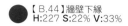
【B.44】牆壁下緣
H:227 S:22% V:33%

【B.16】陰影
H:242 S:14% V:75%

**❷在牆壁上半部的角落加上陰影**

圖層混合模式設為「線性加深」，在牆壁深處的上半部角落描繪陰影。使用「噴槍」工具，畫上【B.16】的顏色。描繪時可以用「選擇範圍」工具來選擇該部分的牆壁，然後再畫上陰影。

**❸為書架加上陰影**

描繪書架造成的陰影。圖層混合模式設為「線性加深」，使用「混色筆」工具，畫上【B.43】的陰影。

【B.14】亮面
H:53 S:20% V:100%

【B.43】陰影
H:242 S:18% V:69%

**❹為整體加上亮面**

圖層混合模式設定為「加亮顏色（發光）」，為整面牆壁加上亮面。使用「噴槍」工具，畫上【B.14】的顏色。

## ▶描繪木質地板

背景的最後要描繪的是木質地板。在上色之前，請先將地板的線稿圖層改成混合模式「線性加深」、不透明度60%。

**❶為地板的線條加上陰影**

將圖層混合模式設定為「色彩增值」，用「G筆」工具沿著地板的所有線條畫上【B.16】的陰影。

【B.16】陰影
H:242 S:14% V:75%

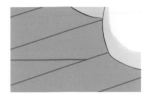

放大的上色範圍如圖。

**❷為地板的線條加上亮面**

將圖層混合模式設為「加亮顏色（發光）」，不透明度23%。用「G筆」工具沿著線條畫上【B.14】的亮面。

【B.14】亮面
H:53 S:20% V:100%

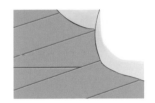

放大的上色範圍如圖。

**❸描繪角色與配件造成的陰影**

圖層混合模式設為「線性加深」，使用「混色筆」工具和【B.40】，畫上配件與角色造成的陰影。

**❹加上整體的亮面**

圖層混合模式設為「加亮顏色（發光）」，使用「噴槍」工具，為整面地板畫上【B.14】的亮面就完成了。

【B.40】陰影
H:239 S:27% V:64%

**❖背景的圖層構造**

除了放在角色前方的桌子以外，這些是背景的圖層構造。

❖加上背景的筆刷上色法插畫完成圖

## 》將動畫上色法改成筆刷上色法

正如這個章節的開頭所述,從動畫上色法衍生出來的上色法就是筆刷上色法。因此,使用「混色筆」等工具為動畫上色法的作品進行加工,就可以畫出筆刷上色法的作品。

為了示範,筆者將第2章的動畫上色法範例插畫,修改為筆刷上色法的版本。大家可以比較看看其中有多少差異。這幅範例插畫也會列入可供下載的檔案,各位讀者可以從圖層等地方確認兩者的不同。

❖動畫上色法的範例插畫

❖修改為筆刷上色法的範例插畫

Chapter **4**

# 使用灰階畫法
# 來描繪角色

# 01 使用灰階畫法
# 來描繪角色的準備工作

首先要準備使用灰階畫法來上色的角色。在這個章節,我將按照草稿、線稿、底色的順序來進行介紹。

## ✥ 灰階畫法的上色方式

運用灰階畫法的上色方式(以下簡稱灰階上色法)最大的特徵就是先畫出只有黑白明暗的插畫,然後再使用覆蓋或實光(ハードライト)等效果來加上色彩。這個手法主要常用在厚塗等作品中。

因為要先在黑白的狀態下畫出明暗再上色,所以有必要確實掌握立體感。可能有許多人都認為這是厚塗專用的手法,但它也可以應用在筆刷上色法上,是一種非常方便的畫法。

這個章節將解說灰階畫法的其中一種手法。

以左圖的球體為例,這是先以黑白色調畫出明暗,然後再用覆蓋加上色彩的圖片。就像這樣,接下來筆者會先用黑白色調畫出明暗,然後再加上色彩,也就是以灰階上色法來描繪角色。

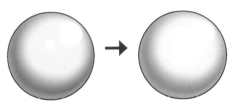

❖ 先畫出黑白明暗再加上色彩的球體

### ▶ 關於角色與使用的筆刷

這是灰階上色法的範例角色。一個女孩坐在戶外的長椅上看書,服裝與背景是以秋天為概念。

灰階上色法所使用的筆刷除了預設與下載筆刷之外,還包括CELSYS官方發布的「鉛筆R」。

- CELSYS官方發布
  「鉛筆R」工具
- 預設
  「G筆」工具
  「麥克筆」工具
  「噴槍」工具
  「填充」工具
  「紙質不透明水彩細筆」工具
  「模糊」工具
- 下載
  「混色筆」工具
  「混色筆(前端細)」工具
  「厚塗筆Ver1」工具
  「亮點散布」工具
  「亮點散布(小顆粒)」工具
  「自作葉子」工具
  「自作紅葉」工具

❖ 灰階上色法的範例角色

# 繪製草稿

那麼這裡將按照草稿、線稿、底色的順序，簡單介紹灰階上色法的角色繪製過程。

## ▶ 描繪骨架

我以坐著看書的情境，決定了角色的姿勢。如果覺得畫姿勢很困難，也可以考慮使用素材的3D模型。舉例來說，這個姿勢很接近CLIP STUDIO PAINT PRO的預設素材「Drink coffe」、「Touch hair」等等。大家可以試著利用類似的姿勢。

### ❖ 構思姿勢並畫出骨架

按照構思好的姿勢，畫出骨架。臉部表情也畫好了。

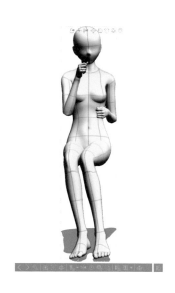

❖ 預設素材的「Drink coffe」姿勢

## ▶ 替骨架畫上頭髮與服裝

替畫好姿勢與表情的骨架加上頭髮與服裝等細節。

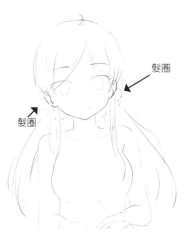

**❷ 描繪服裝**

我選擇了毛衣與短褲的組合。雖然也有考慮畫成長裙，但因為想露出雙腳，所以最後決定畫成短褲。稍微從毛衣露出來的滾邊上衣也是其中一個亮點。

髮圈

髮圈

滾邊

**❶ 描繪頭髮**

我將角色畫成中分的瀏海，加上綁在後方的兩束低馬尾。為了增添可愛感，我在綁頭髮處加上了髮圈。

鏡腳

頭髮的流向
有稍微調整過

**❸描繪眼鏡**
因為角色在看書，所以我替她加上了眼鏡。
眼鏡的尺寸稍微偏大。描繪眼鏡的時候，請
記得要讓鏡腳掛在耳朵上。

**❹調整整體構圖**
因為兩束低馬尾畫得太寬，看起來有點毛
躁，所以我把髮流修改得稍微平順一點。

**TOPIC**

**「鉛筆R」工具**
這裡的草稿與線稿所使用的是CELSYS官
方發布的「鉛筆R」工具。畫起來的線條
比實際的鉛筆還要深一點，很適合數位繪
圖。大家可能會疑惑地心想：「用鉛筆
來畫線稿？」但請不要擔心。除非極度放
大，否則看不出差別，使用任何筆刷來畫
線稿都沒問題。大家可以選擇自己偏好的
筆刷來畫線稿。

**❺加上背景**
我將情境設定為坐在長椅上看書的樣子，沒有描繪太複雜
的背景，而是用樹葉來烘托氛圍。

106

# ✥ 繪製線稿

線稿使用的是5px左右的「鉛筆R」工具。顏色是【C.01】。

角色、眼鏡、長椅分別是描繪在不同的圖層。

● 【C.01】線稿的顏色
H:0 S:14% V:9%

❖ 以不同圖層來描繪角色、眼鏡、長椅的線稿

# ✥ 為角色塗滿底色

灰階上色法的底色要使用沒有色彩的黑白階調來描繪。底色本身就跟第2章與第3章的畫法相同，要確實塗滿底色，避免出現空隙。

用黑白色調來上色的時候，將淺、中、深色限制在3～5色以內，就不會發生配色太雜亂的問題。

背景可以晚點再上色。

○ 【C.02】眼白、上衣滾邊、書本
H:0 S:0% V:100%

● 【C.03】頭髮、短褲、書衣、眼瞳、眼鏡
H:0 S:0% V:50%

【C.04】肌膚、短褲的反摺部分
H:0 S:0% V:95%

【C.05】髮圈
H:0 S:0% V:90%

【C.06】毛衣
H:0 S:0% V:80%

【C.07】上衣
H:0 S:0% V:75%

# 02 使用黑白色調來描繪角色

現在要替畫好底色的黑白角色加上紋路與陰影。

## ❖ 為服裝加上紋路

用角色的底色圖層進行剪裁,為上衣、毛衣、短褲加上紋路等細節。

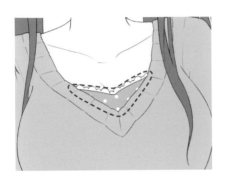

**❶為上衣追加花紋**

圖層混合模式設為「普通」。使用「G筆」工具,畫出白色的圓點圖案。請注意不要從上衣畫到毛衣的範圍。

○ 【C.02】花紋
H:0 S:0% V:100%

● 【C.07】直線條
H:0 S:0% V:75%

**❷為毛衣加上紋路**

圖層混合模式設為「普通」。為毛衣畫上縱向的線條紋路。沿著身體的曲線,使用「麥克筆」工具來描繪。從容易辨識凹凸的胸部開始畫會比較簡單。

為了確認,我試著把底色改成純白色。我認為這樣的質感剛剛好。

該注意的地方

**❸為整件毛衣加上線條紋路**

毛衣的其他部分也要畫上直線紋路。描繪手臂時要注意手肘彎曲造成的皺褶,讓直線確實相連。

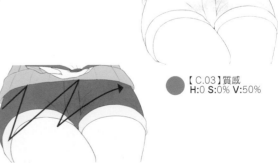

● 【C.03】質感
H:0 S:0% V:50%

**❹為短褲增添牛仔布的質感**

圖層混合模式設為「色彩增值」,不透明度60%。將「紙質不透明水彩細筆」工具設定成較大的筆刷尺寸,沿著箭頭的方向,輕輕地交互描繪。接下來,使用透明色的「紙質不透明水彩細筆」工具,以輕輕蓋章的手法把顏色擦淡,呈現斑駁的牛仔布質感。

## TOPIC

### 「紙質不透明水彩細筆」工具

使用較強的筆壓、較小的筆刷尺寸來描繪的話，就會變成如圖中左邊一般的毛筆質感。使用較弱的筆壓、較大的筆刷尺寸來描繪的話，就會變成像中央一般的粗糙質感。如果再使用透明色，以蓋章的手法把顏色擦淡，就會變成帶有粗糙感的材質。

## ❖ 為臉部周圍加上陰影

以角色的底色圖層進行剪裁，開始描繪陰影。圖層混合模式設為「色彩增值」，細節處使用「混色筆（前端細）」工具，大片的陰影則用「混色筆」工具來描繪。陰影基本上都是在這個圖層，使用【C.03】來描繪。

**❶加上頭髮的陰影與頭髮在臉上造成的陰影**

沿著髮流描繪陰影，並在肌膚上追加頭髮造成的陰影。

【C.03】陰影
H:0 S:0% V:50%

**❷加上臉部的陰影**

在鼻子、眼皮上、嘴唇線條、耳朵等地方描繪臉部的陰影。

**❸加上頭髮反光的陰影**

畫法與第3章的筆刷上色法相同（請參考第83頁），描繪頭髮反射出來的光澤部分。

**❹描繪下巴下方的陰影**

在下巴下方的脖子處描繪臉部造成的陰影。使用「混色筆」工具，塗滿陰影的範圍。

4

02

使用黑白色調來描繪角色

109

**❺調整下巴下方的陰影**

使用透明色的「混色筆」工具，沿著箭頭的方向將顏色擦淡。途中要轉彎，往反方向描繪。這個時候，不要把下巴下方的陰影畫得太尖銳，帶著圓潤的角度會比較好看。

**❻為鎖骨的線條加上陰影**

鎖骨的線條可以用「混色筆」工具，沿著箭頭的方向輕輕描繪。

**❼加上胸部的陰影**

要領與第3章的筆刷上色法相同，使用「混色筆」工具，沿著胸部的形狀畫上淡淡的陰影。

**❽加上另一側胸部的陰影**

另一側胸部的陰影畫法也相同

## ✥ 為手掌周圍加上陰影

為袖口露出的手腕和拿著書的手指加上陰影。

**❶描繪物品造成的陰影與手指的陰影**

使用「混色筆」工具，描繪衣服造成的陰影、書本造成的陰影與手指的陰影。

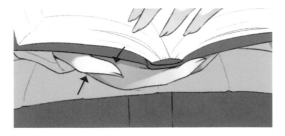

**❷補上書本造成的較深陰影**

書本造成的陰影是完整的陰影，所以要在深處補上較深的顏色。

❸描繪指甲

為指甲上色。使用「混色筆」工具，沿著箭頭方向畫上較深的顏色。

# 為耳邊與綁起的頭髮加上陰影

頭髮的上層已經畫好陰影，所以接下來要描繪耳朵以下的陰影。

**❶為兩束低馬尾與臉部旁邊垂下的頭髮畫上陰影**

描繪兩束低馬尾，以及臉部旁邊垂下的頭髮陰影。垂在臉部旁邊的部分，要在頭髮彎曲處使用「混色筆」工具，與瀏海一樣沿著髮流描繪。兩束低馬尾可以選擇整個範圍，填滿陰影的顏色。

**❷調整陰影**

使用透明色的「混色筆（前端細）」工具，沿著箭頭方向擦掉顏色，調整陰影的範圍。

**❸加上整體的陰影**

暫時隱藏陰影的圖層，新增混合模式為「色彩增值」的圖層。在這個圖層選擇低馬尾的範圍，用「噴槍」工具畫上整體的陰影。

**❹與陰影圖層組合**

顯示原本隱藏的陰影圖層，將剛才畫好的色彩增值圖層更改為不透明度25%，並與下方的陰影圖層組合。

# 為髮圈、上衣、毛衣加上陰影

## ▶ 為髮圈與上衣加上陰影

**❶ 為髮圈加上淡淡的陰影**

使用「混色筆」工具，為兩束低馬尾的髮圈加上陰影。

**❷ 也為上衣加上淡淡的陰影**

雖然範圍很小，還是要記得上色。請注意不要畫到毛衣的範圍。

## ▶ 為毛衣的上半身加上陰影

**❶ 選擇上半身的範圍**

為了替軀幹部分的毛衣加上陰影，使用快速蒙版來選擇上半身的軀幹部分。

**❷ 加上領口部分的陰影**

使用「混色筆（前端細）」工具，沿著毛衣領口部分的凹凸加上陰影。

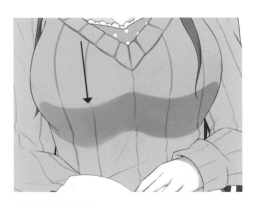

**❸ 加上胸部的陰影**

使用「混色筆」工具，在毛衣的胸部畫上大範圍的陰影。

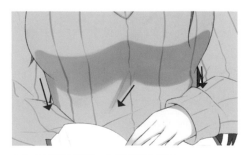

**❹ 加上皺褶的陰影、身體側邊的陰影**

沿著箭頭的方向，使用「混色筆（前端細）」工具，描繪胸部造成的皺褶陰影與身體側邊的陰影。

**❺加上腰部附近的陰影**

沿著箭頭的方向，使用「混色筆」工具，在毛衣的腰部附近畫上陰影。

**❻追加領口造成的陰影與胸部的皺褶陰影**

在胸部上追加皺褶陰影，並畫上毛衣的領口造成的陰影。

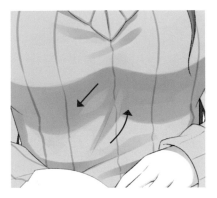

**❼對胸部的陰影加上皺褶感**

因為胸部的陰影太單調，所以要使用透明色的「混色筆」工具來擦掉顏色，增添陰影的立體感與皺褶感。沿著箭頭指示的皺褶流向去描繪就可以了。

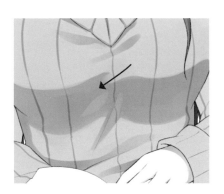

**❽在胸部陰影的上緣追加皺褶**

也在胸部陰影的上緣增添皺褶感。使用透明色的「混色筆」工具，沿著箭頭的方向擦掉顏色，追加皺褶。

## ▶在毛衣的下半身加上陰影

**❶選擇腰部以下的毛衣範圍**

與上半身相同，使用快速蒙版來選擇腰部以下的範圍。

**❷加上物品造成的陰影**

使用「混色筆」工具，描繪手臂與書本造成的陰影。

**❸加上毛衣下襬的陰影**

與領口相同，毛衣的下襬也要沿著凹凸，畫上陰影。

## ▶ 為毛衣的手臂部分加上陰影

### ❶ 選擇毛衣手臂部分的範圍

與上半身和腰部以下相同，使用快速蒙版來選擇雙臂部分的範圍。

### ❷ 為毛衣的雙臂加上陰影

配合手臂的皺褶，使用「混色筆」工具，以塗滿色塊的方式描繪陰影。兩邊的手臂都要畫上陰影。

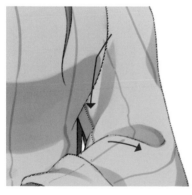

### ❸ 調整陰影的形狀

使用透明色的「混色筆」工具，擦掉陰影的顏色，調整形狀。箭頭顯示的是各部分的運筆方向。

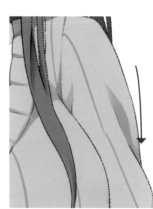

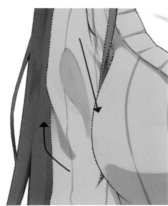

## ▶暈開毛衣的陰影

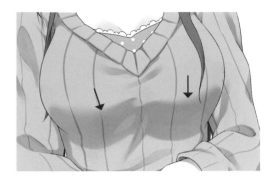

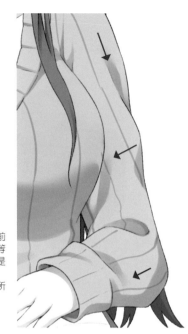

使用「色彩混合」工具裡的「模糊」工具，暈開先前畫好的毛衣陰影。在胸部的上緣與手臂皺褶的界線等地方，稍微加上一點模糊效果。箭頭所指的地方就是模糊過的地方。
如果畫得太模糊，整體的陰影就會缺乏強弱變化，所以必須注意。

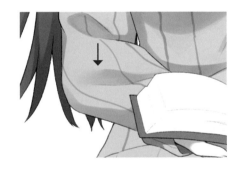

# ✤ 為書本加上陰影

**❶描繪手掌下方與書頁縫隙的陰影**

使用「混色筆」工具，描繪手掌造成的陰影，以及書頁縫隙中的陰影。

**❷描繪書頁在書衣上造成的陰影**

描繪書頁部分在下方的書衣上造成的陰影。

**❸塗滿書頁的側面**

將書頁的側面部分塗滿顏色。

**❹選擇塗滿顏色的側面範圍**

目前側面的顏色太深了，所以要選擇塗滿顏色的側面範圍。

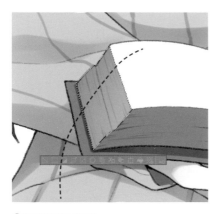

**❺調整陰影的形狀**

選擇好範圍後，使用透明色的「噴槍」工具，沿著虛線輕輕擦掉顏色。

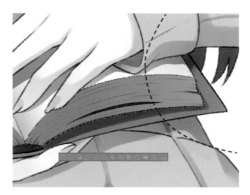

**❻另一側也要擦掉顏色**

書的另一邊側面也要輕輕擦掉顏色，調整形狀。

# ❖ 為短褲與雙腳加上陰影

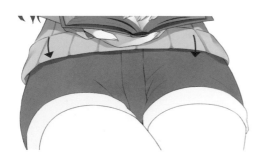

**❶加上毛衣造成的陰影**

使用「混色筆」工具，為短褲畫上毛衣造成的陰影。

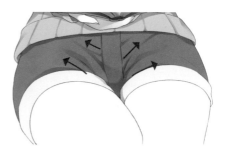

**❷加上皺褶的陰影**

從雙腿之間的部分下筆，畫出放射狀的皺褶陰影。這個地方有點瑣碎，建議可以使用「混色筆（前端細）」工具。

**❸加上短褲到雙腳的陰影**

注意腳的弧度，從短褲到雙腳，對整個下半身加上陰影。雖然短褲、反摺處和雙腳分別是不同的部位，但可以一口氣順勢畫好也沒關係。

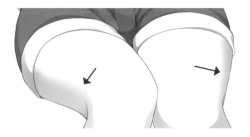

**❹暈開大腿的陰影**

使用「色彩混合」工具裡的「模糊」工具，暈開大腿的陰影。

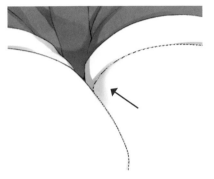

**❺在左腳內側加上模糊的陰影**

使用「選擇範圍」工具來選擇左腳（畫面上是右側的腳）的範圍，以「噴槍」工具在大腿內側畫上模糊的陰影。

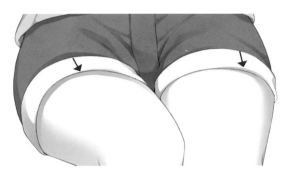

**❻加上短褲造成的陰影**

使用「混色筆」工具，加上短褲在腳上造成的陰影。

# ✤ 為眼睛與眼鏡加上陰影

從這裡開始要描繪眼睛與眼鏡的陰影。畫眼睛的陰影時，要建立以眼睛的底色圖層進行剪裁的圖層，逐步上色。另外，描繪眼鏡的時候要顯示眼鏡的底色圖層。陰影的顏色依然是使用【C.03】。

● 【C.03】陰影
H:0 S:0% V:50%

**❶在眼睛的上半部描繪陰影**

圖層混合模式設為「色彩增值」，用眼睛的底色圖層進行剪裁。以「噴槍」工具在眼睛的上半部描繪陰影。

沿著眼瞳邊緣畫上一圈顏色。

**❷描繪瞳孔與眼瞳邊緣**

在同樣的圖層，描繪瞳孔與眼瞳邊緣。

**❸稍微擦掉瞳孔中央的顏色**

使用透明色的「混色筆」工具，輕輕擦掉瞳孔中央部分的顏色。

**❹在眼瞳上方描繪陰影**

建立混合模式為「色彩增值」的新圖層，在眼瞳的上半部描繪陰影。

**❺暈開陰影的左右兩側**

使用「模糊」工具，稍微暈開眼瞳上半部陰影的左右兩側。

**❻為眼瞳的下緣加上亮面**

建立混合模式為「普通」的新圖層，用「噴槍」工具在虛線的範圍內畫上【C.02】的亮面。

【C.02】亮面、虹膜
**H:**0 **S:**0% **V:**100%

**⑦描繪眼瞳的虹膜**

在同樣的亮面圖層，使用「混色筆」工具，在眼瞳的下半部畫上一圈虹膜。

**⑧在眼瞳上方描繪反光**

在同樣的圖層，為眼瞳上緣加上反光。使用「混色筆」工具，沿著箭頭的方向輕輕描繪。

**⑨加上眼睛的光點**

在同樣的圖層，為眼睛加上光點。這裡可以使用「麥克筆」工具來描繪。

**⑩為鏡腳與鼻墊加上陰影**

顯示眼鏡的底色圖層，以混合模式「普通」建立新圖層。使用「混色筆」工具，為左右的鏡腳與鼻墊畫上陰影。

**⑪在肌膚上描繪眼鏡造成的陰影**

建立混合模式為「普通」的圖層，用角色的底色圖層進行剪裁，放在最初描繪陰影的圖層下方。在這個圖層使用「混色筆」工具，描繪眼鏡在肌膚上造成的陰影。如果畫得太細，就會讓臉部的陰影顯得很突兀，所以只要在鏡框下方、鼻墊附近畫上陰影就夠了。

# ✤ 加上漸層狀的陰影

為了避免陰影太過單調，現在要為整體加上漸層狀的陰影。以混合模式「普通」建立漸層陰影專用的圖層，選擇各部分的範圍，逐步上色。陰影的顏色依然是使用【C.03】。

## ❖ 使用快速蒙版來選擇範圍的方法

這是使用快速蒙版的功能來選擇臉周肌膚陰影的範例。按著「Ctrl」鍵對「圖層」面板的陰影圖層縮圖按下左鍵，再用快速蒙版來顯示選擇範圍。請用「選擇範圍」工具，單獨選擇肌膚部分的範圍。在這個狀態下解除快速蒙版，就可以單獨選擇臉周的肌膚陰影。

### ❶ 為臉周肌膚加上漸層狀的陰影

選擇臉周陰影之後，使用「噴槍」工具，沿著箭頭方向輕輕刷上陰影。感覺就像是把陰影稍微畫得深一點。

### ❷ 為下半身肌膚加上漸層狀的陰影

與臉周相同，選擇手腳的肌膚陰影，將陰影畫得更深。

紅色範圍是加上漸層狀陰影的區域。

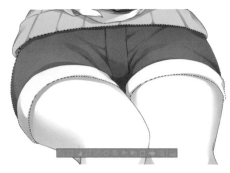

紅色範圍是加上漸層狀陰影的區域。

### ❸ 為短褲加上漸層狀的陰影

選擇短褲的整體範圍，用「噴槍」工具畫上漸層狀的陰影。

### ❹ 為毛衣加上漸層狀的陰影

毛衣也同樣要選擇整體的範圍。使用「噴槍」工具，注意凹凸起伏，畫上漸層狀的陰影。

紅色範圍是加上漸層狀陰影的區域。

### ❺ 為頭髮加上漸層狀的陰影

選擇頭髮的整體範圍。使用「噴槍」工具，確實畫出頭部的渾圓形狀。

注意頭部是圓形的，紅色範圍是加上漸層狀陰影的區域。

紅色範圍是加上漸層狀陰影的區域。鏡框的下半部與鏡腳部分
有上色。

**❻為眼鏡加上漸層狀的陰影**

針對鏡框的圖層，建立混合模式為「普通」的新圖層，選擇
眼鏡的整體範圍，用「噴槍」工具畫上漸層狀的陰影。

**❼陰影完成**

只要仔細描繪陰影，就算是黑白色調也能確實呈現立體
感。

## ✦ 為整體加上亮面

畫好陰影之後，接下來要加上亮面。以混合模式「普通」建立亮面的圖層，從上面開始描繪各個部位。亮面的顏
色是【C.02】。

【C.02】亮面
H:0 S:0% V:100%

**❶在頭髮邊緣處加上亮面**

在頭髮的邊緣加上亮面。使用「混色筆」工具,沿著箭頭方向描繪。

**❷為頭部的頭髮加上亮面**

在頭部的頭髮部分加上亮面。與第3章的筆刷上色法相同,沿著頭髮的流向,畫上一圈一圈的亮面。

**❸為臉部旁邊的頭髮加上亮面**

在臉部旁邊垂下的頭髮邊緣,沿著縱向的髮流畫上亮面。

**❹為眼鏡加上亮面**

在眼鏡的圖層,以混合模式「普通」建立新圖層。整副眼鏡都要畫上亮面,但如果在邊角部分畫上明顯的光點,就可以增加真實感。

**❺為臉周肌膚加上亮面**

回到原本的亮面圖層,為臉周的肌膚畫上亮面。

紅色範圍是加上亮面的區域。用「混色筆」工具沿著箭頭方向描繪,輕輕刷上淡淡的顏色。

**❻為髮尾與低馬尾加上亮面**

　在兩束低馬尾、垂在臉部旁邊的髮尾處,用「混
　色筆」工具畫上亮面。

**❼為髮圈加上亮面**

　髮圈也要使用「混色筆」工具畫上亮面。

紅色範圍是在髮圈上描繪亮面的區域。

**❽在毛衣的邊緣處加上亮面**

　在毛衣的邊緣,用「混色筆」工具畫上亮面。沿著箭頭的方
　向,順著輪廓描繪。

紅色範圍是在邊緣處描繪亮面的區域。

**❾為毛衣的領口、胸部與腰部邊緣加上亮面**

使用「混色筆」工具，在毛衣的領口、胸部與腰部的邊緣也畫上亮面。

紅色範圍是加上亮面的區域。

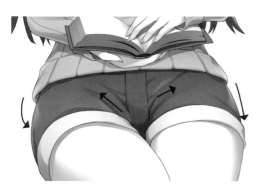

紅色範圍是加上亮面的區域。

**❿為毛衣的下襬與短褲加上亮面**

使用「混色筆」工具，沿著外側邊緣與皺褶的流向畫上亮面。

**⓫為雙腳加上亮面**

在雙腳的邊緣處畫上亮面。接下來，為了讓大腿的肌膚呈現光澤感，要輕輕畫上一點反光。

紅色範圍是加上亮面的區域。箭頭所指的地方是反光處。

**⓬為書本加上亮面**

使用「混色筆（前端細）」工具，以稍強的筆壓畫上亮面。書衣邊緣、書頁分開的地方都要確實畫上亮面。

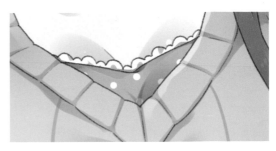

紅色範圍是加上亮面的區域。

⓭為上衣加上亮面

　胸口處的上衣也要加上亮面。上衣的白色滾邊就算畫了亮面
也看不出來,所以這裡並沒有畫。

# ✤ 加上漸層狀的亮面

　各部位的亮面都畫好之後,接下來要為角色的全身加上漸層狀的亮面。建立混合模式為「普通」的漸層狀亮面專
用圖層,開始上色。顏色是【C.02】。

　雖說範圍是角色的全身,但光是畫在肌膚與毛衣處就有十足的效果了。

❖ 在肌膚與毛衣處加上的漸層狀亮面

選擇角色的肌膚範圍,使用「噴槍」工具,在臉部中
心、大腿中心等明顯受光的部分畫上漸層狀的亮面。
接著選擇毛衣的範圍,畫上漸層狀的亮面。胸部和肩膀
特別容易受光,所以要畫得比較亮。
這三張圖片的紅色範圍就是畫上漸層亮面的區域。

　　【C.02】漸層狀亮面
　　H:0 S:0% V:100%

# 描繪眼鏡的鏡片

在黑白上色的最後階段,也要將眼鏡的鏡片畫好。

開始描繪鏡片之前,首先要稍微將鼻墊的顏色調淡。這是因為隔著鏡片的鼻墊如果太過清晰,看起來就會有點不自然。

請用快速蒙版選擇鼻墊的部分。對上色圖層與線稿圖層都建立圖層蒙版,再使用透明色的「噴槍」工具,輕輕將顏色刷淡。

將鼻墊的顏色調淡之後,再開始為鏡片上色吧。

❖ **將鼻墊的顏色調淡**

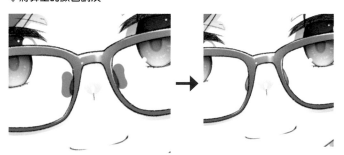

*memo* ■ ■

只要使用圖層蒙版,就算稍微畫錯也很容易重來或調整。需要擦掉某些部分的時候,大家可以試著多加利用圖層蒙版。

為了讓隔著鏡片的鼻墊更自然,現在要稍微將顏色調淡。用快速蒙版選擇鼻墊,對上色圖層與線稿圖層都建立圖層蒙版,再使用透明色的「噴槍」工具,輕輕將顏色刷淡。

❶ **在鏡片處塗滿白色**

圖層混合模式設為「普通」。鏡片的圖層要新增在鏡框圖層的下方。使用「填充」工具,在眼鏡的鏡片處塗滿【C.02】。無法填滿的部分可以使用「G筆」工具來補足。

○ 【C.02】鏡片
H:0 S:0% V:100%

紅色範圍是將顏色擦淡後的狀態。

❷ **將塗滿的白色擦淡**

對塗滿白色的圖層設定圖層蒙版,用透明色的「混色筆」工具沿著箭頭的方向描繪,將顏色擦淡。

❸ **設定圖層的不透明度**

將顏色擦淡後,把圖層的不透明度調降到33%。這樣就完成鏡片的基本上色了。現在要暫時隱藏畫好鏡片的圖層。

**❹在眼鏡周圍圖上一圈顏色**

在隱藏的鏡片圖層上新增混合模式為「濾色」的圖層。選擇任何容易辨識的顏色，沿著眼鏡周圍塗滿一圈顏色。

**❺刪除眼鏡的鏡片部分**

選擇鏡片部分的範圍，刪除塗好的顏色。

**❻進行模糊處理**

針對這個狀態的圖層，從選單點選「濾鏡」→「模糊」→「高斯模糊」，將「模糊範圍」設定為「15」，加上模糊效果。

**❼選擇鏡片**

加上模糊效果後，選擇鏡片部分的範圍。

**❽刪除選擇範圍外的顏色**

刪除選擇範圍外的顏色，就會在內側留下淡淡的模糊色調。

**❾將顏色更改為白色**

將描繪色改成白色（【C.02】），再從選單執行「編輯」→「將線的顏色變更為描繪色」。然後，將圖層的不透明度調整成65%，鏡片就會帶有一點朦朧的效果。

**❿鏡片上色完成**

顯示先前隱藏的鏡片圖層，與剛才的朦朧圖層一起顯示，鏡片的上色就完成了。

❖ 完成黑白上色的角色

❖ 完成黑白上色時的圖層構
造

# 03 為角色加上色彩

以黑白明暗畫好角色之後，現在要開始加上色彩。
只要於各部位加上指定的顏色，就會變成漂亮的插畫。

## ✤ 分別為各部位加上色彩

現在要按照灰階畫法，為確實畫好明暗的黑白插畫加上色彩。這個時候，以圖層資料夾來區分不同的部位再上色，後續要進行細部的色彩調整也比較方便。

本書將解說以圖層資料夾來區分不同部位的上色方法。

### ▶各部位的上色方式

這裡將以肌膚為例，介紹上色的方式。

**❶選擇肌膚的所有範圍**

首先使用「選擇範圍」工具，選擇肌膚的所有範圍。

**❷建立圖層資料夾**

建立肌膚的圖層資料夾，把圖層混合模式從「普通」改為「穿透」。
接著設定圖層蒙版，使蒙版的範圍限定在肌膚的部分。

**❸用顏色填滿整個圖層**

用【C.08】填滿設定了蒙版的圖層。接著，將圖層混合模式更改為「實光」。

● 【C.08】肌膚
H:5 S:55% V:100%

**❹肌膚有了色彩**

只有肌膚的部分會出現實光的色彩，變成這種色調。

接下來，疊加的色彩會隨著上色過程而愈來愈多，要追加圖層時基本上都是在各部位的基礎色彩上建立新圖層，然後加上色彩。

用肌膚來舉例，以實光加上基礎色彩後，還要在上方新增覆蓋的圖層，增添色調（第132頁的步驟❶）。

❖ 用覆蓋來增添色調的肌膚
圖層資料夾

另外，追加圖層必須建立蒙版的時候，請在基礎色彩的圖層上新增圖層，對它建立圖層蒙版。

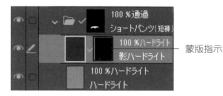

蒙版指示

❖ 建立圖層蒙版的圖層顯示範例

## ▶ 也為剩下的部位加上色彩

剩下的各部位也要建立圖層資料夾，一一加上色彩。在這個步驟，請依照下圖來區分圖層資料夾，分別加上指定的顏色。只不過，填滿顏色的圖層混合模式不一定是「實光」，有些地方是「覆蓋」。

光是在黑白角色的上方疊上顏色，色調就會出現這麼大的變化。

❖ 在各部位加上色彩的角色

❖ 以圖層資料夾來區分各部位的圖層構造

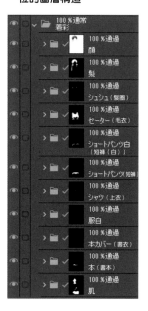

【C.17】頭髮（實光）
H:247 S:24% V:55%

【C.16】髮圈（實光）
H:41 S:55% V:100%

【C.15】毛衣（實光）
H:143 S:24% V:55%

【C.13】短褲（實光）
H:227 S:14% V:51%

【C.14】短褲的白色部分（實光）
H:226 S:22% V:73%

【C.12】上衣（實光）
H:328 S:19% V:85%

【C.11】衣服-白（覆蓋）
H:262 S:25% V:83%

【C.10】書衣（實光）
H:11 S:44% V:76%

【C.09】書本（覆蓋）
H:242 S:14% V:75%

【C.08】肌膚（實光）
H:5 S:55% V:100%

【C.32】鏡框（實光）
H:338 S:46% V:51%

4

03

為角色加上色彩

# ✤ 調整各部位的色調

光是替畫好黑白明暗的角色各部位加上一種顏色，就變成完全不一樣的插畫了。接下來要為各部位的顏色加上變化，進行調整。在先前建立的圖層資料夾內建立新圖層，然後逐步上色。

## ▶ 調整肌膚的色調

### ❶ 為肌膚稍微增添紅潤感

圖層混合模式設為「覆蓋」。使用「噴槍」工具，對整體肌膚加上【C.18】的顏色，讓色調產生些微的變化。圖片的左邊是用覆蓋加上色彩的範圍，右邊是變化後的結果。

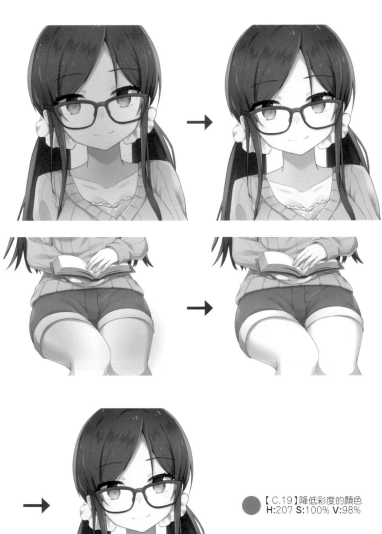

● 【C.18】覆蓋的顏色
H:331 S:34% V:75%

● 【C.19】降低彩度的顏色
H:207 S:100% V:98%

### ❷ 降低肌膚陰影的彩度

目前的狀態，給人一種整體彩度有點太高的感覺。因此，請以黑白陰影圖層的範圍來建立圖層蒙版，用圖層混合模式「線性加深」和「噴槍」工具，輕輕刷上【C.19】來降低彩度，使陰影部分的色相稍微偏向冷色調。

**❸在眼睛下方加上一點紅暈**

圖層混合模式設為「普通」。使用「噴槍」工具，沿著箭頭的方向，在眼睛下方的臉頰處刷上【C.20】。

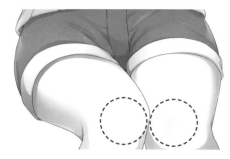

● 【C.20】追加的紅色
H:355 S:44% V:96%

**❹追加膝蓋的紅暈**

在同樣的圖層，也為膝蓋追加紅暈。使用「噴槍」工具，輕輕點上一點淡淡的紅暈。

## ▶ 調整書本和書衣的色調

**❶對書本增添一點暖色調**

在書本的圖層資料夾，圖層混合模式設為「覆蓋」。使用「噴槍」工具，以【C.21】為書本增添一點暖色調。

● 【C.21】追加的紅色
H:329 S:53% V:80%

**❷降低陰影的彩度**

在書衣的圖層資料夾，圖層混合模式設為「覆蓋」。使用「噴槍」工具，用【C.22】來降低彩度太高的陰影色調。

● 【C.22】降低彩度的顏色
H:199 S:100% V:100%

## ▶ 調整短褲的色調

**❶用顏色填滿短褲**

在短褲的圖層資料夾，圖層混合模式設為「實光」。用【C.23】填滿短褲的範圍。

**❷選擇陰影的範圍**

選擇在黑白上色階段建立的陰影圖層的範圍。

● 【C.23】填滿的顏色
H:230 S:34% V:36%

【C.24】覆蓋的顏色
H:226 S:22% V:73%

❸以選擇範圍來建立圖層蒙版

對剛才填滿顏色的實光圖層建立圖層蒙版。這麼一來，就可以讓短褲的陰影變成帶著藍色調的稍深陰影。

❹調整短褲的白色部分

在短褲的白色部分的圖層資料夾，圖層混合模式設為「覆蓋」。用「噴槍」工具輕輕畫上【C.24】，使短褲的白色部分變成偏藍色系的陰影。

## ▶調整毛衣的色調

❶用顏色填滿毛衣

與短褲相同，這裡也要調整陰影的顏色。圖層混合模式設為「覆蓋」，用【C.25】填滿毛衣的範圍。

【C.25】填滿的顏色
H:224 S:28% V:57%

❷選擇陰影的範圍

與短褲相同，選擇在黑白上色階段建立的陰影圖層的範圍。

❸以選擇範圍來建立圖層蒙版

對剛才填滿顏色的覆蓋圖層建立圖層蒙版。這麼做就會使綠色系的陰影顏色變得稍偏藍色系。

**④再度用顏色填滿毛衣**

這次要調整毛衣的亮面顏色。圖層混合模式設定為「覆蓋」，用【C.26】填滿毛衣的範圍。

【C.26】填滿的顏色
H:41 S:60% V:100%

**⑤選擇亮面的範圍**

選擇在黑白上色階段建立之亮面圖層的範圍。

**⑥以選擇範圍來建立圖層蒙版**

對剛才填滿顏色的覆蓋圖層建立圖層蒙版。這麼做就會使綠色系的亮面顏色變成黃色系。

▶ **完成髮圈**

**❶在髮圈的邊緣處描繪花紋**

圖層混合模式設為「色彩增值」。使用「G筆」工具，在髮圈的邊緣處追加花紋。顏色是【C.27】。

【C.27】邊緣的花紋
H:266 S:49% V:77%

**❷描繪圓點圖案**

圖層混合模式設為「普通」，使用「G筆」工具，在髮圈上追加【C.02】的淡淡圓點圖案。

【C.02】圓點圖案
H:0 S:0% V:100%

**❸選擇陰影圖層的範圍**

選擇在黑白上色階段建立的陰影圖層的範圍。

效果如圖，與陰影重疊
的圓點會變淡，使圓點
也能融入陰影。

**❹以圓點圖案的圖層蒙版來刪除陰影**

對畫好圓點圖案的圖層設定圖層蒙版，刪除陰影圖層的選擇
範圍。

**❺選擇亮面圖層的範圍**

這次要選擇在黑白上色階段建立的亮面圖層的範圍。

**❻以邊緣花紋的圖層蒙版來刪除亮面**

對畫好邊緣花紋的圖層設定圖層蒙版，刪除亮面圖層的選擇
範圍，使邊緣的花紋也能融入亮面。

**❼用覆蓋填滿髮圈**

圖層混合模式設為「覆蓋」，使用「噴槍」工具，在髮圈處
填滿【C.28】。

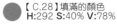【 C.28 】填滿的顏色
**H:**292 **S:**40% **V:**78%

**❽選擇陰影圖層的範圍**

再次選擇陰影圖層的範圍。

**❾用圖層蒙版來改變色調**
對填滿顏色的覆蓋圖層建立圖層蒙版，黯淡的黃色系陰影就會變成紫色系的陰影。這麼一來，髮圈就完成了。

## ▶調整頭髮的色調

**❶用顏色填滿頭髮**
圖層混合模式設為「加亮顏色（發光）」，使用「噴槍」工具，在頭髮的範圍填滿【C.29】。

● 【C.29】填滿的顏色
H:46 S:81% V:75%

**❷選擇亮面圖層的範圍**
選擇在黑白上色階段建立的亮面圖層的範圍。

**❸用圖層蒙版來改變色調**
對填滿顏色的「加亮顏色（發光）」圖層建立圖層蒙版，將藍色系的亮面改成黃色系的亮面。

❹ 選擇兩束低馬尾的範圍

使用「選擇範圍」工具,選擇兩束低馬尾的範
圍。

❺ 從根部開始上色

圖層混合模式設為「濾色」,使用「噴槍」工
具,從低馬尾的根部往下刷上【C.30】的顏色,
改變色調。

紅色範圍是用濾色加
上顏色的區域。

【C.30】濾色的顏色
H:180 S:41% V:100%

❻ 對瀏海進行透明處理

圖層混合模式設為「濾色」。使用「噴槍」工
具,對瀏海進行透明處理。顏色是【C.31】。
頭髮的調整到此結束。

【C.31】濾色的顏色
H:347 S:25% V:80%

紅色範圍是用濾色加
上顏色的區域。

### ▶ 調整眼鏡的色調

對眼鏡的圖層新增上色用的圖層資料夾，將混合模式設為「穿透」（通過），開始調整眼鏡的顏色。

【C.33】填滿的顏色
H:27 S:41% V:100%

**❶用顏色填滿眼鏡的鏡框**

圖層混合模式設為「覆蓋」，不透明度65%。用【C.33】填滿眼鏡的鏡框。

**❷選擇亮面部分的範圍**

選擇在黑白上色階段建立的眼鏡亮面圖層的範圍。

**❸用圖層蒙版來改變色調**

對填滿顏色的覆蓋圖層建立圖層蒙版，將紅色系的亮面改成黃色系的亮面。

**❹在鏡腳的部分加上一點顏色**

圖層混合模式設為「濾色」，在眼鏡的鏡腳部分稍微畫上冷色系的【C.19】。

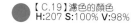
【C.19】濾色的顏色
H:207 S:100% V:98%

## ❖ 為五官加上色彩並調整色調

眉毛、眼瞳、眼白等五官的部分還沒有上色。與先前的其他部分相同，建立混合模式設為「穿透」的五官專用圖層資料夾，並在其中為眉毛和眼瞳等部位建立同樣設為「穿透」的圖層資料夾，開始上色。

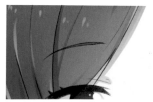

**❶用顏色填滿眉毛**

在眉毛的圖層資料夾，圖層混合模式設為「覆蓋」。用【C.17】填滿眉毛的範圍。

【C.17】眉毛
H:247 S:24% V:55%

【C.34】眼白
H:254 S:19% V:85%

**❷用顏色填滿眼白**

在眼白的圖層資料夾，圖層混合模式設為「覆蓋」。用【C.34】填滿眼白的範圍。

❸為眼瞳追加顏色

　圖層混合模式設為「覆蓋」。用【C.35】填滿整個眼瞳。

❹為眼瞳的下半部加上色彩

　在同樣的圖層，使用「噴槍」工具，在眼瞳的下半部加上【C.36】。

● 【C.35】填滿的顏色
H:4 S:68% V:76%

● 【C.36】下半部的顏色
H:35 S:100% V:100%

● 【C.37】上半部的顏色
H:226 S:100% V:100%

❺改變眼瞳上半部的顏色

　在同樣的圖層，這次用「噴槍」工具對眼瞳上半部畫上【C.37】，使顏色稍微產生變化。

● 【C.38】睫毛的兩側
H:11 S:100% V:49%

● 【C.39】鼻子、嘴巴
H:0 S:69% V:35%

● 【C.40】臉頰
H:355 S:70% V:86%

❻為睫毛、鼻子與嘴巴上色

　圖層混合模式設為「普通」。【C.38】畫在睫毛兩側，【C.39】畫在鼻子與嘴巴，【C.40】畫在臉頰的線稿處。

圖中是對五官各部位上色的範圍。

## ▶對瀏海進行透明處理

　　由於這次沒有將各部位的陰影等圖層分開，所以不能使用第2章與第3章用過的方法。因此，這裡要介紹使用圖層蒙版的方法。

　　對臉部的圖層資料夾建立圖層蒙版，選擇頭髮的範圍。然後，用透明色的「噴槍」工具輕輕擦掉圖層蒙版的選擇範圍。這麼一來，頭髮與五官重疊的部分就會產生透明的效果。

　　最後再度顯示眼鏡，角色的上色就完成了。

→

❖為頭髮加上透明的效果

❖ 對黑白角色加上色彩的成品

# 04 描繪背景並完稿

以灰階畫法來上色的角色已經完成了。那麼，接下來要為背景上色，完成整幅插畫。

## ❖ 描繪長椅

由於角色是坐在長椅上看書，因此線稿也有描繪長椅。至於周圍的背景，我打算將人物畫成坐在秋日紅葉下的感覺。首先就從長椅開始上色吧。

顯示先前隱藏的背景長椅，塗上底色後再開始上色。

● 【C.57】椅面
H:0 S:0% V:60%

● 【C.07】椅腳
H:0 S:0% V:75%

❖ 塗好底色的長椅

**❶為長椅的凹槽與椅腳加上陰影**

圖層混合模式設為「色彩增值」。陰影的顏色是使用【C.03】。沿著長椅的凹槽描繪陰影，也在長椅的椅腳處畫上陰影。為長椅的椅腳畫上斜向的陰影，就能呈現光線斜向照射的真實感。

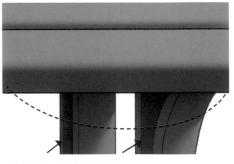

● 【C.03】陰影
H:0 S:0% V:50%

**❷為椅腳加上較深的陰影**

在椅腳的凹槽處塗滿顏色，描繪較深的陰影。不只如此，椅腳的根部也要用「噴槍」工具加上較深的陰影。

**❸在長椅的邊緣處加上亮面**

圖層混合模式設為「普通」。使用「混色筆」工具,在整張長椅的邊緣處畫上【C.02】的亮面。

【C.02】亮面
H:0 S:0% V:100%

**❹加上漸層狀的亮面**

圖層混合模式設為「普通」。將「噴槍」工具調整為極大的尺寸,用【C.02】往右斜上方描繪淡淡的漸層狀亮面。

**❺加上角色造成的陰影**

圖層混合模式設為「色彩增值」,使用「噴槍」工具,描繪角色在長椅上造成的陰影。顏色是陰影的【C.03】。

**❻為椅腳部分上色**

圖層混合模式設為「覆蓋」。因為長椅的椅腳與椅面的部分不會使用同樣的顏色,所以要針對椅腳建立圖層蒙版,用【C.41】塗滿椅腳,加上色彩。

【C.41】覆蓋的椅腳顏色
H:225 S:23% V:61%

【C.42】覆蓋的椅面顏色
H:22 S:33% V:80%

**❼為椅面部分上色**

圖層混合模式設為「覆蓋」。與椅腳部分相同,用圖層蒙版在椅面部分塗滿【C.42】,加上色彩。

**❽選擇長椅的陰影範圍**

雖然目前的色調尚可,但陰影的顏色是有點混濁的土黃色,所以要調整顏色。首先選擇長椅的陰影範圍。

**❾用覆蓋來改變色調**

圖層混合模式設為「覆蓋」。用【C.43】塗滿選擇範圍,建立圖層蒙版。選擇的陰影範圍會產生顏色變化。

● 【C.43】覆蓋的顏色
H:243 S:35% V:78%

**❿選擇長椅的亮面範圍**

這次要選擇長椅的亮面範圍。

● 【C.26】覆蓋的顏色
H:41 S:60% V:100%

**⓫用覆蓋來改變色調**

圖層的混合模式設為「覆蓋」。用【C.26】塗滿選擇範圍,建立圖層蒙版。選擇的亮面範圍會產生顏色變化。這樣就完成長椅的上色了。

**❖ 長椅的圖層構造**

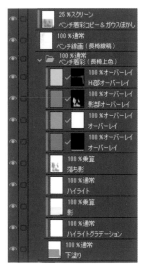

# ❖描繪剩下的背景

現在要將紅葉等剩下的背景畫完。這個時候,長椅圖層資料夾等背景上色圖層,都歸納在混合模式為「普通」的背景圖層資料夾內,除此之外還要建立新的圖層資料夾,用來替角色前方的紅葉上色。將位於前方的背景圖層資料夾的混合模式設為「穿透」,依序上色吧。

**❶描繪長椅下方的背景**

圖層混合模式設為「普通」。使用【C.45】和「噴槍」工具來描繪長椅下方的部分。

【C.45】下方的背景
H:269 S:13% V:77%

**❷在上半部畫上朦朧的背景**

圖層混合模式設為「普通」。使用「噴槍」工具,沿著箭頭的方向畫圓,刷上【C.46】的顏色,呈現帶著一點霧氣的感覺。

【C.46】上方的背景
H:26 S:62% V:85%

【C.47】植物
H:27 S:12% V:97%

**❸在長椅後方加上植物**

圖層混合模式設為「普通」。使用本書發布的「自作葉子」工具,用【C.47】在霧氣下方、長椅後方畫上波浪狀的灌木。

**❹在前方加上紅葉**

在前方的圖層資料夾,以圖層混合模式「普通」畫上紅葉。使用「裝飾」工具之「草木」分頁的「輕擦紅葉」工具,將粒子尺寸設為「1200」,以蓋章般的手法,在角色前方畫上【C.48】的大片葉子。

【C.48】前方的紅葉
H:2 S:70% V:89%

**❺在深處加上紅葉**

回到深處的圖層資料夾。圖層混合模式設為「普通」,將「輕擦紅葉」工具的粒子尺寸設為「600」,用【C.49】的顏色,以蓋章般的手法,畫上比前方更小一點的葉子。

【C.49】深處的紅葉
H:355 S:44% V:96%

以主色【C.50】和輔助色【C.51】，
畫出漸層的感覺即可。

【C.50】主顏色
H:47 S:20% V:100%

【C.51】輔助顏色
H:25 S:20% V:100%

**❻在最深處加上一圈紅葉**

圖層的混合模式設為「普通」。使用本書發布的「自作紅葉」工具，在上半部的最深處畫上一圈紅葉。主顏色是【C.50】，輔助顏色是【C.51】，以漸層的感覺進行上色。

**❼將最深處的紅葉暈開**

選擇剛才畫好的最深處圖層，從選單點選「濾鏡」→「模糊」→「高斯模糊」，將「模糊範圍」設為「30」，使紅葉暈開。

**❽將第二層紅葉暈開**

選擇步驟❺畫好的第二層紅葉之圖層，按照步驟❼的方法加上高斯模糊的效果。「模糊範圍」設為「20」。

**❾加上亮點**

圖層混合模式設為「加亮顏色（發光）」。使用本書發布的「亮點散布」工具，沿著箭頭方向，在上半部畫上一圈閃閃發亮的感覺。顏色是【C.50】。

【C.50】亮點
H:47 S:20% V:100%

**❿追加細小的亮點**

圖層混合模式設為「加亮顏色（發光）」，使用本書發布的「亮點散布（小顆粒）」工具，補畫比剛才更細小的亮點。顏色是【C.51】。

【C.51】細小的亮點
H:25 S:20% V:100%

**⑪對第二層紅葉加上漸層色調**

圖層混合模式設為「加亮顏色（發光）」。用第二層紅葉來進行剪裁，加上【C.44】的漸層。

⬤ 【C.44】漸層的顏色
H:41 S:60% V:100%

**⑫對最前方的紅葉加上漸層色調**

圖層混合模式設為「加亮顏色（發光）」。用前方背景的圖層資料夾中的最前方紅葉來進行剪裁，加上【C.52】的漸層。

⬤ 【C.52】漸層的顏色
H:53 S:20% V:100%

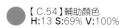

**⑬描繪一片紅葉**

在前方背景的圖層資料夾新增混合模式為「普通」的圖層，使用本書發布的「自作紅葉」工具，畫出一片較大的葉子。主顏色是【C.53】，輔助顏色是【C.54】。

⬤ 【C.53】主顏色
H:39 S:45% V:100%

⬤ 【C.54】輔助顏色
H:13 S:69% V:100%

**⑭將紅葉移動到大腿上**

使用「自由變形」工具來改變形狀，並移動到大腿上。

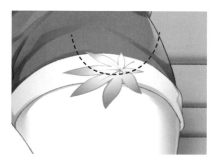

**⑮追加顏色的漸層**

圖層混合模式設為「加亮顏色（發光）」。使用「噴槍」工具，在虛線的範圍內追加漸層。顏色是【C.55】。

⬤ 【C.55】漸層的顏色
H:10 S:72% V:97%

**❖ 前方背景的圖層構造**

**❖ 背景的圖層構造**

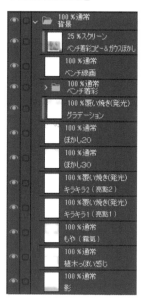

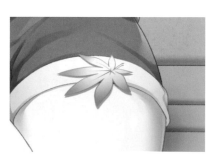

⬤ 【C.03】陰影
H:0 S:0% V:50%

**⑯加上葉子造成的陰影**

圖層的混合模式設定為「線性加深」。追加紅葉造成的陰影。顏色是【C.03】。
這樣一來，背景就完成了。

# 進行最後調整

到目前為止，角色的上色和背景都已經大致完成了。雖然這樣也可以算完稿，但為了提升整幅插畫的氛圍，還要再追加一點效果。

## ▶ 追加樹蔭下的陽光

因為這幅插畫的人物是坐在秋日的楓樹下，所以場景是在公園的長椅。現在就來試著追加陽光從枝葉間灑落的光影效果吧。

描繪樹蔭下的陽光時，請注意不要畫得太過集中，而是平均分散在整幅畫中。因為陽光是從上方灑落，所以要畫在會被正上方的光源照射到的地方。舉例來說，下巴的下方會完全被頭部遮住，所以不會受到陽光的照射。

【C.56】樹蔭下的陽光
H:53 S:35% V:100%

**❶ 選擇角色與長椅的範圍並建立蒙版**

選擇角色與長椅的範圍。圖層混合模式設為「加亮顏色（發光）」，對選擇範圍建立蒙版。用【C.56】在這個圖層描繪樹蔭下的陽光。

**❷ 為頭髮追加樹蔭下的陽光**

使用本書發布的「厚塗筆Ver1」來描繪。在頭部輕輕沿著箭頭畫出鋸齒狀的線條，就可以呈現有點模糊的光影效果。

**❸ 追加在肩膀與胸部附近**

也在肩膀與胸部附近追加光影。請注意，光源是來自上方。

**❹ 追加在手臂、書本和腳部**

毛衣的胸部、手臂、短褲、大腿也要追加光影。

**❺追加在長椅的上半部**

也在角色周圍的長椅上半部追加光影。配合角色身上的光影，畫出自然的感覺。

**❻也追加在長椅的左右兩側**

角色左右兩側的長椅部分也要追加光影。請注意不要畫得太多。

## ▶ 調整線稿的顏色

完成上色後，按照第3章的第87頁，用彩色描線的手法，使線稿的顏色更加自然。

這次的插畫要對角色、眼鏡、背景的長椅線稿進行彩色描線。分別對上色好的圖層資料夾進行圖層轉換，加上高斯模糊（模糊範圍設為「15」）的效果。然後，對各部位的線稿以圖層混合模式「濾色」進行剪裁，在線稿上疊加顏色。

這麼一來，灰階上色法的角色插畫就完成了。

❖追加效果後的圖層構造

149

❖ 灰階上色法的角色插畫完成

# Chapter 5

## 使用黑白上色法+
## 漸層對應來上色

# 01 漸層對應的使用方式

這裡將說明這個章節用於上色的功能——漸層對應。只要善用這個功能，就可以輕鬆完成漂亮的插畫。

## ❖ 關於漸層對應（グラデーションマップ）

這個章節將延續第4章的內容，解說運用灰階畫法的上色方式。與上一章最大的差別，是不使用覆蓋或實光等混合模式，而是用名叫「漸層對應」的功能來上色。

漸層對應是色調補償的一種，可以針對深淺來轉換成設定好的漸層顏色。

這個章節的標題不是灰階畫法，而是「黑白上色法」，因為它跟筆刷上色法一樣，會按照不同的部位來區分顏色，所以和一般的灰階畫法稍微有點不同。因此，筆者不以「灰階上色法」為標題，而是命名為「使用黑白上色法＋漸層對應來上色」。

雖然會區分為不同的部位，以帶有明暗的黑白插畫來上色的特徵還是不變。大家可以把它當作是應用灰階畫法的上色方式。

下圖是對帶有黑白明暗的球體，使用CLIP STUDIO PAINT PRO的漸層對應功能來上色的結果。右邊的「漸層對應」對話方塊有藍色的漸層，與左邊的初期狀態互相對應，可使漸層轉變為對應的顏色。

❖ **對帶有黑白明暗的球體使用漸層對應功能來上色**

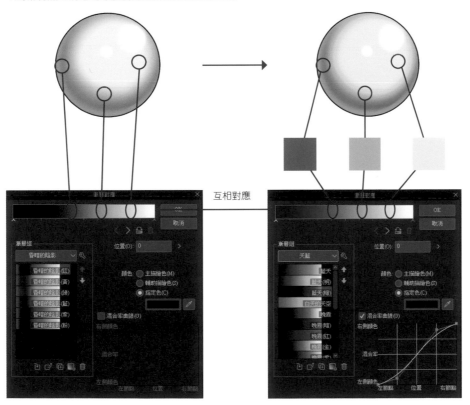

初期狀態的「漸層對應」對話方塊　　　　　　指定為藍色漸層的「漸層對應」對話方塊

要使用CLIP STUDIO PAINT PRO的漸層對應功能，請從選單點選「圖層」→「新色調補償圖層」→「漸層對應」，在「漸層對應」對話方塊裡進行設定。

開啟這個對話方塊，「圖層」面板就會追加新的漸層對應圖層。以剛才的球體為例，只要如下圖般將這個漸層對應圖層放在上色的圖層上，就可以轉換成漸層對應的指定顏色。

另外，若將漸層對應的圖層放在圖層資料夾內，就可以將漸層對應的顏色套用到資料夾內的該圖層以下之所有圖層。

❖ **已上色球體的圖層構造**

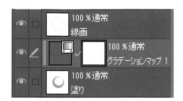

❖ **套用在圖層資料夾內的範例**

在圖層資料夾內，漸層對應圖層以下的圖層都會套用其顏色。

# 漸層對應的選色訣竅

在這次的範例中，大家可以直接套用筆者準備的漸層組，但創作其他插畫的時候就有必要自訂漸層組。因此，這裡將介紹決定漸層顏色的訣竅。

這是用紅色的漸層對應來替黑白球體上色的範例。在CLIP STUDIO PAINT PRO畫出有黑白明暗的球體，將不同的區域視為不同的明度。首先為了決定基礎的顏色，請用吸管吸取基礎色的部分，確認明度。假設這裡是明度63%的灰色。

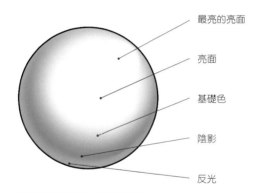

最亮的亮面

亮面

基礎色

陰影

反光

明度63%的基礎色
H:0 S:0% V:63%

❖ **將不同的區域視為不同的明度**

從選單點選「圖層」→「新色調補償圖層」→「漸層對應」，開啟「漸層對應」對話方塊並進行設定。

在對話方塊上方的漸層顯示處指定明度。點選漸層顯示處的下緣就會追加 符號，並在「位置」的項目顯示指定數值。請拖曳 符號，或是在「位置」輸入「63」，指定基礎色的位置。

❖ 指定基礎色的明度位置

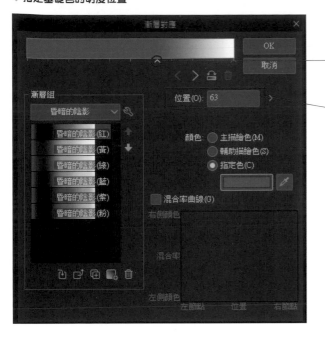

點選漸層顯示處的下緣，就會追加∧符號，可以用拖曳的方式來改變指定位置。

也可以在「位置」這裡輸入數值來指定漸層的位置。輸入數值並確定，就會追加∧符號。

　　指定好基礎色的位置後，接著要指定變更的顏色。這次我試著改成「H:0／S:34%／V:90%」的紅色系。在對話方塊的「顏色」點選「指定色」，再點選下方的顏色顯示處，就會顯示「顏色設定」對話方塊，可以透過HSV的數值來進行設定。

　　這樣就會決定好基礎位置的顏色，漸層的顯示也會以該顏色為準。

❖ 指定基礎色

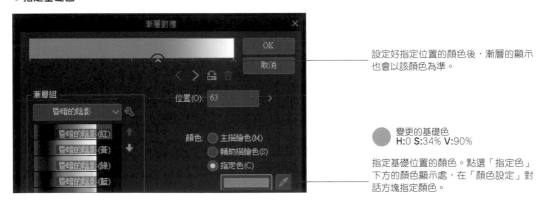

設定好指定位置的顏色後，漸層的顯示也會以該顏色為準。

變更的基礎色
H:0 S:34% V:90%

指定基礎位置的顏色。點選「指定色」下方的顏色顯示處，在「顏色設定」對話方塊指定顏色。

　　漸層的顏色改變後，點選「OK」按鈕，套用漸層對應。這麼一來，整個球體就會變成以基礎色為準的紅色系。

❖ 變更漸層對應的顏色來上色的結果

只不過，目前陰影和亮面的顏色顯得有點黯淡。因此，就像剛才更改基礎色一樣，陰影和亮面的顏色也要更改。

與基礎色相同，用吸管吸取球體的陰影與亮面部分的顏色，得出明度。陰影的明度是「47%」，亮面的明度是「95%」。

在「漸層對應」對話方塊，分別指定剛才得出的明度位置。指定位置的時候，也要指定各位置的顏色。這次指定的陰影色是「H:346／S:36%／V:78%」，亮面色是「H:16／S:13%／V:100%」。

將這個漸層對應套用到球體上，就能呈現更鮮豔的顏色。

❖ **指定陰影和亮面的漸層顏色**

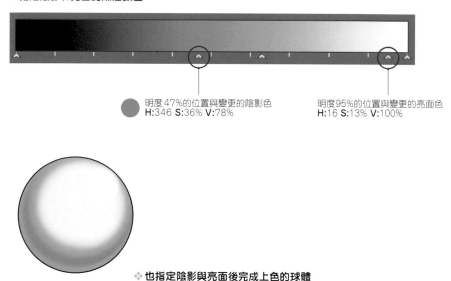

明度47%的位置與變更的陰影色
H:346 S:36% V:78%

明度95%的位置與變更的亮面色
H:16 S:13% V:100%

❖ **也指定陰影與亮面後完成上色的球體**

只要指定陰影和亮面的顏色，就會連同基礎色一起，以這三個位置的指定顏色自動形成漂亮的漸層。這就是漸層對應最方便的地方。

指定顏色的時候，不要選擇與基礎色相同的色相，而是選擇稍微不同的顏色，就能創造出更漂亮的漸層。

如果一開始不太清楚要選什麼顏色，建議可以先試著使用預設的漸層組。

❖ **預設的漸層組也非常豐富**

# 02 準備角色

開始準備這個章節要上色的角色吧。我將按照草稿、線稿、底色的順序來介紹。

## 角色與使用筆刷

這個章節的範例角色,是在冬天的屋外等人、或與熟人站著聊天的情境。角色給人文靜的印象,穿著相當有冬日風情的外套,脖子上還圍著圍巾。

使用的筆刷有預設與本書發布的下載筆刷,另外也有用到第4章所使用的CELSYS官方發布之「鉛筆R」。

- CELSYS官方發布
  - 「鉛筆R」工具
- 預設
  - 「G筆」工具
  - 「噴槍」工具
  - 「填充」工具
- 下載
  - 「混色筆」工具
  - 「混色筆(前端細)」工具
  - 「厚塗筆Ver1」工具
  - 「亮點散布」工具
  - 「自作葉子」工具

❖ 以漸層對應來上色的範例角色

## 繪製草稿

那麼,現在將開始介紹範例角色的草稿、線稿到底色的簡單流程。首先從草稿開始描繪角色。

### ▶ 描繪骨架

以站立的姿勢描繪骨架。雙手在胸部上方闔起。

這次我在骨架階段就畫上了表情。角色看起來帶著點憂鬱的氣息。

❖ 構思姿勢後畫好的骨架

### ▶ 替骨架畫上頭髮與服裝

替畫好姿勢與表情的骨架加上頭髮與服裝等細節。

#### ❶ 描繪頭髮與圍巾

開始描繪頭髮。因為我想呈現將頭髮包在圍巾裡的感覺，所以也同時畫上了圍巾。角色的頭髮偏長，所以我加上了髮夾作為點綴。

#### ❷ 追加眼鏡

追加眼鏡。我覺得有點文靜的氣質很適合眼鏡，所以畫上了黑框眼鏡。

**❸描繪服裝**

開始描繪服裝。服裝是短版毛呢外套搭配偏短的裙子。光是這樣可能會給人有點冷的印象,所以我打算讓角色穿上褲襪。

**❹加上袖子並調整細節**

加上毛呢外套的袖子部分,調整毛呢外套整體的細節。

**❺追加頭髮、圍巾與外套的牛角扣**

因為毛呢外套還缺少前方的牛角扣,所以要補上。前方與後方的頭髮、圍巾的流蘇(尾端的毛線部分)畫得不夠充足,因此要補畫細節,使接下來的線稿更方便描繪。

**❻擦掉骨架的重疊部分並補畫背景**

擦掉骨架的重疊部分。我將背景設定在建築物的牆邊。角色靠在有窗戶的牆邊,等待著某人。這樣就完成草稿了。

# ✥ 繪製線稿

　　線稿是使用4px左右的「鉛筆R」工具來描繪。使用的顏色是【D.01】。

　　線稿分為角色、表情、背景共三個圖層。眼鏡則畫在角色的線稿圖層。

● 【D.01】線稿的顏色
H:0 S:14% V:9%

❖ 以角色、表情、背景
　來區分圖層的線稿

# ✥ 為角色塗滿底色

　　與第4章相同,以黑白階調確實畫好底色。這裡的色調比第4章來得深。

　　不同的底色要區分為不同的圖層。

○ 【D.02】肌膚、眼白、牆壁
H:0 S:0% V:100%

● 【D.03】頭髮、眉毛
H:0 S:0% V:58%

● 【D.04】眼瞳、繩子
H:0 S:0% V:55%

● 【D.05】圍巾、毛衣、裙子
H:0 S:0% V:53%

● 【D.06】褲襪
H:0 S:0% V:45%

● 【D.07】髮夾、鈕扣、牛角扣、眼鏡
H:0 S:0% V:43%

● 【D.08】繩子固定處
H:0 S:0% V:36%

● 【D.09】窗戶玻璃
H:0 S:0% V:70%

● 【D.10】窗框
H:0 S:0% V:51%

❖ 塗好底色的角色與背景

159

# 03 使用漸層對應來為角色上色

那麼，現在就開始使用漸層對應來上色吧。本書會使用筆者所發布的漸層組。

## ❖ 上色的準備工作

開始上色之前，首先要解說上色的準備工作，例如如何使用本書的漸層組。

### ▶ 根據上色的部位來區分圖層資料夾

漸層對應的漸層組會針對不同的部位來建立，所以要將各部位的底色區分成不同的圖層資料夾，使漸層對應能夠套用到各個圖層資料夾。各圖層資料夾的混合模式維持「普通」就可以了。

圖層構造如右圖。在這裡，我在最上方建立了整合上色圖層的「上色」圖層資料夾，把各部位的圖層資料夾歸納在裡面。另外，「臉」圖層資料夾內包括了表情的線稿與「眉毛」、「眼瞳」、「眼白」的圖層資料夾。

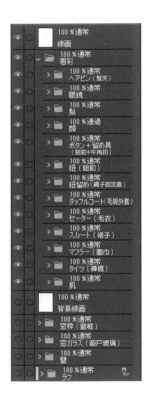

❖ 進行上色的圖層構造

### ▶ 事先將漸層組讀取至漸層對應

關於這邊會用到的漸層組素材，其下載方法請參考開頭之「本書的使用方式」，並事先將CLIP STUDIO的素材下載完。

使用的時候，請在選擇要上色圖層的狀態下，從選單點選「圖層」→「新色調補償圖層」→「漸層對應」，開啟「漸層對應」對話方塊。這個時候，漸層對應的圖層會建立在選擇的圖層上方，混合模式為「普通」。

在「漸層對應」對話方塊中點選「漸層組」項目的（🖳）以開啟選單，點選「讀取組素材」，就會開啟「讀取組素材」對話方塊，請在這裡讀取事先下載好的「入門教室使用グラデーションマップ」。各部位使用的漸層組將會被讀取至「漸層組」項目中。接下來要在各個上色區塊指定使用這些漸層組，逐步進行上色。

❖ **讀取漸層組**

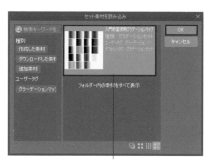

❶ 點選這個圖示，
開啟選單。

❷ 選擇「讀取組素
材」。

❸ 選擇「入門教室使用グラデーションマ
ップ」，按下「OK」。

❖ **套用漸層對應**

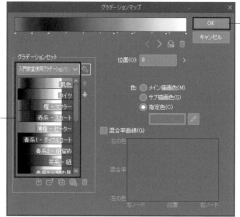

「漸層組」之中會出現「入門教室使
用グラデーションマップ」。上色的
時候，請雙擊各部位指定的漸層組。
這麼一來，上方的漸層顯示處就會變
成漸層組的內容，也會改變插畫的顏
色。

就算指定了漸層組，使插畫的外觀
出現改變，這也只是預覽上的改
變，還沒有確定套用。所以請按下
「OK」，確定套用。

# ❖ 描繪肌膚

首先從肌膚開始描繪。大家可以回想第2章到第4章的筆刷上色訣竅，開始進行上色。

● 【D.06】陰影
H:0 S:0% V:45%

**❶加上陰影**

圖層混合模式設為「普通」，使
用「混色筆」工具和「混色筆
（前端細）」工具，在臉部周圍
與手部描繪陰影。陰影的畫法，
基本上與筆刷上色法和灰階上色
法是相同的。顏色是【D.06】。

紅色範圍是加上漸層
狀陰影的區域。

### ❷對陰影加上漸層

圖層混合模式設為「普通」。接著對陰影加上漸層，使顏色更
深。顏色依然是【D.06】。

### ❸套用漸層對應

使用先前解說的漸層對應指定方法，套用【肌色】的漸層組。這
樣就會讓肌膚產生色彩。

【肌色】

● 【D.11】肌膚與陰影的界線
H:336 S:100% V:100%

圖中是加上紅
色的區域。

### ❹提升肌膚與陰影
之間的彩度

圖層混合模式設為
「普通」，不透明
度40%。使用「混
色筆」工具，在肌
膚與陰影的界線畫
上【D.11】的紅
色，提升稍低的彩
度。

【D.11】臉頰、嘴唇、指甲
H:336 S:100% V:100%

❖ 肌膚的圖層構造

❺ 描繪臉頰、嘴唇與指甲

圖層混合模式設為「普通」。使用「混色筆」工具，描繪臉頰、嘴唇與指甲。顏色是【D.11】。

紅色範圍是加上亮面的區域。

【D.02】亮面
H:0 S:0% V:100%

❻ 加上亮面

圖層混合模式設為「普通」。使用「麥克筆」工具，在肌膚的邊緣等處加上【D.02】的亮面。畫法與筆刷上色法相同。

# ❖ 描繪褲襪

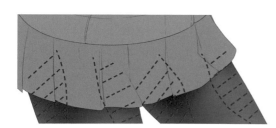

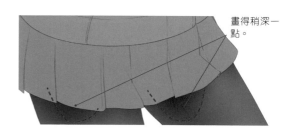

畫得稍深一點。

❶ 加上陰影

圖層混合模式設為「普通」。使用「噴槍」工具和【D.12】，描繪褲襪的陰影。請記得腳是圓柱狀，在左圖的斜線範圍內刷上顏色。另外，將右圖的範圍畫得深一點，就可以讓褲襪的質感更加真實。

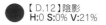

【D.12】陰影
H:0 S:0% V:21%

**②加上亮面**

圖層的混合模式設定為「普通」。使用「噴槍」工具以及【D.02】，在大腿的受光處加上亮面。

◯【D.02】亮面
H:0 S:0% V:100%

**③加上裙子造成的陰影**

圖層混合模式設為「普通」。使用「混色筆」工具以及【D.13】，描繪裙子造成的陰影。

●【D.13】裙子造成的陰影
H:0 S:0% V:5%

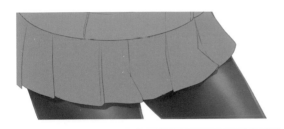

**④套用漸層對應**

套用【タイツ】（褲襪）的漸層組，完成上色。

**❖ 褲襪的圖層構造**

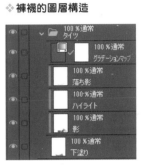

【タイツ】

# ❖ 描繪圍巾

**①加上陰影**

圖層混合模式設為「普通」。使用「混色筆」工具，畫上【D.13】的陰影。沿著圍巾的皺褶流向描繪。

●【D.13】陰影
H:0 S:0% V:5%

紅色範圍是加上亮面的區域。

◯【D.02】亮面
H:0 S:0% V:100%

**②加上亮面**

圖層混合模式設為「普通」，使用「混色筆」工具，和陰影一樣沿著皺褶的流向，畫上【D.02】的亮面。

❸套用漸層對應

套用【橙-マフラー】（橙-圍巾）的漸層組。

【橙-マフラー】

5

03

使用漸層對應來為角色上色

❹加上基礎花紋

圖層混合模式設為「濾色」。使用「麥克筆」工具，沿著圍巾的凹凸起伏，以【D.02】描繪格子狀的基準線。特別是脖子周圍，只要把直線確實畫好，就能更清楚地辨別布料的起伏。

❺追加橫線的花紋

圖層混合模式設為「線性加深」。使用本書發布的「萬能麥克筆」工具，沿著白色的線畫上【D.14】的三條橫線。

◯ 【D.02】基準線
H:0 S:0% V:100%

● 【D.14】橫線、直線
H:0 S:0% V:38%

❻追加直線的花紋

圖層混合模式設為「線性加深」。同樣使用「萬能麥克筆」工具，沿著白色的線畫上【D.14】的三條直線。

❖圍巾的圖層構造

165

# 描繪裙子

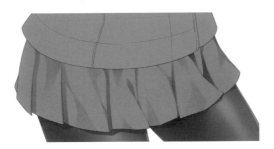

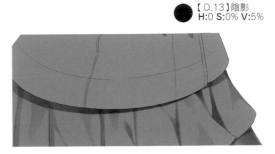

⬤ 【D.13】陰影
H:0 S:0% V:5%

❶加上陰影

圖層混合模式設為「普通」。使用「混色筆（前端細）」工具，以【D.13】來上色。因為我想畫出柔軟的布料材質，所以畫得比較細密。

❷加上外套造成的陰影

圖層混合模式設為「普通」。使用「混色筆」工具，畫上毛呢外套造成的陰影。顏色是【D.13】。

紅色範圍是加上漸層狀陰影的區域。

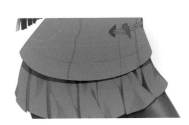

⬤ 【D.15】漸層狀陰影
H:0 S:0% V:28%

❸加上漸層狀的陰影

圖層混合模式設為「普通」。並使用「噴槍」工具，畫上【D.15】的漸層狀陰影。

紅色範圍是加上漸層狀亮面的區域。

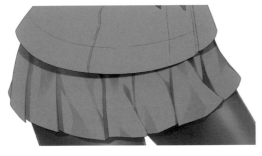

◯ 【D.02】亮面
H:0 S:0% V:100%

❹加上漸層狀的亮面

圖層混合模式設為「普通」。並使用「噴槍」工具，畫上【D.02】的漸層狀亮面。

❺在邊緣處加上亮面

圖層混合模式設為「普通」。並使用「混色筆」工具，在裙子的邊緣處加上【D.02】的亮面。

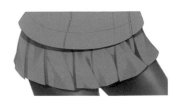

紅色範圍是加上亮面的區域。

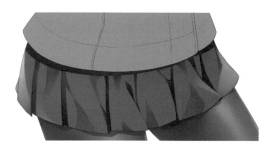

【赤系-スカート】

**❻套用漸層對應**

套用【赤系-スカート】（赤系-裙子）的漸層組。

## ⁑描繪毛衣

雖說是毛衣，但也只有從外套袖口稍微露出的部分。

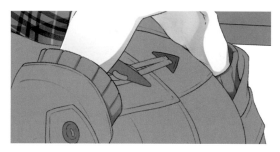

**❶加上陰影**

圖層混合模式設為「普通」。使用「混色筆」工具以及
【D.13】，描繪陰影。要領與第4章的毛衣相同。

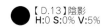

【D.13】陰影
H:0 S:0% V:5%

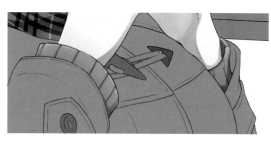

**❷加上亮面**

圖層混合模式設為「普通」。使用「混色筆」工具，在邊緣
處加上【D.02】的亮面。

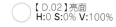

【D.02】亮面
H:0 S:0% V:100%

❖毛衣的圖層構造

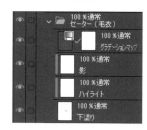

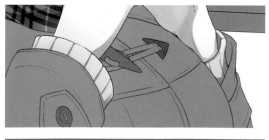

【薄橙-セーター】

**❸套用漸層對應**

套用【薄橙-セーター】（薄橙-毛衣）的漸層組。

# ✤ 描繪毛呢外套

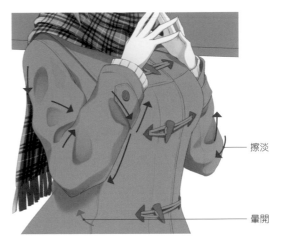

擦淡

暈開

## ❶加上陰影

圖層混合模式設為「普通」。使用「混色筆」工具，在皺褶和陰影處塗滿【D.13】。因為毛呢外套的布料偏硬，所以訣竅是不要把陰影畫得太細密。

## ❷調整陰影的形狀

使用透明色的「混色筆」工具，以箭頭的方向為基準，稍微把顏色擦淡。另外也要使用「模糊」工具，將手臂造成的陰影暈開。

【D.13】陰影
H:0 S:0% V:5%

【D.16】胸部與腰部周圍的陰影
H:0 S:0% V:25%

## ❸加上胸部與腰部周圍的皺褶陰影

圖層混合模式設為「普通」。使用「混色筆」工具和【D.16】，描繪胸部的陰影與腰部周圍的皺褶陰影。

紅色範圍是加上亮面的區域。

## ❹在邊緣處加上亮面

圖層混合模式設為「普通」。使用「混色筆」工具，在外套的邊緣處加上【D.02】的亮面。

【D.02】亮面
H:0 S:0% V:100%

**❺套用漸層對應**

套用【青系1-ダッフルコート】（青系1-毛呢外套）的漸層組，完成上色。

【青系1－ダッフルコート】

# ❖ 描繪繩子固定處

這裡要畫的是固定外套繩子的三角形部分。雖然是很小的零件，還是要確實描繪。

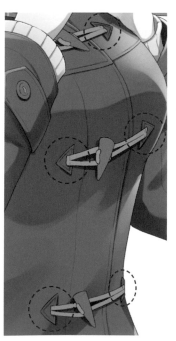

**❶加上陰影**

圖層混合模式設為「普通」。使用「混色筆（前端細）」工具和【D.13】，描繪固定繩子的小零件。在繩子遮住的地方與縫線處加上陰影。

⚫ 【D.13】陰影
H:0 S:0% V:5%

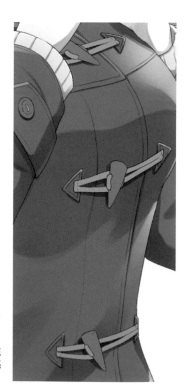

◯ 【D.02】亮面
H:0 S:0% V:100%

**❷加上亮面**

圖層混合模式設為「普通」。使用「麥克筆」工具，在邊緣處加上【D.02】的亮面。

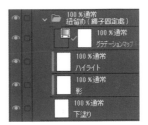

【青系2－紐留め】

❖ 繩子固定處的圖層構造

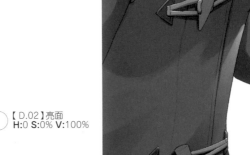

❸套用漸層對應

套用【青系2-紐留め】（青系2-繩子固定處）的漸層組。

# ❖ 描繪繩子

畫完外套的繩子固定處之後，現在開始為繩子上色。

❶加上陰影

圖層混合模式設為「普通」。使用「混色筆」工具和【D.13】，為繩子加上陰影。

● 【D.13】陰影
H:0 S:0% V:5%

○ 【D.02】亮面
H:0 S:0% V:100%

❷加上亮面

圖層混合模式設為「普通」。使用「混色筆（前端細）」工具，在邊緣處加上【D.02】的亮面。

❸加上漸層狀的亮面
圖層混合模式設為「普通」。使用「噴槍」工具,對整體
加上淡淡的【D.02】亮面。

【茶系-紐】

❖繩子的圖層構造

❹套用漸層對應
套用【茶系-紐】(茶系-繩子)的
漸層組,完成上色。

## ❖ 描繪牛角扣與鈕扣

開始為牛角扣與袖子的鈕扣上色。

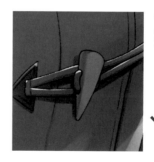

使用「混色筆」工
具,畫出立體的陰
影。

● 【D.13】陰影
H:0 S:0% V:5%

❶加上陰影
圖層混合模式設為「普通」。使用「混色
筆」工具和「噴槍」工具,為三個牛角扣
與袖子的鈕扣畫上【D.13】的普通陰影與
漸層狀陰影。

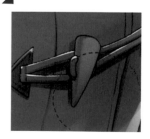

使用「噴槍」工具,加上漸層
狀的陰影。

**❷加上漸層狀的亮面**

圖層混合模式設為「普通」。使用「噴槍」工具，對整體加上淡淡的【D.02】亮面。

【D.02】亮面
H:0 S:0% V:100%

**❸套用漸層對應**

套用【青系3-留め具】（青系3-牛角扣）的漸層組。

❖ **鈕扣與牛角扣的圖層構造**

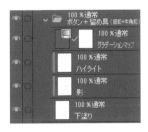

【青系3－留め具】

# ✣ 描繪頭髮

**❶加上陰影**

圖層混合模式設為「普通」。使用「混色筆（前端細）」工具，沿著髮流畫上【D.17】的陰影。

● 【D.17】陰影
H:0 S:0% V:26%

畫上一圈反光。　　　　　　沿著髮流描繪。

● 【D.18】反光的陰影
H:0 S:0% V:37%

**❷描繪頭髮的反光**

圖層混合模式設為「普通」。使用【D.18】來描繪頭髮的反光。與第4章相同，沿著髮流的方向，在頭部畫上一圈反光。

加上漸層狀的亮面，使上半部變得比較明亮。

○【D.02】亮面
　H:0 S:0% V:100%

**❸加上漸層狀的亮面**

圖層混合模式設為「普通」。使用「噴槍」工具，大範圍刷上【D.02】的漸層狀亮面，使頭髮的上半部變得比較明亮。

紅色範圍是在邊緣處加上亮面的區域。

**❹在頭髮的邊緣處加上亮面**

圖層混合模式設為「普通」。使用「混色筆」工具，在邊緣處加上【D.02】的亮面。

**❺加上漸層狀的陰影**

圖層混合模式設為「普通」。使用「混色筆」工具，大範圍刷上【D.16】的漸層狀陰影。

●【D.16】漸層狀陰影
　H:0 S:0% V:25%

【茶系－髮、眉】

**❻套用漸層對應**

套用【茶系-髮、眉】的漸層組，完成上色。

❖ 頭髮的圖層構造

● 【D.19】在瀏海處加上的顏色
H:359 S:26% V:85%

❼ 呈現頭髮的透膚感

將圖層的混合模式設定為
「普通」。並且使用「噴
槍」工具,在瀏海處加上
【D.19】的顏色,呈現透
膚感。

## ❖ 描繪表情

從這裡開始要為「臉」圖層資料夾內的「眉毛」、「眼瞳」、「眼白」等表情部分上色。上色之前,請先將
「臉」圖層資料夾移動到剛才上色的「頭髮」圖層資料夾下方。

### ▶ 描繪眼白

❶ 加上陰影

圖層混合模式設為「普通」。使用「混色筆」工具,沿著箭
頭的方向畫上陰影。顏色是【D.20】。我將界線處畫得稍深
一點,這樣就可以在套用漸層對應的時候增加顏色的層次。

● 【D.20】陰影
H:0 S:0% V:60%

界線處畫得稍微深一
點。

【眼白】

❷ 套用漸層對應

套用【白目】(眼白)的
漸層組,完成上色。

❖ 眼白的圖層構造

## ▶描繪眼瞳

### ❶描繪瞳孔

圖層混合模式設為「普通」。使用「麥克筆」工具，在瞳孔處塗滿【D.21】，接著再用透明色的「混色筆」工具，稍微將瞳孔的中央擦淡。

【D.21】陰影
H:0 S:0% V:16%

### ❷加上陰影

圖層混合模式設為「普通」。使用「混色筆」工具，為眼瞳畫上【D.21】的陰影。

### ❸在眼瞳的下緣處加上亮面

圖層混合模式設為「普通」。使用「噴槍」工具，在眼瞳的下緣輕輕畫上【D.02】的亮面。

【D.02】亮面
H:0 S:0% V:100%

### ❹在眼瞳的上下兩處追加反光的亮面

圖層混合模式設為「普通」。使用「混色筆」工具，在眼瞳的下緣與上緣追加反光的亮面。顏色是【D.02】。

### ❺套用漸層對應

套用【青系4-瞳】的漸層組，完成上色。

【青系4-瞳】

❖眼瞳的圖層構造

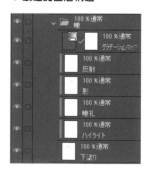

## ▶描繪眉毛與睫毛

表情的最後一個步驟是為睫毛加上色彩,並在眼睛上描繪光點。因為眉毛會被頭髮擋住,畫光點時眼鏡也有點礙事,所以要先隱藏頭髮與眼鏡的圖層資料夾再開始上色。

【茶系-髮、眉】

**❶對眉毛套用漸層對應**

套用【茶系-髮、眉】的漸層組,完成上色。

● 【D.22】在睫毛的兩側加上的顏色
H:356 S:100% V:60%

**❷在睫毛的兩側加上紅色**

圖層混合模式設為「普通」,用表情的線稿進行剪裁。使用「噴槍」工具,在睫毛的兩側加上【D.22】的紅色。

○ 【D.02】亮面
H:0 S:0% V:100%

**❸為眼睛加上光點**

圖層的混合模式設為「普通」。使用「混色筆」工具,加上【D.02】的光點。完成上色後請顯示頭髮與眼鏡的圖層,確認成果。

❖眉毛與睫毛的圖層構造

# ✥描繪眼鏡

**❶加上陰影**

圖層混合模式設為「普通」。使用「混色筆」工具,為眼鏡畫上【D.13】的陰影。

● 【D.13】陰影
H:0 S:0% V:5%

**❷加上亮面**

圖層混合模式設為「普通」。使用「混色筆」工具,在鏡框的邊緣處加上【D.02】的亮面。

○ 【D.02】亮面
H:0 S:0% V:100%

❸套用漸層對應

套用【黑系-眼鏡】的漸層組，完成上色。

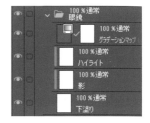

【黑系-眼鏡】

❖眼鏡的圖層構造

# 描繪髮夾

❶加上陰影

圖層的混合模式設為「普通」。用「混色筆」工具描繪邊緣後，再用「噴槍」工具在虛線範圍內加上漸層狀的陰影。顏色是【D.13】。

● 【D.13】陰影
H:0 S:0% V:5%

❷在邊緣處加上亮面

圖層的混合模式設為「普通」。使用「混色筆」工具，在邊緣處加上【D.02】的亮面。

○ 【D.02】亮面
H:0 S:0% V:100%

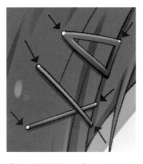

❸在邊角處加上亮面

在同樣的圖層，使用「麥克筆」工具，在邊角處加上點狀的明顯亮面。

【青系5-ヘアピン】

❹套用漸層對應

套用【青系5-ヘアピン】（青系5-髮夾）的漸層組。

❖髮夾的圖層構造

# 描繪鏡片

❶加上陰影

圖層混合模式設為「普通」，用【D.02】填滿眼鏡的鏡片範圍。

❷加上亮面

對填滿顏色的圖層建立圖層蒙版，用透明色的「噴槍」工具擦掉顏色，只在鏡片的邊緣留下些許的顏色。

○ 【D.02】亮面
H:0 S:0% V:100%

# 進行最後處理

上色到這裡就結束了，但為了讓成品更漂亮，還要再進行最後的處理。例如增加頭髮的複雜度、在第2章對眼睛進行的透明處理（第44頁）、在第3章對線稿進行的彩色描線處理（第87頁）。

## ❖ 補畫髮絲

在想要補畫髮絲的起點處，使用「吸管」工具來吸取顏色。

使用吸取到的顏色，以「麥克筆」工具補畫稍微翹起的髮絲。白線圍起的部分就是補畫的髮絲。像這樣畫出有些凌亂的髮絲，就可以增加複雜度。

## ❖ 補畫髮絲的地方

在這次的範例中，補畫了髮絲的地方如左圖。
紅圈的部分是吸取顏色的地方，白線圍起的部分則是用「麥克筆」工具補畫的髮絲。這樣就可以畫出稍微有點亂的自然感。
只不過，如果畫太多就會超越凌亂感，給人一種毛躁的印象，所以請特別注意。

## ❖ 眼睛的透明處理與彩色描線

在最後階段，也要進行第2章解說的眼睛透明處理，以及第3章解說的彩色描線。經過這些處理，就可以使角色的氛圍更加完整。

❖ 使用漸層對應來上色的角色

# 5
# 04 描繪背景並完稿

完成角色的上色後，接下來要描繪背景，完成插畫。背景也要使用漸層對應來上色。

## 描繪窗框

這個章節的範例已經事先畫好窗框、窗戶玻璃與牆壁的底色。接下來就為黑白底稿加上明暗，再用漸層對應上色吧。首先從窗框開始描繪。

**❶加上陰影**

圖層混合模式設為「普通」。使用「填充」工具與「Ｇ筆」工具，為窗框加上陰影。顏色是【D.12】。

● 【D.12】陰影
H:0 S:0% V:21%

**❷在邊緣處加上亮面**

圖層混合模式設為「普通」，不透明度65%。使用「麥克筆」工具，在窗框的邊緣處加上【D.02】的亮面。

○ 【D.02】亮面
H:0 S:0% V:100%

● 【D.05】斜向陰影
H:0 S:0% V:53%

**❸加上大範圍的陰影**

圖層混合模式設為「普通」。使用「混色筆」工具，加上斜向的大範圍陰影。顏色是【D.05】。

**❹加上整體的亮面**

圖層混合模式設為「普通」。使用「噴槍」工具，為整體加上【D.02】的亮面。

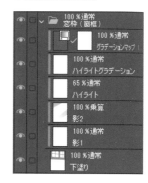

【緑系-窓枠】

❖ 窗框的圖層構造

**⑤套用漸層對應**

套用【緑系-窓枠】（綠系-窗框）的漸層組。

## ✥ 描繪窗戶玻璃

**①加上整體的亮面**

圖層混合模式設為「普通」。使用「混色筆」工具以及【D.23】，對窗戶玻璃加上稍暗的亮面（不要畫得太亮）。

【D.23】亮面
H:0 S:0% V:75%

**②加上反光的亮面**

圖層混合模式設為「普通」。使用「混色筆」工具，加上反光的亮面。顏色是【D.02】。

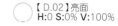【D.02】亮面
H:0 S:0% V:100%

【空色系-窓ガラス】

❖ 窗戶玻璃的圖層構造

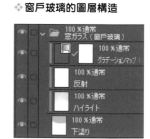

**③套用漸層對應**

套用【空色系-窓ガラス】（空色系-窗戶玻璃）的漸層組。

# 描繪牆壁

紅色範圍是加上陰影的部分。

## ❶為整體加上陰影

圖層的混合模式設定為「普通」。使用「噴槍」工具和【D.24】，為整體加上淡淡的陰影。

● 【D.24】陰影
H:0 S:0% V:66%

● 【D.05】斜向陰影
H:0 S:0% V:53%

## ❷加上大範圍的陰影

圖層的混合模式設為「色彩增值」。使用「混色筆」工具，再加上與窗框相同的大範圍斜向陰影。顏色是【D.05】。

## ❸套用漸層對應

套用【灰色系-壁】的漸層組。

【灰色系-壁】

### ❖牆壁的圖層構造

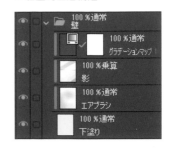

# 描繪灌木

背景只有窗戶和牆壁的話就太冷清了，所以我決定在牆壁的下緣加上植物。感覺就類似花壇。首先建立名叫「灌木」的圖層資料夾，在這個資料夾內描繪綠色的灌木。

● 【D.13】樹葉1
H:0 S:0% V:5%

❶ 描繪灌木的基底

圖層混合模式設為「普通」。在牆壁的下緣使用「自作葉子」工具，以波浪狀的運筆方式畫出灌木的基底。顏色是【D.13】。

● 【D.15】樹葉2
H:0 S:0% V:28%

❷ 疊上樹葉

圖層混合模式設為「普通」。使用「自作葉子」工具，在灌木的基底上重疊稍亮一點的【D.15】。不須進行剪裁。

● 【D.10】樹葉3
H:0 S:0% V:51%

❸ 再度疊上樹葉

圖層混合模式設為「普通」。同樣使用「自作葉子」工具，疊上更亮一點的【D.10】。空隙要比步驟❷更大一些。不須進行剪裁。

● 【D.09】樹葉4
H:0 S:0% V:70%

❹ 疊上第四層的樹葉

圖層混合模式設為「普通」。使用「自作葉子」工具，疊上比較亮的【D.09】，畫出第四層樹葉。空隙要比步驟❸更大一些。不須進行剪裁。

圖中是在最亮的受光處描繪第五層樹葉的地方

【D.25】樹葉5
H:0 S:0% V:91%

**❺疊上第五層的樹葉**

　　圖層混合模式設為「普通」。使用「自作葉子」工具，以最亮的【D.25】針對受光最明顯的地方畫上樹葉。不須進行剪裁。

**❖灌木的圖層構造**

【草木】

**❺套用漸層對應**

　　套用【草木】的漸層組。

# ❖ 描繪花朵

　　畫好灌木後，接著來畫其中的花朵吧。建立名叫「花朵」的圖層資料夾，在裡面進行描繪。首先要畫出花的底色並分配位置。

**❖花瓣的畫法**

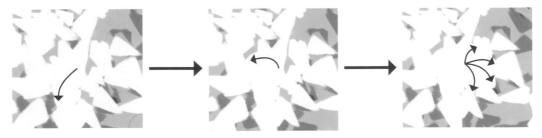

使用「麥克筆」工具，依序畫出一片一片花瓣，組成花朵的形狀。這裡使用的顏色是【D.02】。

【D.02】花朵
H:0 S:0% V:100%

**❶將花朵分配在隨機的位置**

　　圖層混合模式設為「普通」。複製畫好的花朵，隨機放在適當的位置。這個圖層就是底色圖層。

【D.26】描繪色
H:0 S:0% V:40%

**❷複製圖層並將下方圖層的顏色加深**

複製剛才建立的花朵底色圖層，將複製的圖層移動到底色圖層的下方。將描繪色設為【D.26】，從選單執行「編輯」→「將線的顏色變更為描繪色」，使顏色改變。

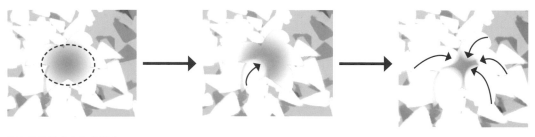

**❸在花朵的中心加上顏色**

圖層混合模式設為「普通」。使用「噴槍」工具，在花朵的中心處畫上如圖的【D.26】。接著，使用透明色的「混色筆」工具，沿著花瓣的反方向將顏色擦掉，只留下中央的顏色。對每一朵花進行這個步驟。

【D.26】花朵的顏色
H:0 S:0% V:40%

**❖花朵的圖層構造**

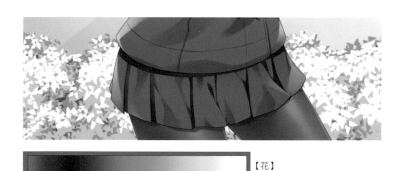

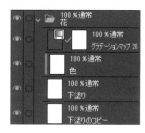

【花】

**❹套用漸層對應**

套用【花】的漸層組。

## ⟐ 調整背景色調並完稿

這樣就完成背景的描繪了，但目前的背景太過清晰，與角色不太諧調。

因此，接下來要調整背景的色調，使角色能進一步融入背景。

### ❶對整體背景執行高斯模糊

單獨顯示背景的「花朵」、「灌木」、「窗框」、「窗戶玻璃」、「牆壁」、「背景線稿」，按下右鍵，點選「組合顯示圖層的複製」。這樣就會建立一個組合了所有背景的圖層，接著從選單點選「濾鏡」→「模糊」→「高斯模糊」，將數值設定為「20」，執行高斯模糊。為了強調完成的效果，圖中是顯示角色的狀態。

【D.27】閃亮光點
H:53 S:20% V:100%

### ❷對整體背景加上閃閃發亮的光點

圖層混合模式設為「加亮顏色（發光）」。使用「亮點散布」工具，輕輕為整體背景畫上【D.27】的閃亮光點。只要一點點就夠了。

❖ **色調補償的圖層配置**

### ❸調整背景的色調

在執行了高斯模糊的圖層上方點選選單的「圖層」→「新色調補償圖層」，追加以下兩種混合模式設為「普通」的色調補償圖層。設定值如下。

- **「色相・彩度・明度」圖層**
  →彩度：-200%
- **「亮度・對比度」圖層**
  →亮度：-10%／對比度：+20%

### ❹用角色進行剪裁並加上大範圍的斜向陰影

在角色的「上色」圖層資料夾上建立混合模式為「線性加深」的圖層,並用角色來進行剪裁。

使用「混色筆」工具,配合背景的大範圍斜向陰影,在角色身上也描繪斜向的陰影。只不過,因為角色所站的位置是牆壁的前方,所以畫的位置要稍微偏下。陰影的顏色是【D.20】。

●【D.20】斜向陰影
H:0 S:0% V:60%

●【D.02】亮面
H:0 S:0% V:100%

### ❺加上大範圍的斜向亮光

在斜向陰影的上方建立混合模式為「加亮顏色(發光)」的圖層,使用「混色筆」工具,大範圍畫上【D.02】的斜向亮光。不過,這道亮光不須用角色進行剪裁。從背景對整體角色進行描繪。

這麼一來,色調的調整就完成了。

紅色範圍是加上大範圍斜向亮光的區域。

❖ 用漸層對應來上色的角色插畫完成

# Appendix

## 改變插畫氛圍的
## 各種版本

# 01 為插畫加分的小技巧

即使是一度完成的插畫,只要再稍微處理一下,就能使氛圍徹底改變。這裡將介紹幾個改變插畫氛圍的小技巧。

## ✣ 用模糊的背景來襯托角色

第5章的背景也有用到這個技巧,只要稍微模糊背景,就能表現出角色與背景的界線,進一步強調角色。
這裡將使用第2章的動畫上色法範例插畫來進行示範。

❖ **完成動畫上色法時的角色與背景之差異**

第2章的動畫上色法完成時,角色與背景都畫得很清晰。雖然有將背景畫得稍微模糊一點來呈現遠近感,但接下來將會進一步強調角色。

### ❶ 建立組合了背景圖層資料夾的圖層

選擇第2章範例插畫的「背景」圖層資料夾,按下右鍵再點選「圖層轉換」。開啟「圖層轉換」對話方塊後,將名稱改為方便辨識的「背景拷貝」,將「保留原圖層」打勾,再按下「OK」。這麼一來,「背景」圖層資料夾上就會新增一個只組合背景圖層的圖層。

❖ **建立組合了「背景」圖層資料夾的圖層**

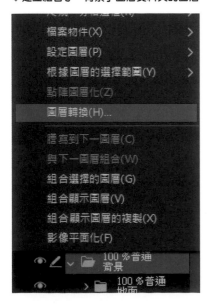

對「背景」圖層資料夾按下右鍵,選擇「圖層轉換」。在「圖層轉換」對話方塊裡的名稱項目輸入「背景拷貝」,將「保留原圖層」打勾,再按下「OK」。

❖組合了背景的「背景複製」圖層

「背景」圖層資料夾上會新增組合後的「背景拷貝」圖層。

## ❷對組合後的背景圖層加上模糊效果

　　選擇組合後的「背景拷貝」圖層,從選單執行「濾鏡」→「模糊」→「高斯模糊」。將「高斯模糊」對話方塊的模糊範圍設定為「15」,然後按下「OK」。這樣就能使背景變成微微模糊的狀態,使角色更加醒目。

❖用高斯模糊來暈開背景

針對剛才建立的「背景拷貝」圖層,用設定值「15」來執行高斯模糊。

背景變得比一開始還要模糊,進一步增強了遠近感。

❖與背景之間的遠近感使角色變得更加醒目

將整體縮小來看,就會發現前方的角色變得更加醒目了。由此可見,將背景暈開的手法可以強調角色,是能製造遠近感的小技巧。

# ✥加上光暈效果

這次試著為插畫加上光暈效果（Glow）吧。光暈效果是動畫等作品中常見的特效，正如其名稱「Glow（發光、光輝）」，是一種散發強烈光芒的效果。

製造這種效果的手法不只一種，這裡將介紹其中較為簡單的方法。

## ❶建立組合了整張插畫的複製圖層

對最上方的圖層按下右鍵，選擇「組合顯示圖層的複製」。在第2章的範例插畫中，「線稿」圖層是放在最上方的。

這麼一來，「線稿」圖層的上方就會新增組合了所有顯示圖層的圖層。圖層名稱會自動變成「線稿2」。

### ❖建立組合了所有顯示圖層的圖層

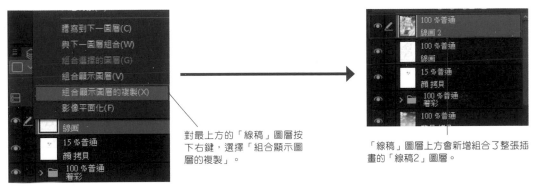

對最上方的「線稿」圖層按下右鍵，選擇「組合顯示圖層的複製」。

「線稿」圖層上方會新增組合了整張插畫的「線稿2」圖層。

### memo ■■

這個步驟會組合全部的顯示圖層，但不包括隱藏的圖層與設定為底稿的圖層，所以請先確認需要的圖層是否都有顯示。

另外，若是點選「組合顯示圖層」或「影像平面化」，就會組合原始的圖層，無法留下備份，請注意。

## ❷建立濾鏡用的圖層資料夾以加上濾鏡效果

對組合後的「線稿2」圖層加上高斯模糊的效果。在選單點選「濾鏡」→「模糊」→「高斯模糊」，將模糊範圍設定為「20」。

接著，在圖層的最上方建立混合模式為「穿透」且名為「濾鏡」的圖層資料夾。在這個圖層資料夾內，將「線稿2」圖層複製為三份。完成複製後，由上而下依序將三個圖層的混合模式與不透明度改為下列的設定。圖層也可以根據設定來改成容易辨識的名稱。

- 圖層混合模式「覆蓋」、不透明度25%
- 圖層混合模式「線性加深」、不透明度25%
- 圖層混合模式「普通」、不透明度33%

### ❖分別將三個圖層放進「濾鏡」圖層資料夾

建立容納濾鏡圖層的「濾鏡」圖層資料夾，將加上高斯模糊的組合圖層複製成三份。這張圖片是設定好圖層混合模式與不透明度，也將圖層名稱改得方便辨識之後的圖層構造。

❖加上光暈效果的範例插畫
將整體縮小來看，就會如圖片一般，整個角色都帶著有點朦朧的發光感。

　　就像這樣，將完成的插畫組合起來，加上高斯模糊的效果，建立濾鏡的圖層，就能輕鬆完成動畫風格的光暈效果。

# 更改背景設定以改變氛圍

　　現在要將一度完成的插畫更改為別的情境，使氛圍有所改變。第2章範例的筆刷上色版是以白天的晴空為背景，而這裡要把背景更改為晚上的夜空。

### ❶用漸層對應來更改天空的顏色

　　首先為了確認整體的氛圍，要從天空的顏色開始更改。這裡會使用到第5章解說過的漸層對應。

　　選擇「天空」圖層資料夾內最上方的圖層，（範例中是「漸層3」圖層），從選單點選「圖層」→「新色調補償圖層」→「漸層對應」。在「漸層對應」對話方塊的「漸層組」選擇「天藍」→「夜空」並套用。這麼一來，藍天就會一口氣變成夜空。

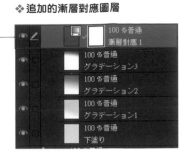

在「天空」圖層資料夾的最上方新增漸層對應的圖層。

套用漸層組「天藍」之中的「夜空」。

## ❷ 更改地面、柵欄、城鎮的顏色

　　接下來要將背景的地面、柵欄、城鎮改為夜晚的色彩。在「地面」、「柵欄」、「城鎮」的圖層資料夾內，新增混合模式為「普通」且命名為「夜晚」的資料夾，分別放在底色或素材的圖層上方並設為剪裁，再用下列的顏色填滿整個範圍。另外，只有城鎮要在調整顏色的濾色圖層上方追加「夜晚」圖層。

- 地面、柵欄的顏色 　　　: H：249、S：16%、V：35%
- 城鎮的顏色　　　　　　: H：215、S：100%、V：27%

❖隱藏雲朵並調整色調

　　更改色彩之後，請確認整體的色調。這個時候，為了觀察整體的亮度，建議暫時隱藏雲朵。因為地面的顏色變得相當深，所以我建立圖層蒙版，使用透明色的「噴槍」工具，稍微擦掉虛線以下的顏色。

### ❸ 為城鎮的窗戶點亮燈光

因為是夜晚的城鎮，所以大樓等建築物的窗戶應該加上燈光。建立混合模式為「普通」、不透明度75%的圖層，為城鎮素材的窗戶部分上色。顏色設定如下。

・窗戶燈光的顏色：　　H：53、S：20%、V：100%

畫好窗戶之後複製圖層，在窗戶的圖層上方建立混合模式為「相加（發光）」且命名為「窗戶燈光」的圖層。對這個圖層加上設定值為「15」的高斯模糊，就能呈現窗戶發出朦朧燈光的感覺。

#### ❖ 為城鎮建築的窗戶上色，用高斯模糊來呈現發光感

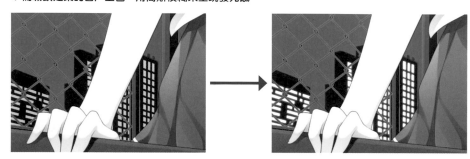

在「窗戶」圖層為建築素材的窗戶上色，然後複製以建立「窗戶燈光」圖層。選擇「窗戶燈光」圖層，從選單點選「濾鏡」→「模糊」→「高斯模糊」，數值設定為「15」，就能呈現窗戶發出朦朧燈光的感覺。

### ❹ 更改雲朵的色調，描繪星星

這幅範例插畫的雲朵是分成三個圖層來描繪。因此，請建立混合模式為「普通」且命名為「雲朵」的圖層資料夾，將三個雲朵圖層歸納到裡面。

在收起這個「雲朵」圖層資料夾的狀態下選擇它，從選單執行「圖層」→「新色調補償圖層」→「色調反轉」，追加執行了色調反轉的圖層。接著在選單點選「圖層」→「新色調補償圖層」→「色相・彩度・明度」，顯示「色相・彩度・明度」對話方塊，以色相「-150」、彩度「-19」、明度「15」的設定來追加調整色彩的圖層。

#### ❖ 「色相・彩度・明度」對話方塊

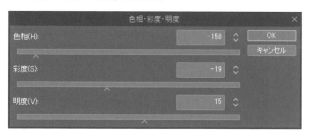

在「色相・彩度・明度」進行色調調整時，以色相「-150」、彩度「-19」、明度「15」的設定來追加圖層。

#### ❖ 建立雲朵的圖層資料夾

將雲朵圖層歸納到「雲朵」圖層資料夾內，對這個圖層資料夾進行「色調反轉」與「色相・彩度・明度」的調整。執行這項操作時，「雲朵」圖層資料夾要先收起來。

更改雲朵的顏色之後，在雲朵圖層資料夾的下方建立混合模式為「加亮顏色（發光）」的圖層，稍微畫上一點星星。顏色與窗戶燈光一樣是「H:53／S:20%／V:100%」。

❖ 描繪星星

在雲朵之間稍微畫上一點星星。

### ❺ 對角色加上陰暗的漸層

目前已經將背景更改為夜晚，但如果角色的色調還是白天的陽光之下，看起來就會相當突兀。因此，接下來要在角色的「上色」圖層資料夾上方新增圖層，加上混合模式為「覆蓋」的漸層。使用的顏色是將地面、柵欄改成夜晚色調的「H:249／S:16%／V:35%」，使用「噴槍」工具來上色。

❖ 在「上色」圖層資料夾上方新增覆蓋圖層

❖ 紅色範圍是以覆蓋來上色的區域

這麼一來，更改為夜晚情境的版本就完成了。只不過是增加了幾道步驟，原本以白天為背景的插畫就變成了夜晚的版本。

如此更改情境就能大幅改變印象，非常有意思。

另外，下圖的黃昏版本也是類似的應用。這幅插畫也會列入本書發布的下載檔案中，大家可以開啟檔案來確認看看。

❖ 更改為夜晚背景的範例插畫

❖ 更改為黃昏背景的範例插畫

## ⋯ 作者簡介

### 乃樹坂くしお（NOGISAKA KUSHIO）

自由接案的插畫家。

除了角色、服裝設計、原畫等遊戲或Live2D用插畫的繪製之外，也經手版權角色的周邊商品設計，廣泛活躍於各領域。

目前在「Palmie」等插畫教學網站擔任講師，實績豐富。以高階課程講師身分示範如何畫圖的影片已在Palmie公開，現在仍然可以觀看。

Twitter ▶ https://twitter.com/ku_shi
網站 ▶ https://ec-create.com/

TOKOTON KAISETSU! CHARACTER NO NURI NYUUMON KYOUSHITSU
CLIP STUDIO PAINT PRO DE MANABU BYOUGA NO KIHON TECHNIC
© 2020 KUSHIO NOGISAKA
Originally published in Japan in 2020 by SB Creative Corp., TOKYO.
Traditional Chinese translation rights arranged with SB Creative Corp., TOKYO,
through TOHAN CORPORATION, TOKYO.

### 詳細解說！人物「上色」步驟完全剖析
### CLIP STUDIO PAINT PRO電繪技法大全

2021年8月1日初版第一刷發行
2023年9月1日初版第四刷發行

| | | |
|---|---|---|
| 作 者 | 乃樹坂くしお |
| 譯 者 | 王怡山 |
| 編 輯 | 魏紫庭 |
| 美術編輯 | 寶元玉 |
| 發 行 人 | 若森稔雄 |
| 發 行 所 | 台灣東販股份有限公司 |

　　　　　＜地址＞台北市南京東路4段130號2F-1
　　　　　＜電話＞(02)2577-8878
　　　　　＜傳真＞(02)2577-8896
　　　　　＜網址＞www.tohan.com.tw
郵撥帳號　1405049-4
法律顧問　蕭雄淋律師
總 經 銷　聯合發行股份有限公司
　　　　　＜電話＞(02)2917-8022

TOHAN

國家圖書館出版品預行編目資料

詳細解說！人物「上色」步驟完全剖析：
Clip studio paint pro電繪技法大全/
乃樹坂くしお著；王怡山譯. -- 初版.
-- 臺北市：臺灣東販股份有限公司,
2021.08
208面；18.2×25.7公分

ISBN 978-626-304-789-1(平裝)

1.電腦繪圖 2.電腦軟體

312.866　　　　　　　　　110011023

## InfoVisual 研究所

以代表大嶋賢洋為中心的多名編輯、設計與CG人員，從2007年開始編輯、製作並出版了無數視覺內容。主要的作品有《插畫圖解伊斯蘭世界》（暫譯，日東書院本社）、《超圖解 最淺顯易懂的基督教入門》（暫譯，東洋經濟新報社），還有「圖解學習」系列的《從14歲開始學習 金錢說明書》、《從14歲開始認識AI》、《從14歲開始學習 天皇與皇室入門》、《從14歲開始了解人類腦科學的現在與未來》、《從14歲開始學習地政學》、《從14歲開始思考資本主義》（暫譯，皆為太田出版）等，中文譯作則有《圖解人類大歷史》（漫遊者文化）、《SDGs系列講堂 跨越國境的塑膠與環境問題》、《SDGs系列講堂 牽動全球的水資源與環境問題》、《SDGs系列講堂 全球氣候變遷》（皆為台灣東販出版）等。

**大嶋賢洋的圖解頻道**
**YouTube**（※影片皆為日文無字幕版本）
https://www.youtube.com/channel/UCHlqINCSUiwz985o6KbAyqw
**X (前Twitter)**
@oshimazukai

[ 日文版 STAFF ]

| | |
|---|---|
| 企劃・結構・執筆 | 大嶋 賢洋 |
| | 豊田 菜穗子 |
| 插畫・圖版製作 | 高田 寬務 |
| 插畫 | 二都呂 太郎 |
| DTP | 玉地 玲子 |
| 校對 | 鷗来堂 |

ZUKAI DE WAKARU 14SAI KARA SHIRU TABEMONO TO JINRUI NO ICHIMANNENSHI
© Info Visual Laboratory 2021
Originally published in Japan in 2021 by OHTA PUBLISHING COMPANY, TOKYO.
Traditional Chinese translation rights arranged with OHTA PUBLISHING COMPANY., TOKYO, through TOHAN CORPORATION, TOKYO.

# SDGs 系列講堂 全球糧食問題
## 利用人造肉、糧食計畫解決短缺危機，探求永續發展的關鍵

2024 年 5 月 1 日初版第一刷發行

作　　者 InfoVisual 研究所
譯　　者 童小芳
特約編輯 黃琮軒
副 主 編 劉皓如
發 行 人 若森稔雄
發 行 所 台灣東販股份有限公司
　　　　＜地址＞台北市南京東路 4 段 130 號 2F-1
　　　　＜電話＞（02）2577-8878
　　　　＜傳真＞（02）2577-8896
　　　　＜網址＞ http://www.tohan.com.tw
郵撥帳號 1405049-4
法律顧問 蕭雄淋律師
總 經 銷 聯合發行股份有限公司
　　　　＜電話＞（02）2917-8022

國家圖書館出版品預行編目資料

全球糧食問題：利用人造肉、糧食計畫解決短缺危機，探求永續發展的關鍵/InfoVisual研究所著；童小芳譯. -- 初版. -- 臺北市：臺灣東販股份有限公司, 2024.05
96面；18.2×25.7公分
ISBN 978-626-379-357-6(平裝)

1.CST: 國際糧食問題 2.CST: 糧食政策 3.CST: 永續農業 4.CST: 歷史

431.9　　　　　　　　　　　113004156

## 去碳化社會：
## 從低碳到脫碳，
## 尋求乾淨能源打造綠色永續環境
作者：InfoVisual研究所／定價：380元

從敲響地球暖化的警鐘到達成《巴黎協定》的過程，在聯合國的主導下，全世界都致力於減碳。甚至訂定了SDGs中的目標7「確保人人都享有負擔得起、可靠且永續的近代能源」。

為了我們自己，也為了我們的下一代，我們必須保有守護地球環境的決心與行動的魄力。現在正是時候！

## 跨越國境的塑膠與環境問題：
## 為下一代打造去塑化地球
## 我們需要做的事！
作者：InfoVisual研究所／定價：380元

海龜等生物誤食塑膠製品的新聞怵目驚心，世界各國皆因塑膠回收、處理問題而面臨困境，聯合國「永續發展目標（SDGs：Sustainable Development Goals）」其中一項目標就是「在2030年前大幅減少廢棄物的製造」。

然而，回到實際生活，狀況又是如何呢？塑膠被拋棄造成的環境問題，目前已有1億5000萬噸的塑膠累積在大海上。我們現在要開始做的事：真正地認識塑膠、了解世界現狀、逐步邁向脫塑生活。重新審視塑膠與環境問題，打開眼界學習「未來的新常識」！

## SDGs超入門：
## 60分鐘讀懂聯合國永續發展目標
## 帶來的新商機
作者：Bound、功能聰子、佐藤寬／定價：380元

60分鐘完全掌握！
SDGs永續發展目標超入門！
什麼是SDGs？為什麼它會受到聯合國關注，成為全世界共同努力的目標？這個「全球新規則」會為商場帶來哪些全新常識？為什麼企業應該投入SDGs？
哪些領域將因此獲得商機？投資方式和經營策略又應該如何做調整？本書則利用全彩圖解淺顯易懂地解說這個龐大而複雜的問題。

零廢棄社會：
告別用過即丟的生活方式，
邁向循環經濟時代
作者：InfoVisual研究所／定價：380元

全球每年會製造出20億噸的一般垃圾，預計到2050年前將達到34億噸。
已開發國家不斷大量廢棄，開發中國家則為處理所苦。
了解垃圾的本質，思索生活的未來，邁向零廢棄的社會！
垃圾問題是龐大產業結構的問題，其核心正是我們日常中的微小慾望。
很遺憾必須這麼說：針對垃圾的探究，
最終也會讓我們看清自身慾望的樣貌。
零垃圾社會的實現，
有賴於我們每一個人意識上的覺醒。

綠色經濟學 碳中和：
從減碳技術創新到產業與能源轉型，
掌握零碳趨勢下的新商機
作者：前田雄大／定價：380元

去碳永續不只是氣候變遷的對策，更是推動世界經濟
的轉捩點！究竟碳中和是什麼？該如何具體實踐？減碳
浪潮在為經濟、社會帶來挑戰的同時，背後又隱藏了
哪些全新的商機與創新機會呢？
為了阻止全球規模的氣候變遷，各國無不陸續相繼宣
布碳中和目標，「碳中和」這個關鍵詞是指透過節能減
排、能源替代、產業調整等方式，讓排出的二氧化碳被
回收，實現正負相抵，最終達到「零排放」。

牽動全球的水資源與環境問題：
建立永續循環的水文化，
解決刻不容緩的缺水、淹水與汙染問題
作者：InfoVisual 研究所／定價：380元

地球耗費40億年所形成的水系統，人類只花了短短200年
就幾乎破壞殆盡。根據預測，在2050年之前，光是亞洲就
會再增加10億人陷入缺水的窘境。氣候變遷讓各國面臨
水資源短缺的危機。再不正視，缺水問題恐成全球最大風
險！唯有運用新思維、新模式、新技術來面對迫在眉睫的
「水問題」，才能打造讓所有人免於淹水、缺水之苦的永
續安全水環境。

# 詳細解說
# 人物「上色」步驟
# 完全剖析

**CLIP STUDIO PAINT PRO**
電繪技法大全

乃樹坂くしお 著　王怡山 譯

# 巧克力選擇方法

在製作糕點時要使用烘焙用巧克力（調溫巧克力）。失敗的情況應該會變少，味道也會更上一層樓。雖然有各式各樣的巧克力被製造出來，但是大致上可以區分為甜味（苦味）巧克力、牛奶巧克力、白巧克力這3種類型。本書中使用的是法芙娜（VALRHONA）的產品，但如果是相同的種類、可可含量同等的巧克力，不妨選用個人喜歡的巧克力。板狀巧克力只用來當做裝飾（刨花）。

## 烘焙用巧克力的種類

巧克力原有的美味
### 甜味巧克力（苦味）
以可可塊、可可脂、糖分為原料做成的是「甜味巧克力」。正是這個名稱使它看起來似乎很甜，卻是這3種類型巧克力當中苦味最強的。有時會把特別苦的巧克力稱為「苦味」，而可可含量50％左右的是甜味、60％以上的稱為苦味，此為某種程度上的參考標準。本書中主要是使用甜味巧克力，但如果是像P90「巧克力凍蛋糕」之類要活用苦味的蛋糕，則使用苦味巧克力。

加入牛奶成分帶來溫和的甜度
### 牛奶巧克力
在可可塊、可可脂、糖分當中加入牛奶成分的，稱為「牛奶巧克力」。正因如此，所以這是可可含量低、甜度容易入口的巧克力。本書中使用可可含量40％的牛奶巧克力。在想要突顯出檸檬和葡萄柚等水果的酸味時使用。

去除可可塊，有強烈的甜味
### 白巧克力
不加入可可塊，以可可脂、糖分、牛奶成分製作而成的，是「白巧克力」。以沒有苦味、充滿牛奶風味，而且甜味很強為特徵。本書中，在製作乳酪蛋糕時將白巧克力搭配美國櫻桃或草莓果醬，創造出濃郁醇厚的甜度。使用可可含量35％的白巧克力。

# 其他材料的功用和選擇方法

構成糕點的骨架，呈現出口感

## 低筋麵粉

因為是構成蛋糕體骨架的東西，所以由低筋麵粉釋出的「麩質」會影響口感。在製作乳酪蛋糕時因使用量很少，所以沒有什麼關係，但在製作巧克力蛋糕時，建議使用質地細緻、可以做出輕盈口感的烘焙用「日清紫羅蘭低筋麵粉」或「日清特級紫羅蘭低筋麵粉」。無法以米製粉取代。

對風味或口感的影響很大

## 奶油

在製作糕點時主要使用的是無鹽奶油。可以賦予蛋糕體牛奶的風味，做出鬆軟的口感。尤其是奶油使用量很多的巧克力磅蛋糕，奶油的作用很重要。如果預算充裕的話，也可以使用加入了乳酸菌、風味很豐富的「發酵奶油（無鹽）」。

不只添加甜味，也會影響烤色

## 細砂糖

砂糖不只會使糕點變甜，也會對於烤色或口感產生影響。因此，嚴格禁止任意減少砂糖的分量！製作糕點時，主要是使用沒有特殊味道的細砂糖。如果有「微粒子型」的細砂糖，與麵糊融合的效率會比較高，很容易拌入麵糊中。根據食譜，有時候會使用黍砂糖等。

整合材料，使麵糊膨脹

## 蛋

將麵粉、奶油和砂糖這些材料整合成一體的，就是蛋。有時候是使用全蛋，有時候則要分開成蛋黃和蛋白之後再使用，打發蛋白做成的「蛋白霜」有使麵糊膨脹的重要功能。本書中使用的是淨重50g左右的M尺寸（蛋黃20g＋蛋白30g）。雖然有個體上的差異，但在 ±5g 左右的誤差範圍內不成問題。請盡可能挑選新鮮的蛋使用。

大部分的糕點都是以麵粉、砂糖、蛋、奶油製作而成的。
因為使用的東西與普通的料理稍有不同，所以請先稍微掌握基本材料的相關事宜吧！

**使麵糊充分膨脹起來**

## 泡打粉

使麵糊膨脹，烤出鬆軟的糕點。
本書中使用的是無鋁泡打粉。在
巧克力磅蛋糕和植物油麵糊巧克
力磅蛋糕中少量使用。

**也可以用來製作鮮奶油霜**

## 鮮奶油

為了使蛋糕體的口感變得柔軟、
同時不破壞牛奶的醇厚感，可以
拌入鮮奶油，或是打發成鮮奶油
霜使用。雖然也有乳脂肪含量
30幾％的鮮奶油，但是請使用乳
脂肪含量45％左右的動物性鮮奶
油。植物性鮮奶油絕對NG。

**使口感變柔軟**

## 牛奶

使用低脂牛奶或脫脂牛奶的話，
味道會變淡，使風味變差，所以
不建議使用。主要是用來製作舒
芙蕾乳酪蛋糕和生乳酪蛋糕。在
本書中，因為希望大家能正確地
測量分量，所以鮮奶油和牛奶雖
標記成g（公克），但以1g＝1㎖
來計算。

**以可可塊磨製而成的粉末**

## 可可粉

從可可塊中取出一部分的油脂成
分可可脂，然後磨製成粉末。能
夠保留輕盈的口感，為蛋糕體增
添巧克力的風味。製作糕點時，
不要使用含有砂糖和牛奶等成
分的調味可可粉，請使用純可可
粉。

**賦予清爽的餘味**

## 檸檬汁

因為加熱之後並不會散發出強烈
的味道，所以不使用新鮮檸檬榨
出來的果汁、以市售的檸檬汁製
作也沒問題。不過，生乳酪蛋糕
的話，會直接留下香氣，所以請
使用新鮮檸檬榨出來的果汁吧！

**使液體凝固**

## 明膠粉

在製作生乳酪蛋糕和凝凍等糕點
時使用。這是以豬等動物的膠原
蛋白製作而成的凝固劑，具有使
液體凝固的效果。不遵照食譜的
分量製作的話，會變得很硬，或
是不容易凝固，所以請務必遵從
食譜的指示。

# 所需的器具和選擇方法

用來攪拌麵糊，或是打發奶油
## 打蛋器
用來攪拌柔軟的麵糊或奶油，或者用來打發起泡。建議選用鋼線的條數很多、堅固的不鏽鋼製品。長度差不多與缽盆的直徑相當的打蛋器，容易攪拌，也容易使用。

攪拌較硬的麵糊
## 橡皮刮刀
主要用來攪拌較硬的麵糊，或是使奶油乳酪的硬度均一之類的。建議使用材質柔軟、容易攪拌，操作也輕鬆的一體成形耐熱矽膠製品。

迅速打發麵糊或奶油
## 手持式電動攪拌器
打發已經軟化的奶油、蛋白霜和鮮奶油等，使它們飽含空氣。動力大小會因機種而有所差異，所以食譜列出的攪拌時間為參考標準，請觀察麵糊或蛋白霜等的狀態之後確認。打發的時候，請將手持式電動攪拌器在缽盆中一圈一圈地轉動。

鋪在模具中
## 烘焙紙
為了避免麵糊沾黏，而鋪在模具中的紙。經過特殊的加工，以耐熱、防油、防水等效果很強為特徵。本書中使用的是表面不光滑的「Cookper®」烘焙紙。

包覆模具的底部
## 鋁箔紙
因為使用活動底的模具，所以用鋁箔紙包覆模具的底部，以免麵糊滲漏出來。舒芙蕾乳酪蛋糕是採用隔水烘烤的方式，所以請包覆兩層，以免熱水滲入模具中。

這些器具希望大家能先準備齊全。

未必要是昂貴的產品，請找到個人容易使用的器具。

可以過篩粉類，或是過濾麵糊

## 濾篩／網篩

將粉類放入濾篩或網孔細小的網篩等器具中，使粉類的質地變細，這個作業稱為「粉類過篩」。只有少量粉類時，使用小濾網。有雙層網子的類型容易堵塞，所以不建議使用。濾篩也可以在過濾麵糊的時候使用。

準備 3〜5 個不同的尺寸

## 缽盆

製作麵糊時，直徑 20 cm 左右的不鏽鋼製缽盆，使用起來很順手。像是用來打蛋白霜、打散蛋液、如照片所示隔水加熱融化巧克力等，事先準備幾個不同尺寸的缽盆，就會很方便。另外，最好有微波爐也可以使用的耐熱玻璃製缽盆。

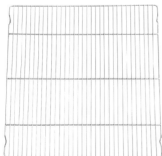 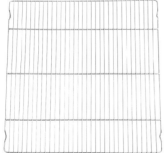

將烤好的蛋糕擺在上面放涼

## 網架

別名蛋糕冷卻架。在將烤好的蛋糕放涼時使用。因為有網腳，所以熱氣不會悶住，能夠很有效率地冷卻蛋糕。有時候網架是附屬於烤箱的配件。

正確的計量是通往成功的捷徑

## 磅秤

製作糕點時不可缺少正確的計量。建議使用能夠以 1g 為單位計量的電子秤。如果附有能將容器的重量歸零的扣重功能，計量起來就會很有效率。

# CHEESECAKES

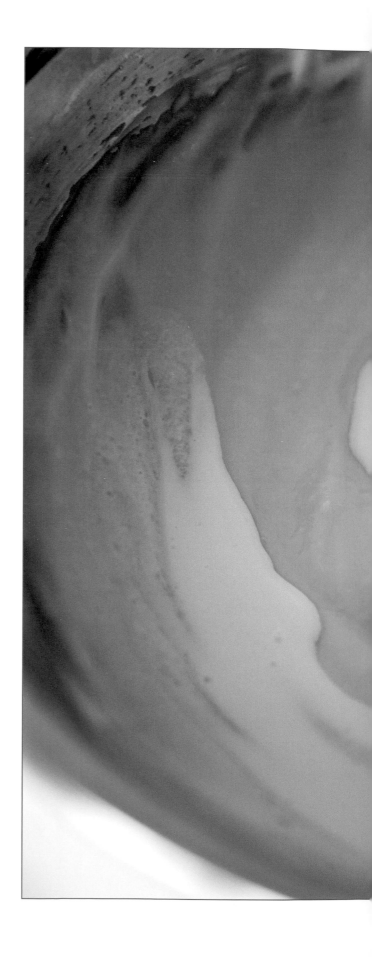

只需攪拌就可以！最簡單的常溫糕點

# 1 基本的烤乳酪蛋糕

這是只需按順序將材料拌入已軟化的奶油乳酪中，
作法非常簡單的蛋糕。
幾乎不會失敗，
而且無論如何都能正確無誤地做出美味的蛋糕，
所以是非常適合烘焙新手的食譜。
除了咖啡，也非常適合搭配味道稍甜一點的白酒。

START                                               GOAL

使奶油乳酪軟化 → 拌入其他的材料 → 過濾 → 倒入模具中烘烤 → 在冷藏室中冷卻

**材料和前置作業** 直徑15cm圓形模具（活動底）1模份

奶油乳酪 … 200g
　▶ **恢復至常溫**ⓐ
細砂糖 … 60g
鹽 … 1撮
全蛋 … 2個份（100g）
　▶ **以叉子打散成蛋液**ⓑ
鮮奶油（乳脂肪含量45%）… 100g
檸檬汁 … 1大匙
低筋麵粉 … 1大匙

＊將烘焙紙鋪在模具中，以鋁箔紙包覆底部。 →P5
＊烤箱在適當的時間點預熱至170℃。

放在常溫下，使奶油乳酪變成橡皮刮刀可以迅速切入的柔軟度。或是用保鮮膜緊密包覆，以微波爐每次加熱5秒，一邊觀察狀況一邊加熱也OK。

蛋不需要恢復至常溫。不要打發，以用叉子切斷蛋白的感覺打散成蛋液。

17

**1** 將奶油乳酪放入缽盆中,以橡皮刮刀攪拌,使硬度均一。

**2** 加入細砂糖和鹽,研磨攪拌至完全均勻為止。

**3** 將蛋分成3次左右加入,每次加入時都要以打蛋器攪拌至整體均勻為止。

**4** 將鮮奶油分成2次左右加入,每次加入時都要攪拌至整體均勻為止。

**5** 加入檸檬汁,攪拌至整體均勻為止。

**6** 將低筋麵粉放入小濾網中,過篩撒入缽盆中,然後攪拌至沒有粉塊為止。

**7** 以濾篩過濾麵糊,倒入另一個缽盆中。

將整體攪拌成滑順的乳霜狀,避免有塊狀的奶油乳酪殘留。

為了避免產生分離現象,分次加入鮮奶油。

因為是少量,所以一口氣加入也OK。用來增添風味。

麵粉以小濾網等過篩之後,加入缽盆中。這是為了避免結塊的緣故。

「沒有粉塊」指的是直到看不見粉末為止。請一圈一圈地攪拌。

請選用比濾篩大上1圈的缽盆。過濾之後,口感會變得滑順。

拿起濾篩,以橡皮刮刀輕輕按壓,充分過濾。

即使覺得過濾完成了,有時濾篩的背面殘留了相當多的麵糊,所以請徹底刮除乾淨。

**8** 將少量的**7**沾附在模具側面的烘焙紙上面，固定烘焙紙。倒入**7**，然後輕輕地搖晃模具，將表面弄平。以預熱好的烤箱烘烤50分鐘左右。

**9** 將表面烤上色，插入竹籤，抽出時也不會沾附麵糊的話，就是烘烤完成了。連同模具放在網架上放涼，然後放在冷藏室冷卻。

**10** 取下鋁箔紙和側面的烘焙紙，然後將模具放在瓶子等的上面，取下模具的側面。將抹刀等插入底板和烘焙紙之間的空隙，卸除底板。

NOTE
- 首先要製作麵糊進行烘烤，請熟悉這樣的流程。攪拌的順序也是有理由的。
- 切蛋糕時，先將熱水淋在刀子上加溫，就可以切得很漂亮。
- 將低筋麵粉替換成同量的玉米粉來製作，就會變成無麩質蛋糕。
- 保存時，以保鮮膜包住，放在冷藏室以3～4天為基準。

為了避免側面的烘焙紙移動，將少量的麵糊沾在接合處的上下2個地方，牢牢地固定住。

因為是較稀的麵糊，所以輕輕搖晃的話，可以將高低不平的表面弄平。

將模具放在烤盤上面，如果烤箱有上下火之分，以下火來烘烤。

雖然在烘烤期間會膨脹起來，但是一旦從烤箱取出之後就會立刻降下來。即使竹籤稍微沾附麵糊也沒關係。如果表面的烤色很淡，請每次追加5分鐘，一邊觀察狀況一邊烘烤。

放涼之後移入冷藏室中。

為了方便脫模，先將側面的烘焙紙輕輕剝離蛋糕體和模具之後再取出。因為冰涼之後蛋糕體會變硬，所以請一點一點慢慢剝離。

活動底的模具最大的好處就是這個。很容易取出蛋糕體。

如果沒有抹刀，也可以用菜刀。插入抹刀之後轉動1圈360度，確實地切離。底部的烘焙紙就這樣留在蛋糕體上面也OK，等要分切的時候再取下來。

BAKED CHEESECAKE

# 2 巧克力紅色莓果

紅色水果的法文是「fruit rouge」。
牛奶巧克力的溫和苦味與莓果類的酸味非常對味。
將巧克力切成小顆粒，帶來獨特的口感。
只需加入麵糊中一起攪拌即可，非常輕鬆。
綜合莓果任選其中一種使用也可以。

→ P22

## 3 蘭姆葡萄

配合蘭姆葡萄，
砂糖改用味道濃醇的黍砂糖。
葡萄乾要先在蘭姆酒中浸泡一個晚上，
所以前一天不要忘了預先準備。

→ P22

## 4 戈貢佐拉乳酪
## 無花果

與酒類搭配也很契合，
是成人口味的乳酪蛋糕。
因為戈貢佐拉乳酪帶有鹹味，
所以這個食譜裡面不加鹽。

→ P22

## 5 蘋果

裹滿焦糖的蘋果的口感
和酸甜的滋味很美味，
是很有分量感的乳酪蛋糕。
加入酸奶油，
讓味道變得稍微清爽一點。

→ P23

## 2 巧克力紅色莓果

**材料和前置作業**

直徑 15cm 圓形模具（活動底）1 模份

奶油乳酪 … 200g
▶ 恢復至常溫

A ［ 細砂糖 … 60g
　　鹽 … 1 撮

全蛋 … 2 個份（100g）
▶ 以叉子打散成蛋液

鮮奶油（乳脂肪含量 45%）… 100g

B ［ 檸檬汁 … 1 大匙

低筋麵粉 … 1 大匙

C ［ 烘焙用巧克力（牛奶）… 40g
　　▶ 切成 8 mm 小丁

　　冷凍綜合莓果 … 30g
　　▶ 以廚房紙巾輕輕擦除莓果表面的
　　　霜 ⓐ，在要使用之前都先放入冷凍
　　　室中

＊將烘焙紙鋪在模具中，以鋁箔紙包覆
底部。 →P5

＊烤箱在適當的時間點預熱至 170℃。

防止最後釋出多餘的水
分。如果水分多的話，
麵糊會變得稀薄，口感
也會變差。

## 3 蘭姆葡萄

**材料和前置作業**

直徑 15cm 圓形模具（活動底）1 模份

奶油乳酪 … 200g
▶ 恢復至常溫

A ［ 黍砂糖 … 60g
　　鹽 … 1 撮

全蛋 … 2 個份（100g）
▶ 以叉子打散成蛋液

鮮奶油（乳脂肪含量 45%）… 100g

B ［ 蘭姆酒 … 2 小匙

低筋麵粉 … 1 大匙

C ［ 葡萄乾 … 60g
　　▶ 澆淋滾水 ⓐ，然後以廚房紙巾
　　　擦乾水分

　　蘭姆酒 … 2 大匙
　　▶ 加在一起，放置一個晚上

＊將烘焙紙鋪在模具中，以鋁箔紙包覆
底部。 →P5

＊烤箱在適當的時間點預熱至 170℃。

這是為了燙除葡萄乾表
面的一層油味。這麼一
來就不會有異味，會變
得很美味。

[蘭姆酒]
以甘蔗的糖蜜或榨汁為原料
的蒸餾酒。有黑蘭姆酒、金
蘭姆酒、白蘭姆酒，在製作
糕點時經常使用黑蘭姆酒。

## 4 戈貢佐拉乳酪 無花果

**材料和前置作業**

直徑 15cm 圓形模具（活動底）1 模份

奶油乳酪 … 200g
▶ 恢復至常溫

A ［ 細砂糖 … 60g

全蛋 … 2 個份（100g）
▶ 以叉子打散成蛋液

鮮奶油（乳脂肪含量 45%）… 100g

B ［ 檸檬汁 … 1 大匙

低筋麵粉 … 1 大匙

C ［ 無花果乾 … 50g
　　▶ 放入耐熱缽盆中，倒入大約能蓋
　　　過無花果乾的滾水，放置 5 分鐘左
　　　右，將表面泡脹。以廚房紙巾擦乾
　　　水分之後切成 2 cm 小丁

　　戈貢佐拉乳酪 … 30g

　戈貢佐拉乳酪 … 15g

＊將烘焙紙鋪在模具中，以鋁箔紙包覆
底部。 →P5

＊烤箱在適當的時間點預熱至 170℃。

[戈貢佐拉乳酪]
原產於義大利的藍黴乳
酪（藍乳酪）。以獨特
的刺鼻氣味和隱約的甜
味為特徵，用來搭配水
果、義大利麵或蜂蜜
等。

# 5 蘋果

**POINT**

◎ 在作法**2**加入**A**之前，先將酸奶油分成2次左右加入，每次加入時請攪拌均勻。

◎ 加入酸奶油之後整體的分量增加，所以烘烤時間拉長為70分鐘左右，比其他品項來得久。

**材料和前置作業** 直徑15cm圓形模具（活動底）1模份

奶油乳酪 … 200g
　▶ 恢復至常溫

酸奶油 … 90g

A ┌ 黍砂糖 … 60g
　└ 鹽 … 1撮

全蛋 … 2個份（100g）
　▶ 以叉子打散成蛋液

鮮奶油（乳脂肪含量45%）… 100g

B ┌ 檸檬汁 … 1大匙

低筋麵粉 … 2大匙

C ┌ 蘋果 … 1個（去皮之後200g）
　│ ▶ 去皮之後切成16等分的瓣形，
　│ 　然後再切成長度的一半
　│ 奶油（無鹽）… 10g
　│ 細砂糖 … 30g
　└ 白蘭地 … 2小匙

▶ 將奶油放入平底鍋中，以中火加熱融化，然後加入細砂糖。細砂糖漸漸溶化之後，搖動平底鍋均勻加熱，使細砂糖完全溶化。變成深焦糖色之後ⓐ，加入蘋果，以木鍋鏟等攪拌ⓑ，立刻加入白蘭地。經常攪拌一下，加熱5分鐘左右，然後以竹籤插入蘋果，在還保有少許硬度時移入長方形淺盆等容器中，放涼

\* 將烘焙紙鋪在模具中，以鋁箔紙包覆底部。〔→P5〕
\* 烤箱在適當的時間點預熱至170℃。

因為會在某個瞬間顏色突然變濃，所以請注意觀察。顏色的濃度和苦味程度呈正比，所以漸漸熟練之後請試著調整成個人喜歡的苦味。

一邊加熱蘋果，一邊均勻地沾裹上焦糖。這個作業稱為「焦糖化」。

**共通的作法**

**1** 將奶油乳酪放入缽盆中，以橡皮刮刀攪拌，使硬度均一。

**2** 加入**A**，研磨攪拌至完全均勻為止。

> **5 蘋果**
> 先將酸奶油分成2次左右加入，每次加入時都要攪拌至整體均勻為止。

**3** 將蛋分成3次左右加入，每次加入時都要以打蛋器攪拌至整體均勻為止。

**4** 將鮮奶油分成2次左右加入，每次加入時都要攪拌至整體均勻為止。

**5** 加入**B**，攪拌至整體均勻為止。

**6** 將低筋麵粉放入小濾網中，過篩撒入缽盆中，然後攪拌至沒有粉塊為止。

**7** 以濾篩過濾麵糊，倒入另一個缽盆中。

**8** 加入**C**，以橡皮刮刀大幅度攪拌4～5次。

> **3 蘭姆葡萄**
> 連同浸泡葡萄乾的蘭姆酒一起加入。
>
> **4 戈貢佐拉乳酪無花果**
> 戈貢佐拉乳酪30g一邊剝碎成小塊一邊加入。

**9** 將少量的**8**沾附在模具側面的烘焙紙上面，固定烘焙紙。倒入**8**，然後輕輕地搖晃模具，將表面弄平。

> **4 戈貢佐拉乳酪無花果**
> 然後將戈貢佐拉乳酪15g一邊剝碎成小塊一邊撒在表面。

以預熱好的烤箱烘烤50分鐘左右。

> **5 蘋果** 烘烤70分鐘左右。

**10** 將表面烤上色，插入竹籤，抽出時不會沾附麵糊的話就是烘烤完成了。連同模具放在網架上放涼，然後放在冷藏室冷卻。

**11** 取下鋁箔紙和側面的烘焙紙，然後將模具放在瓶子等的上面，取下模具的側面。將抹刀等插入底板和烘焙紙之間的空隙，卸除底板。

[白蘭地]
將葡萄等的果實酒蒸餾之後，經過長時間熟成的利口酒。以帶有水果香氣和厚實的味道為特徵，在製作糕點時經常使用。如果是供孩童食用的糕點，想要去除酒類的話，不使用白蘭地也無妨。

[酸奶油]
鮮奶油經過乳酸發酵而成。味道香醇、口感輕盈，具有清爽的酸味，用來為糕點增添風味。

BAKED CHEESECAKE

## 6 檸檬凝乳

以檸檬塔為構想的乳酪蛋糕。
如果像生乳酪蛋糕（P40）一樣
加上底座的話，就很像檸檬塔了。
將濃厚的檸檬凝乳
做成大理石花紋的樣子，
變成對比更加鮮明的味道。

## 7 草莓果醬白巧克力

在蛋糕完成時撒上的檸檬皮，其清爽的酸味，
壓低了加熱後風味變得像焦糖一樣的白巧克力和
濃厚的草莓果醬的甜度。

# 6 檸檬凝乳

**POINT**

◎ 將 **B** 稱為「檸檬凝乳」。在作法 **7**，將 **B** 舀在烘烤前的麵糊表面之後，以 1 根長筷像畫小圓圈一樣，盡可能零亂地攪拌 10～15 次。

**材料和前置作業** 直徑 15cm 圓形模具（活動底）1 模份

奶油乳酪 … 200g
　▶ 恢復至常溫
**A** ┌ 細砂糖 … 60g
全蛋 … 2 個份（100g）
　▶ 以叉子打散成蛋液
鮮奶油（乳脂肪含量45%）… 100g
檸檬汁 … 1 大匙
低筋麵粉 … 1 大匙
**B** ┌ 全蛋 … 1 個份（50g）
　│ 細砂糖 … 40g
　│ 玉米粉 … 5g
　└ 檸檬汁 … 40g

**[玉米粉]**
以玉米為原料做成的澱粉，經常用來勾芡。因為不會形成麩質，所以如果將一部分的低筋麵粉替換成玉米粉，口感就會變得輕盈。

　▶ 依照順序將蛋、細砂糖、玉米粉放入缽盆中，每次放入時都要以打蛋器攪拌。整體攪拌均勻之後加入檸檬汁，迅速攪拌。移入小鍋中以中火加熱，然後一邊以打蛋器攪拌一邊加熱。煮到變成滑潤黏稠的乳霜狀，留下打蛋器攪拌的痕跡時 ⓐ 即可關火。一邊以湯匙等按壓一邊以小濾網等過濾，移入缽盆中 ⓑ，然後放涼

◀ 一旦加熱超過這個程度，蛋液會變硬，口感也會變差。
▶ 過濾蛋液可使口感變得滑順。

---

# 7 草莓果醬白巧克力

**POINT**

◎ 在作法 **9** 之後、要品嘗之前，一邊磨碎檸檬皮一邊撒上去。

**材料和前置作業** 直徑 15cm 圓形模具（活動底）1 模份

奶油乳酪 … 200g
　▶ 恢復至常溫
**A** ┌ 細砂糖 … 60g
　└ 鹽 … 1 撮
全蛋 … 2 個份（100g）
　▶ 以叉子打散成蛋液
鮮奶油（乳脂肪含量45%）… 100g
檸檬汁 … 1 大匙
低筋麵粉 … 4 小匙
**B** ┌ 草莓果醬 … 60g
烘焙用白巧克力 … 30g
　▶ 大略切碎
檸檬皮 … 適量

---

**共通的前置作業和作法**

＊將烘焙紙鋪在模具中，以鋁箔紙包覆底部。→P5
＊烤箱在適當的時間點預熱至 170℃。

**1** 將奶油乳酪放入缽盆中，以橡皮刮刀攪拌，使硬度均一。加入 **A**，研磨攪拌至完全均勻為止。

**2** 將蛋分成 3 次左右加入，每次加入時都要以打蛋器攪拌至整體均勻為止。

**3** 將鮮奶油分成 2 次左右加入，每次加入時都要攪拌至整體均勻為止。

**4** 加入檸檬汁，攪拌至整體均勻為止。

**5** 將低筋麵粉放入小濾網中，過篩撒入缽盆中，然後攪拌至沒有粉塊為止。

**6** 以濾篩過濾麵糊，倒入另一個缽盆中。

**7** 將少量的 **6** 沾附在模具側面的烘焙紙上面，固定烘焙紙。倒入 **6**，然後輕輕地搖晃模具，將表面弄平，然後以湯匙等器具將 **B** 舀在麵糊表面各處。 以預熱好的烤箱烘烤 50 分鐘左右。

**6 檸檬凝乳**
然後以 1 根長筷畫小圓圈，盡可能零亂地攪拌 10～15 次。
　▶ 將長筷穿過麵糊的中央來畫圓圈。次數是參考的基準，所以可依個人喜好而定。

**7 草莓果醬白巧克力**
然後將白巧克力撒在表面。

**8** 將表面烤上色，插入竹籤，抽出時不會沾附麵糊的話就是烘烤完成了。連同模具放在網架上放涼，然後放在冷藏室冷卻。

**9** 取下鋁箔紙和側面的烘焙紙，然後將模具放在瓶子等的上面，取下模具的側面。將抹刀等插入底板和烘焙紙之間的空隙，卸除底板。

**7 草莓果醬白巧克力**
然後在要品嘗時磨碎檸檬皮撒上去。

---

**自己動手製作草莓果醬的話會更美味！**

將冷凍（或生鮮）草莓 80g 放入小鍋中，撒滿細砂糖 16g（草莓重量的20%），在常溫中放置 30 分鐘。草莓釋出水分之後以小火加熱，中途一邊輕輕壓碎草莓一邊煮到變得濃稠，然後移入耐熱缽盆中放涼。

# 8 焦糖堅果

擺上奶酥和堅果，做成口感豐富的乳酪蛋糕。
偏向成人的風味，味道深刻。
堅果類只要合計為40g左右，使用個人喜愛的種類製作也OK。

## POINT

◎ 預先將奶酥和焦糖做好備用。

### 材料和前置作業

直徑15cm圓形模具（活動底）1模份

#### 奶酥

奶油（無鹽）… 20g
  ▶ 在冷藏室中冷卻備用
黍砂糖 … 20g
低筋麵粉 … 20g
杏仁粉 … 20g
鹽 … 1撮

#### 焦糖

鮮奶油（乳脂肪含量45%）… 100g
細砂糖 … 50g
水 … 1/2小匙

奶油乳酪 … 200g
  ▶ 恢復至常溫

細砂糖 … 40g

鹽 … 1撮

全蛋 … 2個份（100g）
  ▶ 以叉子打散成蛋液

低筋麵粉 … 1大匙

A ┌ 核桃 … 10g
  │ 杏仁 … 10g
  │ 胡桃 … 10g
  │ 榛果 … 5g
  │   ▶ 上面堅果全部大略切碎
  └ 開心果 … 5g
    ▶ 混合在一起

＊將烘焙紙鋪在模具中，以鋁箔紙包覆底部。 ▶P5
＊烤箱在適當的時間點預熱至170℃。

[杏仁粉]
將杏仁打碎成粉末製成。加入常溫糕點中可增添濃醇的味道，使質地變得濕潤，口感變得酥脆。當然，杏仁的風味也很豐富。

### 作法

1　製作奶酥。將奶酥的材料全部放入缽盆中，以刮板一邊切開奶油一邊沾裹粉類等ⓐ。奶油變成小顆粒之後，再用指尖揉碎，迅速摩擦混合ⓑ。整體搓拌均勻，奶油變成鬆散狀時ⓒ，放在冷凍室冷卻變硬。

2　製作焦糖。將鮮奶油倒入耐熱的杯子中，不覆蓋保鮮膜，以微波爐加熱1分30秒左右，直到快要沸騰為止。

3　將細砂糖和水放入小鍋中，不太去攪動它，以中火加熱ⓓ。細砂糖溶化至一半左右時，轉動鍋子平均地加熱ⓔ，使細砂糖完全溶化。

4　煮到變成淺焦糖色時，以木鍋鏟等攪拌整體，煮到變成深焦糖色時關火。稍微停頓一下，將鮮奶油分成2次左右加入鍋中，每次加入時都要輕輕攪拌。再次以小火加熱，稍微煮滾一下即可關火，然後移入耐熱缽盆中放涼ⓕ。焦糖製作完成。

5　將奶油乳酪放入缽盆中，以橡皮刮刀攪拌，使硬度均一。加入細砂糖和鹽，研磨攪拌至完全均勻為止。

6　將蛋分成3次左右加入，每次加入時都要以打蛋器攪拌至整體均勻為止。

7　將4的焦糖分成2次左右加入，每次加入時都要攪拌至整體均勻為止。

8　將低筋麵粉放入小濾網中，過篩撒入缽盆中，然後攪拌至沒有粉塊為止。

9　以濾篩過濾麵糊，倒入另一個缽盆中。

10　將少量的9沾附在模具側面的烘焙紙上面，固定烘焙紙。倒入9，然後輕輕地搖晃模具，將表面弄平，放上1的奶酥和A。以預熱好的烤箱烘烤50分鐘左右。

11　將表面烤上色，插入竹籤，抽出時不會沾附麵糊的話就是烘烤完成了。連同模具放在網架上放涼，然後放在冷藏室冷卻。

12　取下鋁箔紙和側面的烘焙紙，然後將模具放在瓶子等的上面，取下模具的側面。將抹刀等插入底板和烘焙紙之間的空隙，卸除底板。

將處於冰冷堅硬狀態的奶油切成小顆粒。這將成為奶酥的核心。

將粉類搓揉在奶油上。如果過度搓揉的話，手的熱度會使奶油融化，所以動作要迅速。

完成。也可以用保鮮膜包好，放入冷凍用的夾鍊保鮮袋中冷凍保存。

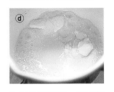

如果去攪動它，細砂糖再結晶之後會會殘留結塊。不要碰觸它，直到細砂糖溶化為止。

細砂糖溶化至一半左右時才初次轉動鍋子。讓糖液均勻地分布在鍋中，以便平均受熱。

顏色越深，苦味越濃。漸漸熟練操作之後，請依個人喜好調整苦味的程度。

# 9 咖啡大理石

蛋糕成品的大理石花紋真的很漂亮。雖然這份食譜也是以餅乾製作底座，
但是在底座裡拌入即溶咖啡，所以稍微帶點苦味。
做成整體甜味和苦味層次分明的乳酪蛋糕。

## 材料和前置作業

直徑15cm圓形模具（活動底）1模份

### 底座

蓮花原味焦糖餅乾 … 8片（50g）
> ▶ 裝入夾鍊保鮮袋中，滾動擀麵棍壓碎餅乾ⓐ

奶油（無鹽）… 10g

即溶咖啡（顆粒）… 1又1/2小匙

奶油乳酪 … 200g
> ▶ 恢復至常溫

細砂糖 … 60g

全蛋 … 2個份（100g）
> ▶ 以叉子打散成蛋液

鮮奶油（乳脂肪含量45%）… 100g

蘭姆酒 … 1大匙

> 如果是供孩童食用，想要去除酒類的話，不使用也OK。這種時候，請將下面的低筋麵粉分量改為1大匙。

低筋麵粉 … 4小匙

### 咖啡液

即溶咖啡（顆粒）… 4小匙

熱水 … 1又1/2小匙
> ▶ 溶解攪拌

＊將烘焙紙鋪在模具中，以鋁箔紙包覆底部。→P5

＊烤箱在適當的時間點預熱至170℃。

**[蓮花原味焦糖餅乾]**
非常適合搭配咖啡的比利時餅乾。以肉桂的香氣、焦糖的風味和酥脆的口感為特徵。也可以替換成Graham消化餅乾或瑪麗餅乾。

## 作法

1 製作底座。將奶油放入耐熱缽盆中，不覆蓋保鮮膜，以微波爐加熱10秒左右之後攪拌，然後再加熱10秒左右使奶油融化。加入餅乾，以湯匙等充分攪拌均勻，然後加入即溶咖啡輕輕攪拌。放入模具中，以湯匙的背面按壓餅乾，鋪滿整個模具底部ⓑ。

2 將奶油乳酪放入缽盆中，以橡皮刮刀攪拌，使硬度均一。

3 加入細砂糖，研磨攪拌至完全均勻為止。

4 將蛋分成3次左右加入，每次加入時都要以打蛋器攪拌至整體均勻為止。

5 將鮮奶油分成2次左右加入，每次加入時都要攪拌至整體均勻為止。

6 加入蘭姆酒，攪拌至整體均勻為止。

7 將低筋麵粉放入小濾網中，過篩撒入缽盆中，然後攪拌至沒有粉塊為止。

8 以濾篩過濾麵糊，倒入另一個缽盆中。

9 將8取出100g ⓒ，加入咖啡液之後，以打蛋器攪拌至整體均勻為止ⓓ。

10 將少量的8沾附在1的模具側面的烘焙紙上面，固定烘焙紙。依照順序分別將8、9各分成5次左右倒入模具中ⓔ，最後用1根長筷畫小圓圈，盡可能零亂地攪拌20次左右ⓕ。以預熱好的烤箱烘烤50分鐘左右。

11 將表面烤上色，插入竹籤，抽出時不會沾附麵糊的話就是烘烤完成了。連同模具放在網架上放涼，然後放在冷藏室冷卻。

12 取下鋁箔紙和側面的烘焙紙，然後將模具放在瓶子等的上面，取下模具的側面。將抹刀等插入底板和烘焙紙之間的空隙，卸除底板。

請留意不要裝入多餘的空氣。滾動擀麵棍直到餅乾粉碎為止。

盡可能地鋪平，毫無空隙地鋪滿模具底部。

將另一個缽盆放在磅秤上，一邊計量一邊將麵糊移入缽盆中。

變成淺咖啡色。

以這樣的作法做出層次，使切面也呈現出大理石花紋。

請以切開整個咖啡麵糊中央的方式畫圓圈。攪拌的次數是參考值，所以可依個人喜好而定。

BAKED CHEESECAKE

以蓬鬆輕盈的口感為特徵的蛋糕

# 10 基本的舒芙蕾乳酪蛋糕

這個蛋糕是先從把蛋分成蛋黃和蛋白開始做起的。

蛋白以手持式電動攪拌器充分打發之後，

變成使麵糊膨脹起來的「蛋白霜」。

因為將蛋白霜拌入麵糊當中，

所以烤製完成時，蛋白霜氣泡中的空氣膨脹，

形成蓬鬆柔軟的蛋糕體。

START                                                    GOAL

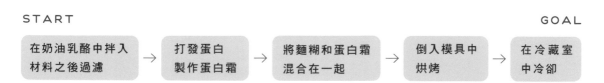

| 在奶油乳酪中拌入材料之後過濾 | → | 打發蛋白製作蛋白霜 | → | 將麵糊和蛋白霜混合在一起 | → | 倒入模具中烘烤 | → | 在冷藏室中冷卻 |

**材料和前置作業**

直徑15cm圓形模具（活動底）1模份

奶油乳酪 … 200g
　▶ 恢復至常溫
蛋黃 … 3個份（60g）ⓐ
檸檬汁 … 2小匙
牛奶 … 120g
　▶ 倒入耐熱缽盆中，不覆蓋保鮮膜，
　　以微波爐加熱20～30秒
低筋麵粉 … 3大匙

**蛋白霜**
　蛋白 … 3個份（90g）
　　▶ 放入缽盆中ⓐ，
　　在冷藏室中冷卻
　細砂糖 … 60g

＊在模具的底板和側面薄薄地塗上奶油（分量外）之後ⓑ，鋪上烘焙紙，以鋁箔紙包覆底部2次ⓒ。 →P5
＊在長方形淺盆中鋪上廚房紙巾，然後擺上模具ⓓ。
＊烤箱在適當的時間點預熱至130℃。
＊將隔水烘烤用的熱水（分量外）煮滾。

蛋可藉由將蛋黃左右來回放在打開的兩邊蛋殼中，分成蛋黃和蛋白。蛋白先冰涼之後就很容易打發，蛋白霜的質地也會變得很細緻。請務必要放入乾燥的缽盆中。蛋黃則是就這樣放著備用。

這個流程也是只有舒芙蕾乳酪蛋糕才有的。因為要隔水烘烤，為了避免熱水滲入模具中，要先用鋁箔紙包覆2次。

模具的準備工作基本上是一樣的，薄薄地塗上奶油，牢牢地固定住烘焙紙，是這個食譜的特色。因為蛋糕冰涼的時候外形容易塌陷，所以要設法使麵糊確實地沿著模具膨脹起來。

長方形淺盆最好深度是5cm左右。在烘烤之前，將熱水倒入長方形淺盆中，直到深度為2～3cm。

31

**1** 將奶油乳酪放入缽盆中，以橡皮刮刀攪拌，使硬度均一。

**2** 將蛋黃分成3次左右加入，每次加入時都要以打蛋器攪拌至整體均勻為止。

**3** 加入檸檬汁，攪拌至整體均勻為止。

**4** 將牛奶分成3次左右加入，每次加入時都要攪拌至整體均勻為止。

**5** 將低筋麵粉放入濾篩中，過篩撒入缽盆中，然後攪拌至沒有粉塊為止。

**6** 以濾篩過濾麵糊，倒入另一個缽盆中。

**7** 製作蛋白霜。將細砂糖加入蛋白的缽盆中，手持式電動攪拌器不啟動，輕輕攪拌。接著以高速打發3～4分鐘之後，舀起蛋白霜，如果尖角微微下垂，就OK了。

**8** 將**7**的蛋白霜的1/3量加入**6**的缽盆中。以打蛋器大幅度地舀起麵糊，將舀入打蛋器之中的麵糊，輕輕地往下甩落在中心處，以這種方式攪拌8～10次。大致上拌勻之後，將剩餘的蛋白霜分成2次左右加入，每次加入時都以相同的方式攪拌。最後一邊以單手轉動缽盆，一邊以橡皮刮刀從底部大幅度地翻拌，整體翻拌5次左右。

將整體攪拌成滑順的乳霜狀，避免有塊狀的奶油乳酪殘留。在這之後，直到作法**5**，都是以打蛋器攪拌。

麵粉以濾篩等過篩之後，加入缽盆中。這是為了避免結塊的緣故。

過濾之後，口感會變得更滑順。以橡皮刮刀輕輕按壓，充分過濾。附著在濾篩背面的麵糊也要刮乾淨。

舒芙蕾乳酪蛋糕是稀薄的麵糊，所以蛋白霜要稀軟一點。如果打發得很硬，會變得不易拌勻。

從底部舀起麵糊，輕輕抖動讓麵糊掉下去。這是盡可能不壓碎蛋白霜氣泡的攪拌方法。

以橡皮刮刀攪拌的時候，首先用橡皮刮刀切開麵糊的中央，然後以單手將缽盆往近身處轉動，同時以描繪日文字「の」的感覺從底部舀起麵糊。重複這個作業。

**9** 將少量的**8**沾附在模具側面的烘焙紙上面，固定烘焙紙。倒入**8**，以橡皮刮刀輕柔地弄平表面。將熱水倒入長方形淺盆中，直到深度為2～3cm，然後以預熱好的烤箱烘烤60分鐘左右，調高溫度到160℃之後，再烘烤5分鐘左右。

**10** 將表面烤出淡淡的烤色，插入竹籤，抽出時不會沾附麵糊的話，就這樣放入烤箱中放置30～40分鐘。取下鋁箔紙，連同模具放在網架上放涼，然後放在冷藏室冷卻。

**11** 取下側面的烘焙紙，然後將模具放在瓶子等的上面，取下模具的側面。將抹刀等插入底板和烘焙紙之間的空隙，卸除底板。

NOTE

● 這是將蛋黃和蛋白分開所製作的「分蛋法」蛋糕體。

● 加入預先加熱過的牛奶，可使麵糊變得滑順，而且不容易形成結塊。

● 烤製完成之後還是放入烤箱裡，就這樣慢慢地冷卻，可使成品長出高度，質地鬆軟。

● 為了防止表面產生裂痕，一開始以溫度較低的130℃烘烤，之後再以160℃烤到上色。

● 保存時，以保鮮膜包住，放在冷藏室以2～3天為基準。

為了避免側面的烘焙紙移動，先將麵糊沾在接合處的上下2個地方，牢牢地固定住。

以橡皮刮刀輕輕敲打，將表面弄平。用力碰觸的話會把氣泡壓破，請留意。

連同長方形淺盆放在烤盤上面，倒入熱水直到2～3cm。如果烤箱有上、下火之分，請使用下火烘烤。放入烤箱時，請注意不要讓熱水灑出來。

雖然在烘烤期間會膨脹起來，但是之後會再慢慢地扁塌下來。即使竹籤稍微沾附麵糊也沒關係。如果想有較深的烤色，請以160℃再烘烤5分鐘左右就好了。不過，表面很容易產生裂痕。

SOUFFLÉ CHEESECAKE

取下鋁箔紙。雖然已經放涼了，還是要再放在網架上冷卻之後才移入冷藏室。

為了容易脫模，先將側面的烘焙紙輕輕剝離蛋糕體和模具之後再取出。

活動底的模具，最大的好處就在於此。很容易取出蛋糕體。

如果沒有抹刀，也可以用菜刀。插入抹刀之後轉動1圈360度，確實地切離。底部的烘焙紙就這樣留在蛋糕體上面也OK，要分切的時候再取下烘焙紙。

## 11 紅茶檸檬

才剛含入口中，紅茶和檸檬的香氣就輕柔地擴散開來。
紅茶是使用風味濃郁、與檸檬很對味的伯爵紅茶。
建議使用容易變得細碎、柔軟的茶葉。

## 12 巧克力柳橙

大量加入的柳橙，清爽的酸味搭配巧克力的苦味，
兩者相得益彰，是絕妙的組合。
品嚐時附上一瓣一瓣切出的柳橙果肉
也好吃極了。

# 11 紅茶檸檬

**材料和前置作業** 直徑15cm圓形模具（活動底）1模份

奶油乳酪 … 200g
▶ 恢復至常溫

蛋黃 … 3個份（60g）

檸檬汁 … 2小匙

**A** ┌ 紅茶的茶葉（伯爵紅茶）… 1大匙
 │ 熱水 … 1大匙
 └ 牛奶 … 120g
▶ 將紅茶的茶葉和熱水放入小鍋中，蓋上鍋蓋，燜1分鐘左右。加入牛奶之後以中火加熱，在快要煮滾之前關火，再次蓋上鍋蓋燜2分鐘左右。以小濾網過濾ⓐ，如果不足120g的話，就添加適量的牛奶（分量外）

低筋麵粉 … 3大匙

**B** ┌ 檸檬皮 … 1個份
 │ ▶ 磨碎
 │ 紅茶的茶葉（伯爵紅茶）… 1小匙
 └ ▶ 以保鮮膜包住，滾動擀麵棍將茶葉擀碎

**蛋白霜**
 ┌ 蛋白 … 3個份（90g）
 │ ▶ 放入缽盆中，在冷藏室中冷卻
 └ 細砂糖 … 60g

請以湯匙的背面等用力按壓，搾出茶湯。

# 12 巧克力柳橙

**POINT**
◎ 在作法**4**，將牛奶和柳橙汁分別分成2～3次加入。
◎ 柳橙1個就OK。先把果皮磨碎之後再搾出果汁。

**材料和前置作業** 直徑15cm圓形模具（活動底）1模份

奶油乳酪 … 200g
▶ 恢復至常溫

蛋黃 … 3個份（60g）

檸檬汁 … 2小匙

**A** ┌ 牛奶 … 60g
 │ ▶ 倒入耐熱缽盆中，不覆蓋保鮮膜，以微波爐加熱10～20秒
 └ 柳橙汁 … 約1個份（60g）

低筋麵粉 … 3大匙

**B** ┌ 柳橙皮 … 1個份
 │ ▶ 磨碎
 │ 烘焙用巧克力（甜味）… 30g
 └ ▶ 切成5mm小丁

**蛋白霜**
 ┌ 蛋白 … 3個份（90g）
 │ ▶ 放入缽盆中，在冷藏室中冷卻
 └ 細砂糖 … 60g

---

**共通的前置作業和作法**

＊在模具的底板和側面薄薄地塗上奶油（分量外）之後鋪上烘焙紙，以鋁箔紙包覆底部2次。→P5
＊在長方形淺盆中鋪上廚房紙巾，然後擺上模具。
＊烤箱在適當的時間點預熱至130℃。
＊將隔水烘烤用的熱水（分量外）煮滾。

**1** 將奶油乳酪放入缽盆中，以橡皮刮刀攪拌，使硬度均一。

**2** 將蛋黃分成3次左右加入，每次加入時都要以打蛋器攪拌至整體均勻為止。。

**3** 加入檸檬汁，攪拌至整體均勻為止。

**4** 將**A**分成2～3次加入，每次加入時都要攪

> **12 巧克力柳橙** 依照順序分別將牛奶和柳橙汁各分成2～3次加入。

拌至整體均勻為止。

**5** 將低筋麵粉放入濾篩中，過篩撒入缽盆中，然後攪拌至沒有粉塊為止。

**6** 以濾篩過濾麵糊，倒入另一個缽盆中。加入**B**，大幅度攪拌4～5次。

**7** 製作蛋白霜。將細砂糖加入蛋白的缽盆中，手持式電動攪拌器不啟動，輕輕攪拌。接著以高速打發3～4分鐘，直到舀起蛋白霜時，達到尖角微微下垂的程度。

**8** 將**7**的蛋白霜的1/3量加入**6**的缽盆中。以打蛋器大幅度地舀起麵糊，將舀入打蛋器之中的麵糊輕輕地往下甩落在中心處，以這種方式攪拌8～10次。大致上拌勻之後，將剩餘的蛋白霜分成2次左右加入，每次加入時都以相同的方式攪拌。最後一邊以單手轉動缽盆，一邊以橡皮刮刀從底部大幅度地翻拌，整體翻拌5次左右。

**9** 將少量的**8**沾附在模具側面的烘焙紙上面，固定烘焙紙。倒入**8**，以橡皮刮刀輕柔地弄平表面。將熱水倒入長方形淺盆中，直到2～3cm的深度，然後以預熱好的烤箱烘烤60分鐘左右，調高溫度到160℃之後，再烘烤5分鐘左右。

**10** 將表面烤出淡淡的烤色，插入竹籤，抽出時不會沾附麵糊的話，就這樣放入烤箱中放置30～40分鐘。取下鋁箔紙，連同模具放在網架上放涼，然後放在冷藏室冷卻。

**11** 取下側面的烘焙紙，然後將模具放在瓶子等的上面，取下模具的側面。將抹刀等插入底板和烘焙紙之間的空隙，卸除底板。

## 13 巧克力

如果只有奶油乳酪和巧克力的話會過於濃厚，
所以添加蘭姆酒，將味道整合得很輕盈。
奶油乳酪的分量也調整得稍微少一點。
因為巧克力的顏色會充分顯現出來，
不需為了將蛋糕烤上色而在作法 **9** 的最後
調高溫度到160℃之後再烘烤。

## 14 咖啡

在最後直接加入即溶咖啡顆粒，
對於味道和蛋糕的外觀
都有加強的效果。
可以充分享用其苦味。

# 13 巧克力

**POINT**

◎ 在作法**1**也要加入鹽。

◎ 在作法**4**依照順序加入蘭姆酒、巧克力，每次加入時都要攪拌均勻。

**材料和前置作業** 直徑15cm圓形模具（活動底）1模份

奶油乳酪 … 100g
  ▶ 恢復至常溫
鹽 … 1撮
蛋黃 … 3個份（60g）
牛奶 … 120g
  ▶ 倒入耐熱缽盆中，不覆蓋保鮮膜，
  以微波爐加熱20～30秒

**A** ⎡ 蘭姆酒 … 1大匙
   ⎢ 烘焙用巧克力（甜味）… 80g
   ⎣   ▶ 大略切碎之後放入較小的缽盆中，
       隔水加熱使巧克力融化ⓐ

**B** ⎡ 低筋麵粉 … 25g
   ⎣ 可可粉 … 1大匙

**蛋白霜**
   ⎡ 蛋白 … 3個份（90g）
   ⎢   ▶ 放入缽盆中，在冷藏室中冷卻
   ⎣ 細砂糖 … 60g

將缽盆的底部墊著大約60℃的熱水，使巧克力融化。即使完全融化之後，也保持隔水加熱的狀態備用。

# 14 咖啡

**POINT**

◎ 在作法**8**混拌蛋白霜結束之後，加入即溶咖啡。

**材料和前置作業** 直徑15cm圓形模具（活動底）1模份

奶油乳酪 … 200g
  ▶ 恢復至常溫
蛋黃 … 3個份（60g）
牛奶 … 120g
  ▶ 倒入耐熱缽盆中，不覆蓋保鮮膜，以微波爐加熱20～30秒

**A** ⎡ 即溶咖啡（顆粒）… 4小匙
   ⎢ 熱水 … 1又1/2小匙 ── 以同量的蘭姆酒代替熱水，就會變成適合成人的口味。
   ⎣   ▶ 攪拌溶勻

**B** ⎡ 低筋麵粉 … 3大匙

**蛋白霜**
   ⎡ 蛋白 … 3個份（90g）
   ⎢   ▶ 放入缽盆中，在冷藏室中冷卻
   ⎣ 細砂糖 … 60g
即溶咖啡（顆粒）… 2小匙

**共通的前置作業**

＊ 在模具的底板和側面薄薄地塗上奶油（分量外）之後鋪上烘焙紙，以鋁箔紙包覆底部2次。 →P5

＊ 在長方形淺盆中鋪上廚房紙巾，然後擺上模具。

＊ 烤箱在適當的時間點預熱至130℃。

＊ 將隔水烘烤用的熱水（分量外）煮滾。

---

**共通的作法**

**1** 將奶油乳酪放入缽盆中，以橡皮刮刀攪拌，使硬度均一。

> **13 巧克力** 然後加入鹽，攪拌至完全均勻為止。

**2** 將蛋黃分成3次左右加入，每次加入時都要以打蛋器攪拌至整體均勻為止。

**3** 將牛奶分成3次左右加入，每次加入時都要攪拌至整體均勻為止。

**4** 加入**A**，攪拌至整體均勻為止。

> **13 巧克力** 依照順序加入蘭姆酒、巧克力，每次加入時都要攪拌至整體均勻為止。

**5** 將**B**放入濾篩中，過篩撒入缽盆中，然後攪拌至沒有粉塊為止。

**6** 以濾篩過濾麵糊，倒入另一個缽盆中。

**7** 製作蛋白霜。將細砂糖加入蛋白的缽盆中，手持式電動攪拌器不啟動，輕輕攪拌。接著以高速打發3～4分鐘之後，舀起蛋白霜，如果尖角微微下垂就OK了。

**8** 將**7**的蛋白霜的1/3量加入**6**的缽盆中。以打蛋器大幅度地舀起麵糊，將舀入打蛋器之中的麵糊輕輕地往下甩落在中心處，以這種方式攪拌8～10次。大致上拌勻之後，將剩餘的蛋白霜分成2次左右加入，每次加入時都以相同的方式攪拌。

> **14 咖啡** 接著加入即溶咖啡。

最後一邊以單手轉動缽盆，一邊以橡皮刮刀從底部大幅度地翻拌，整體翻拌5次左右。

**9** 將少量的**8**沾附在模具側面的烘焙紙上面，固定烘焙紙。倒入**8**，以橡皮刮刀輕柔地弄平表面。將熱水倒入長方形淺盆直到2～3cm的深度，然後以預熱好的烤箱烘烤60分鐘左右，調高溫度到160℃之後，再烘烤5分鐘左右。

> **13 巧克力** 不需要這個流程。

**10** 將表面烤出淡淡的烤色，插入竹籤，抽出時不會沾附麵糊的話，就這樣放入烤箱中放置30～40分鐘。取下鋁箔紙，連同模具放在網架上放涼，然後放入冷藏室冷卻。

**11** 取下側面的烘焙紙，然後將模具放在瓶子等的上面，取下模具的側面。將抹刀等插入底板和烘焙紙之間的空隙，卸除底板。

# 15 抹茶

抹茶經常用來製作西式糕點,在全世界都大受歡迎。
與奶油乳酪搭配也非常適合。
在要品嚐之前磨碎檸檬皮撒上去,
清爽的香氣突顯出抹茶的風味。

## 材料和前置作業 直徑15cm圓形模具(活動底)1模份

奶油乳酪 … 200g
 ▶ 恢復至常溫
蛋黃 … 3個份(60g)
檸檬汁 … 2小匙
牛奶 … 120g
 ▶ 倒入耐熱缽盆中,不覆蓋保鮮膜,
 以微波爐加熱20〜30秒
A ┌ 低筋麵粉 … 15g
  └ 抹茶粉 … 4小匙

**蛋白霜**
 ┌ 蛋白 … 3個份(90g)
 │  ▶ 放入缽盆中,在冷藏室中冷卻
 └ 細砂糖 … 60g
檸檬皮 … 適量

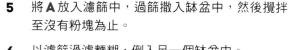

[抹茶粉]
使用帶有適度澀味的、
一保堂茶鋪的「緣之
白」和「初音」等產
品。

＊在模具的底板和側面薄薄地塗上奶油(分量外)之後鋪
上烘焙紙,以鋁箔紙包覆底部2次。 →P5
＊在長方形淺盆中鋪上廚房紙巾,然後擺上模具。
＊烤箱在適當的時間點預熱至130℃。
＊將隔水烘烤用的熱水(分量外)煮滾。

## 作法

1 將奶油乳酪放入缽盆中,以橡皮刮刀攪拌,使
  硬度均一。

2 將蛋黃分成3次左右加入,每次加入時都要以
  打蛋器攪拌至整體均勻為止。

3 加入檸檬汁,攪拌至整體均勻為止。

4 將牛奶分成3次左右加入,每次加入時都要攪
  拌至整體均勻為止。

5 將 A 放入濾篩中,過篩撒入缽盆中,然後攪拌
  至沒有粉塊為止。

6 以濾篩過濾麵糊,倒入另一個缽盆中。

7 製作蛋白霜。將細砂糖加入蛋白的缽盆中,手
  持式電動攪拌器不啟動,輕輕攪拌。接著以高
  速打發3〜4分鐘之後,舀起蛋白霜,如果尖角
  微微下垂就OK了。

8 將 7 的蛋白霜的1/3量加入 6 的缽盆中。以打
  蛋器大幅度地舀起麵糊,將舀入打蛋器之中的
  麵糊輕輕地往下甩落在中心處,以這種方式攪
  拌8〜10次。大致上拌勻之後,將剩餘的蛋白
  霜分成2次左右加入,每次加入時都以相同的
  方式攪拌。最後一邊以單手轉動缽盆,一邊以
  橡皮刮刀從底部大幅度地翻拌,整體翻拌5次
  左右。

9 將少量的 8 沾附在模具側面的烘焙紙上面,固
  定烘焙紙。倒入 8,以橡皮刮刀輕柔地弄平表
  面。將熱水倒入長方形淺盆中直到2〜3cm的深
  度,然後以預熱好的烤箱烘烤60分鐘左右,調
  高溫度到160℃之後,再烘烤5分鐘左右。

10 將表面烤出淡淡的烤色,插入竹籤,抽出時不
   會沾附麵糊的話,就這樣放入烤箱中放置30〜
   40分鐘。取下鋁箔紙,連同模具放在網架上放
   涼,然後放在冷藏室冷卻。

11 取下側面的烘焙紙,然後將模具放在瓶子等的
   上面,取下模具的側面。將抹刀等插入底板和
   烘焙紙之間的空隙,卸除底板。要享用的時
   候,一邊磨碎檸檬皮,一邊撒在蛋糕上面。

# 16 優格

雖然是舒芙蕾乳酪蛋糕，
但是在這份食譜中不用隔水烘烤。
口感輕盈，不放涼、趁熱享用也很美味。

**POINT**
◎ 優格不需要瀝乾水分。
◎ 杏仁片因為是擺放在表面去烘烤，所以就算沒有使用已經烤過的杏仁片也OK。

**材料和前置作業**　直徑15cm圓形模具（活動底）1模份

奶油乳酪 … 100g
　▶ 恢復至常溫
鮮奶油（乳脂肪含量45%）… 50g
原味優格（無糖）… 50g
蛋黃 … 2個份（40g）
檸檬汁 … 1小匙
低筋麵粉 … 35g
**蛋白霜**
　蛋白 … 2個份（60g）
　　▶ 放入缽盆中，在冷藏室中冷卻
　黍砂糖 … 50g
杏仁片 … 10g

＊將烘焙紙鋪在模具中，以鋁箔紙包覆底部。　→ P5
＊烤箱在適當的時間點預熱至210℃。

**作法**

1　將奶油乳酪放入缽盆中，以橡皮刮刀攪拌，使硬度均一。

2　依照順序加入鮮奶油、優格，每次加入時都要以打蛋器攪拌至整體均勻為止。

3　將蛋黃分成2次左右加入，每次加入時都要攪拌至整體均勻為止。

4　加入檸檬汁，攪拌至整體均勻為止。

5　將低筋麵粉放入濾篩中，過篩撒入缽盆中，然後攪拌至沒有粉塊為止。

6　以濾篩過濾麵糊，倒入另一個缽盆中。

7　製作蛋白霜。將黍砂糖加入蛋白的缽盆中，手持式電動攪拌器不啟動，輕輕攪拌。接著以高速打發3分鐘左右之後，舀起蛋白霜，如果尖角微微下垂就OK了。

8　將**7**的蛋白霜的1/3量加入**6**的缽盆中。以打蛋器大幅度地舀起麵糊，將舀入打蛋器之中的麵糊輕輕地往下甩落在中心處，以這種方式攪拌8～10次。大致上拌勻之後，將剩餘的蛋白霜分成2次左右加入，每次加入時都以相同的方式攪拌。最後一邊以單手轉動缽盆，一邊以橡皮刮刀從底部大幅度地翻拌，整體翻拌5次左右。

9　將少量的**8**沾附在模具側面的烘焙紙上面，固定烘焙紙。倒入**8**，以橡皮刮刀輕柔地弄平表面，然後撒上杏仁片。以預熱好的烤箱烘烤10分鐘左右，調降溫度到180℃之後，再烘烤30分鐘左右。

10　將表面烤上色，插入竹籤，抽出時不會沾附麵糊的話就烘烤完成了。立刻取下鋁箔紙，將模具放在瓶子等的上面，取下模具的側面。剝除側面的烘焙紙，放在網架上放涼，然後用手卸除底板。

口感滑順，冰涼可口的蛋糕

# **17** 基本的生乳酪蛋糕

不使用烤箱，加入明膠之後冷卻凝固的蛋糕。

只需攪拌後冷藏，作法非常簡單。變化款也很值得做做看。

溫暖的季節就不用說了，搭配熱飲一起享用也別有一番風味。

加入牛奶，製作出清爽的餘味。

製作生乳酪蛋糕，請使用香氣芬芳的新鮮檸檬汁。

START                                                GOAL

| 製作底座 | → | 使奶油乳酪軟化 | → | 拌入其他的材料 | → | 過濾 | → | 倒入模具中 在冷藏室中冷卻 |

**材料和前置作業** 直徑15cm圓形模具（活動底）1模份

**底座**

Graham 消化餅乾 ⋯ 60g

▶ 裝入夾鍊保鮮袋中，滾動擀麵棍壓碎餅乾ⓐ

奶油（無鹽）⋯ 25g

奶油乳酪 ⋯ 200g

▶ 恢復至常溫

細砂糖 ⋯ 70g

鮮奶油（乳脂肪含量45%）⋯ 200g

檸檬汁 ⋯ 2大匙

牛奶 ⋯ 100g

A ┌ 水 ⋯ 1大匙
　└ 明膠粉 ⋯ 5g

▶ 將明膠粉撒入水中，泡脹5分鐘左右ⓑ

**[ Graham 消化餅乾 ]**
經常用來製作乳酪蛋糕的底座、
加入全麥粉的餅乾。可以享受到
獨特的香氣。也可以替換成瑪麗
餅乾。

為了避免餅乾噴飛出
去，先將袋口緊閉。首
先請從上面按壓，大略
壓碎之後再滾動擀麵
棍。

使用同量的櫻桃酒來代
替水，就能夠品嚐到成
人風味。

**作法**

**1** 製作底座。將奶油放入耐熱缽盆中，不覆蓋保鮮膜，以微波爐加熱 30 秒左右之後攪拌，然後再加熱 30 秒左右使奶油融化。加入餅乾，以湯匙等充分攪拌均勻。放入模具中，以湯匙的背面按壓餅乾，鋪滿整個模具底部，然後放在冷藏室冷卻。

**2** 將奶油乳酪放入缽盆中，以橡皮刮刀攪拌，使硬度均一。

**3** 加入細砂糖，研磨攪拌至完全均勻為止。

**4** 將鮮奶油分成 3 次左右加入，每次加入時都要以打蛋器攪拌至整體均勻為止。

**5** 將檸檬汁分成 2 次左右加入，每次加入時都要攪拌至整體均勻為止。

**6** 將牛奶放入耐熱缽盆中，不覆蓋保鮮膜，以微波爐加熱 50 秒左右。趁熱加入 **A**，以較小型的打蛋器等攪拌溶勻。

**7** 將 **6** 分成 3 次左右加入 **5** 的缽盆中，每次加入時都要以打蛋器攪拌至整體均勻為止。

奶油請以微波爐加熱融化。加熱過度的話風味會消失，請留意。在這裡面加入壓碎的餅乾攪拌。

鋪滿模具的底部，使厚度均一。覆上保鮮膜，以手指按壓也OK。

將整體攪拌成滑順的乳霜狀，避免有塊狀的奶油乳酪殘留。

為了使細砂糖均勻地融入整體，一邊從後方往近身處按壓，一邊用力攪拌。

從這裡開始改用打蛋器。握住靠近鋼線的部分會比較容易攪拌。

使用新鮮的檸檬汁，風味就會變得很棒。

為了使明膠粉容易溶化，牛奶要加熱至大約 80℃。請充分攪拌使明膠粉完全溶化。

將已經溶入明膠粉的牛奶分成 3 次左右加入，充分地與乳酪糊攪拌均勻。

**8** 以濾篩過濾乳酪糊，倒入另一個缽盆中。

**9** 將**8**倒入**1**的模具中，以橡皮刮刀輕柔地弄平
表面，然後放在冷藏室中冷卻凝固3小時以
上。

**10** 以溫熱的濕抹布包覆在模具的側面使蛋糕體鬆
脫，然後將模具放在瓶子等的上面，取下模具
的側面。將抹刀等插入底板和底座之間的空
隙，卸除底板。

**N O T E**

● 這是使用明膠製作，冷卻凝固
  而成的糕點。以此種方式做出
  來的乳酪蛋糕發源自日本。

● 淋上水果醬汁也很美味（P58～
  59）。

● 保存時，以保鮮膜包住，放在
  冷藏室以2～3天為基準。

過濾可以讓口感變得很滑順。以橡皮刮刀輕輕按壓，充分地過濾。即使
覺得過濾完成了，有時濾篩的背面殘留了相當多的乳酪糊，所以請徹底
刮乾淨。

以橡皮刮刀的前端弄平表面。因為會有水滴附著在表面，所以冷卻凝固
的時候不需要覆蓋保鮮膜。

抹布用熱水浸濕、變熱之後擰乾水分，然後包住模具的側面加溫，使蛋糕體與模具之間稍微分離後，取下模
具。

如果沒有抹刀，也可以使用菜刀。
插入抹刀之後轉動1圈360度，確
實地切離。

## **18** 蜂蜜檸檬

輕鬆就能完成的變化款。
表面的檸檬製成漂亮又清涼的生乳酪蛋糕。
為了突顯出檸檬的清爽感，
使用甜度比砂糖更溫和的蜂蜜來製作。

→ P46

## **19** 芒果

使用很多芒果製作而成的熱帶風味乳酪蛋糕。
將芒果凝凍鋪在上面，可以享受到不同層次的口感。
切成小丁的芒果是品嘗時的亮點。

→ P47

## **20** 黑森林風
## 白巧克力蛋糕

以櫻桃搭配巧克力製作而成的糕點
「黑森林蛋糕」為構想,改以白巧克力
製作而成的蛋糕。
紅酒的風味和甜度相當契合,
是一款成人口味的蛋糕。

→ P48

## **21** 大理石

將基本的生乳酪蛋糕的乳酪糊取出部分,在其中加入巧克力
調色,然後混合在一起製作出大理石花紋。
如果混合過度,大理石花紋就會消失,請注意。

→ P49

# 18 蜂蜜檸檬

**POINT**
◎ 蜂蜜漬檸檬請在前一天做好備用。

## 材料和前置作業　直徑15cm圓形模具（活動底）1模份

### 底座

Graham 消化餅乾 … 60g
　▶ 放入夾鍊保鮮袋中，滾動擀麵棍壓碎餅乾

檸檬皮 … 1/2 個份
　▶ 磨碎

奶油（無鹽）… 25g

奶油乳酪 … 200g
　▶ 恢復至常溫

蜂蜜 … 70g

鮮奶油（乳脂肪含量45%）… 200g

檸檬汁 … 3大匙

牛奶 … 100g

A ┌ 水 … 1大匙
　└ 明膠粉 … 5g
　▶ 將明膠粉撒入水中，泡脹5分鐘左右

### 蜂蜜漬檸檬

檸檬 … 1個
　▶ 切成厚3mm的圓形切片

蜂蜜 … 2大匙
▶ 混合之後放置一個晚上

## 作法

**1** 製作底座。將奶油放入耐熱缽盆中，不覆蓋保鮮膜，以微波爐加熱30秒左右之後攪拌，然後再加熱30秒左右使奶油融化。加入餅乾和檸檬皮，以湯匙等充分攪拌均勻。放入模具中，以湯匙的背面按壓，鋪滿整個模具底部，然後放在冷藏室冷卻。

**2** 將奶油乳酪放入缽盆中，以橡皮刮刀攪拌，使硬度均一。

**3** 加入蜂蜜，研磨攪拌至完全均勻為止。

**4** 將鮮奶油分成3次左右加入，每次加入時都要以打蛋器攪拌至整體均勻為止。

**5** 將檸檬汁分成2次左右加入，每次加入時都要攪拌至整體均勻為止。

**6** 將牛奶放入耐熱缽盆中，不覆蓋保鮮膜，以微波爐加熱50秒左右。趁熱加入 **A**，以較小型的打蛋器等攪拌溶勻。

**7** 將 **6** 分成3次左右加入 **5** 的缽盆中，每次加入時都要以打蛋器攪拌至整體均勻為止。

**8** 以濾篩過濾乳酪糊，倒入另一個缽盆中。

**9** 將 **8** 倒入 **1** 的模具中，以橡皮刮刀輕柔地弄平表面，然後放在冷藏室中冷卻凝固3小時以上。

**10** 以溫熱的濕抹布包覆在模具的側面使蛋糕體鬆脫之後，將模具放在瓶子等的上面，取下模具的側面。將抹刀等插入底板和底座之間的空隙，卸除底板。享用的時候放上蜂蜜漬檸檬。

# 19 芒果

NO-BAKE CHEESECAKE

**POINT**

◎ 因為冷卻凝固的時間分成 2 次,所以製作的時候請預先算好時間。

---

**材料和前置作業** 直徑 15cm 圓形模具(活動底)1 模份

## 底座

　┌ Graham 消化餅乾 … 60g
　│ ▶ 放入夾鍊保鮮袋中,滾動擀麵棍壓碎餅乾
　└ 奶油(無鹽)… 25g

奶油乳酪 … 200g
　▶ 恢復至常溫

細砂糖 … 60g

檸檬汁 … 4 小匙

冷凍芒果 … 200g+80g+80g
　▶ 200g+80g 解凍之後,以電動攪拌棒攪拌至變成泥狀ⓐ。
　其中 80g 在快使用之前都是放在冷藏室備用,用來製作芒果
　凝凍。剩餘的 80g 則以結凍的狀態直接切成 1.5cm 的小丁,
　放入冷凍室備用

原味優格(無糖)… 80g

A ┌ 水 … 5 小匙
　└ 明膠粉 … 8g
　▶ 將明膠粉撒入水中,泡脹 5 分鐘左右

## 芒果凝凍

　┌ 水 … 1 小匙
　│ 明膠粉 … 2g
　│ B ┌ 水 … 5 小匙
　│ 　 └ 細砂糖 … 20g
　└ 檸檬汁 … 1/2 小匙

**[冷凍芒果]**
芒果濃厚的甜味和黏稠的口感很受歡迎。因為在日本不容易買到新鮮芒果,所以本食譜是使用冷凍芒果。

ⓐ　放入杯狀容器中進行作業。使用手持式電動攪拌器也OK。

---

**作法**

**1** 製作底座。將奶油放入耐熱缽盆中,不覆蓋保鮮膜,以微波爐加熱 30 秒左右之後攪拌,然後再加熱 30 秒左右使奶油融化。加入餅乾,以湯匙等充分攪拌均勻。放入模具中,以湯匙的背面按壓餅乾,鋪滿整個模具底部,然後放在冷藏室冷卻。

**2** 將奶油乳酪放入缽盆中,以橡皮刮刀攪拌,使硬度均一。

**3** 加入細砂糖,研磨攪拌至完全均勻為止。

**4** 將檸檬汁分成 2 次左右加入,每次加入時都要以打蛋器攪拌至整體均勻為止。

**5** 將攪拌成泥狀的芒果 200g 分成 2 次左右加入,每次加入時都要攪拌至整體均勻為止。

**6** 將優格放入耐熱缽盆中,不覆蓋保鮮膜,以微波爐加熱 40 秒左右。趁熱加入 **A**,以較小型的打蛋器等攪拌溶勻。

**7** 將 **6** 分成 2 次左右加入 **5** 的缽盆中,每次加入時都要以打蛋器攪拌至整體均勻為止。

**8** 以濾篩過濾乳酪糊,倒入另一個缽盆中。

**9** 加入切成 1.5cm 小丁的芒果 80g,以橡皮刮刀大幅度地攪拌 4～5 次。

**10** 將 **9** 倒入 **1** 的模具中,以橡皮刮刀輕柔地弄平表面,然後放在冷藏室中冷卻凝固 3 小時左右。

**11** 製作芒果凝凍。將明膠粉撒入水中,泡脹 5 分鐘左右。

**12** 將 **B** 放入耐熱缽盆中,不覆蓋保鮮膜,以微波爐加熱 50 秒左右,以較小型的打蛋器等攪拌溶勻。待細砂糖溶解之後,加入 **11** 攪拌,溶解均勻。依照順序加入攪拌成泥狀的芒果 80g、檸檬汁,每次加入時都要攪拌至整體均勻為止。一邊將缽盆的底部墊著冰水,一邊慢慢地攪拌,讓它變涼。芒果凝凍完成。

**13** 將 **12** 的芒果凝凍慢慢地倒在 **10** 的上面,然後放在冷藏室中冷卻凝固 2 小時以上。

**14** 以溫熱的濕抹布包覆在模具的側面使蛋糕體鬆脫之後,將模具放在瓶子等的上面,取下模具的側面。將抹刀等插入底板和底座之間的空隙,卸除底板底板。

## **20** 黑森林風白巧克力蛋糕

**POINT**
◎ 在作法**10**，紅酒煮櫻桃分成2次放入乳酪糊中，以免分布不平均。

**材料和前置作業** 直徑15cm圓形模具（活動底）1模份

**紅酒煮櫻桃**
　美國櫻桃 … 帶籽180g
　細砂糖 … 40g
　紅酒 … 50g
　檸檬汁 … 1/2小匙
　玉米粉 … 2小匙
　水 … 2小匙

**底座**
　Graham消化餅乾 … 60g
　　▶ 放入夾鍊保鮮袋中，滾動擀麵棍壓碎餅乾
　奶油（無鹽）… 25g

奶油乳酪 … 200g
　▶ 恢復至常溫

細砂糖 … 20g

烘焙用白巧克力 … 80g
　▶ 大略切碎之後放入較小的缽盆中，隔水加熱融化

鮮奶油（乳脂肪含量35%）… 200g

牛奶 … 80g

**A**｜櫻桃酒 … 4小匙
　｜明膠粉 … 5g
　▶ 將明膠粉撒入櫻桃酒中，泡脹5分鐘左右

> 因為添加了白巧克力的甜度，所以使用乳脂肪含量低的鮮奶油。

**作法**

1　製作紅酒煮櫻桃。美國櫻桃以菜刀縱向環繞一圈切入切痕，分成2邊，取出種子。將美國櫻桃、細砂糖、紅酒、檸檬汁放入小鍋中，以小火加熱，一邊撈除浮沫一邊煮10分鐘左右。將玉米粉以水溶勻之後加入鍋中，稍微煮滾一下，然後移入耐熱缽盆中放涼。

2　製作底座。將奶油放入耐熱缽盆中，不覆蓋保鮮膜，以微波爐加熱30秒左右之後攪拌，然後再加熱30秒左右使奶油融化。加入餅乾，以湯匙等充分攪拌均勻。放入模具中，以湯匙的背面按壓餅乾，鋪滿整個模具底部，然後放在冷藏室冷卻。

3　將奶油乳酪放入缽盆中，以橡皮刮刀攪拌，使硬度均一。

4　加入細砂糖，研磨攪拌至完全均勻為止。

5　將白巧克力分成2次左右加入，每次加入時都要以打蛋器攪拌至整體均勻為止。

6　將鮮奶油分成3次左右加入，每次加入時都要攪拌至整體均勻為止。

7　將牛奶放入耐熱缽盆中，不覆蓋保鮮膜，以微波爐加熱40秒左右。趁熱加入**A**，以較小型的打蛋器等攪拌溶勻。

8　將**7**分成3次左右加入**6**的缽盆中，每次加入時都要以打蛋器攪拌至整體均勻為止。

9　以濾篩過濾乳酪糊，倒入另一個缽盆中。

10　以湯匙等將**1**的紅酒煮櫻桃的1/3量一邊瀝乾汁液一邊排列在**2**的模具中，然後將**9**的1/2量倒入模具中ⓐ。剩餘的紅酒煮櫻桃，取1/2量以同樣的方式排列在模具中ⓑ（剩餘的櫻桃先保留，作為最後裝飾之用），然後倒入剩餘的**9**。以橡皮刮刀輕柔地弄平表面，然後放在冷藏室中冷卻凝固3小時以上。

11　以溫熱的濕抹布包覆在模具的側面使蛋糕體鬆脫之後，將模具放在瓶子等的上面，取下模具的側面。將抹刀等插入底板和底座之間的空隙，卸除底板。要品嚐的時候，添加剩餘的**1**的紅酒煮櫻桃。

紅酒煮櫻桃取2/3的分量添加在乳酪糊中，剩餘的櫻桃添加在完成的蛋糕旁邊。

# 21 大理石

## 材料和前置作業　直徑15cm圓形模具（活動底）1模份

### 底座

Graham 消化餅乾 … 60g
▶ 放入夾鍊保鮮袋中，滾動擀麵棍壓碎餅乾
奶油（無鹽）… 25g

奶油乳酪 … 200g
▶ 恢復至常溫

細砂糖 … 70g

鮮奶油（乳脂肪含量45%）… 200g

檸檬汁 … 2大匙

牛奶 … 100g

A ┌ 櫻桃酒 … 1大匙
　└ 明膠粉 … 5g

> 如果要供孩童食用的話，以同量的水取代也OK。

▶ 將明膠粉撒入櫻桃酒中，泡脹5分鐘左右

烘焙用巧克力（甜味）… 20g
▶ 大略切碎之後放入較小的缽盆中，隔水加熱融化

[櫻桃酒]
櫻桃經發酵之後製作而成的、無色透明且香氣濃郁的蒸餾酒。櫻桃酒的德文「kirsch」即為「櫻桃」之意，經常用來為糕點增添風味。

## 作法

1　製作底座。將奶油放入耐熱缽盆中，不覆蓋保鮮膜，以微波爐加熱30秒左右之後攪拌，然後再加熱30秒左右使奶油融化。加入餅乾，以湯匙等充分攪拌均勻。放入模具中，以湯匙的背面按壓餅乾，鋪滿整個模具底部，然後放在冷藏室冷卻。

2　將奶油乳酪放入缽盆中，以橡皮刮刀攪拌，使硬度均一。

3　加入細砂糖，研磨攪拌至完全均勻為止。

4　將鮮奶油分成3次左右加入，每次加入時都要以打蛋器攪拌至整體均勻為止。

5　將檸檬汁分成2次左右加入，每次加入時都要攪拌至整體均勻為止。

6　將牛奶放入耐熱缽盆中，不覆蓋保鮮膜，以微波爐加熱50秒左右。趁熱加入 A，以較小型的打蛋器等攪拌溶勻。

7　將 6 分成3次左右加入 5 的缽盆中，每次加入時都要以打蛋器攪拌至整體均勻為止。

8　以濾篩過濾乳酪糊，倒入另一個缽盆中。

9　取40g的 8 倒入巧克力的缽盆中ⓐ，以打蛋器攪拌至整體均勻為止。

10　將剩餘的 8 倒入 1 的模具中，以橡皮刮刀輕柔地弄平表面。以湯匙等將 9 舀在表面各處，然後以一根長筷畫小圓圈，盡量零亂地攪拌10～15次ⓑ。放在冷藏室中冷卻凝固3小時以上。

11　以溫熱的濕抹布包覆在模具的側面使蛋糕體鬆脫之後，將模具放在瓶子等的上面，取下模具的側面。將抹刀等插入底板和底座之間的空隙，卸除底板。

將放入巧克力的缽盆放在磅秤的上面，一邊計量一邊加入乳酪糊。

將巧克力乳酪糊的中央一帶，以切開的方式畫圓圈，就能製作出漂亮的花紋。

## **22** 奇異果、萊姆、薄荷

這裡介紹的2款乳酪蛋糕是用玻璃杯製作的。
當然，也可以與其他的食譜一樣，用15㎝的圓形模具製作
它們是加了很多萊姆和薄荷，味道清爽的生乳酪蛋糕。
添加酸奶油，使口感也變得輕盈。

## **23** 草莓優格

外觀很可愛的一款乳酪蛋糕。
將草莓做成凝凍之後放在表面，
製造出更清涼的感覺。
請享受這兩層之間的差異。

# 22 奇異果、萊姆、薄荷

**共通的作法**

**POINT**
◎ 在作法**1**攪拌奶油乳酪和酸奶油。
◎ 在作法**7**將萊姆皮和薄荷葉加入乳酪糊中攪拌。
◎ 要享用之前,再將**E**的頂飾配料放在上面。

**材料和前置作業** 容量300mℓ的容器4個份

奶油乳酪 … 200g
　▶ 恢復至常溫
酸奶油 … 90g
細砂糖 … 70g
鮮奶油(乳脂肪含量45%)
　… 200g
**A**⌈萊姆汁 … 3大匙
**B**⌈牛奶 … 70g
**C**⌈蘭姆酒 … 1大匙
　⌊明膠粉 … 5g
　▶ 將明膠粉撒入蘭姆酒中,
　泡脹5分鐘左右

**D**⌈萊姆皮 … 1個份
　　▶ 磨碎
　薄荷葉 … 2g
　　▶ 切成碎末
**E**⌈薄荷葉 … 適量
　萊姆 … 適量
　　▶ 切成厚3mm的圓形切片
　　或是半月形
　奇異果 … 適量
　　▶ 切成厚8mm的半月形

---

# 23 草莓優格

**POINT**
◎ 在作法**8**,生乳酪蛋糕的表面冷卻1小時左右到凝固的程度,然後將草莓凝凍放在表面,冷卻凝固2小時左右。
◎ 製作草莓凝凍時,如果將草莓放入很熱的明膠液中,草莓會褪色,所以明膠液必須放涼到大約30℃。此外,如果將很熱的草莓凝凍覆蓋在生乳酪蛋糕的上面,蛋糕會隨之融化。

**材料和前置作業** 容量300mℓ的容器4個份

奶油乳酪 … 200g
　▶ 恢復至常溫
細砂糖 … 70g
鮮奶油(乳脂肪含量45%)
　… 200g
**A**⌈檸檬汁 … 4小匙
**B**⌈原味優格(無糖)
　⌊　… 140g
**C**⌈水 … 4小匙
　⌊明膠粉 … 6g
　▶ 將明膠粉撒入水中,
　泡脹5分鐘左右

**草莓凝凍**
⌈白酒 … 25g
⌊明膠粉 … 4g
　▶ 將明膠粉撒入白酒中,
　泡脹5分鐘左右
草莓 … 240g
　▶ 切成8mm小丁
水 … 200g
細砂糖 … 30g
檸檬汁 … 2又1/2小匙
▶ 將水、細砂糖、檸檬汁放入小鍋中以中火加熱,待細砂糖溶化之後關火,加入以白酒泡脹的明膠粉攪拌,使之溶化。移入缽盆中,一邊將缽盆的底部墊著冰水ⓐ,一邊以打蛋器慢慢地攪拌,使餘熱消散,加入草莓之後放置冷卻

加入草莓之前,明膠液一定要先放涼。放在蛋糕上面的時候,草莓凝凍必須已經確實冷卻。

---

## 共通的作法

**1** 將奶油乳酪放入缽盆中,以橡皮刮刀攪拌,使硬度均一。

> **22 奇異果、萊姆、薄荷**
> 然後將酸奶油分成2次左右加入,每次加入時都要攪拌至整體均勻為止。

**2** 加入細砂糖,研磨攪拌至完全均勻為止。

**3** 將鮮奶油分成3次左右加入,每次加入時都要以打蛋器攪拌至整體均勻為止。

**4** 將**A**分成2次左右加入,每次加入時都要攪拌至整體均勻為止。

**5** 將**B**放入耐熱缽盆中,不覆蓋保鮮膜,以微波爐加熱40秒左右。

> **23 草莓優格** 加熱1分鐘左右。

趁熱加入**C**,以較小型的打蛋器等攪拌溶勻。

**6** 將**5**分成3次左右加入**4**的缽盆中,每次加入時都要以打蛋器攪拌至整體均勻為止。

**7** 以濾篩過濾乳酪糊,倒入另一個缽盆中。

> **22 奇異果、萊姆、薄荷**
> 然後加入**D**,以橡皮刮刀大幅度攪拌4~5次。

**8** 將**7**均等地倒入容器中,以湯匙輕柔地弄平表面。

> **22 奇異果、萊姆、薄荷**
> 在要享用的時候放上**E**。

在冷藏室冷卻凝固2小時以上。

> **23 草莓優格**
> 冷卻凝固1小時左右,均等地放上草莓凝凍之後,再次放入冷藏室中冷卻凝固2小時左右。

◀ 待生乳酪蛋糕的表面凝固之後,才放上已經完全冷卻的草莓凝凍。

# 24 巴斯克風乳酪蛋糕

西班牙巴斯克地區某家居酒屋的人氣料理，
在日本，以「巴斯克風乳酪蛋糕」之名而廣受歡迎。特徵是黑漆漆的表面
和分量十足的蛋糕體。以大量的蛋和鮮奶油製作出濃厚的味道。
貼附著烘焙紙直接盛盤，就能營造出特殊的氛圍。

## POINT

◎ 雖然材料幾乎加倍，但是作法大致上與「烤乳酪蛋糕」相同，非常簡單。麵糊不需要過濾。

◎ 以保鮮膜包覆之後，可以在冷藏室中保存3～4天。

## 材料和前置作業

直徑15cm圓形模具（活動底）1模份

奶油乳酪 … 400g
　▶ 恢復至常溫
細砂糖 … 80g
鹽 … 1撮
全蛋 … 3個份（150g）
　▶ 恢復至常溫，以叉子打散成蛋液
鮮奶油（乳脂肪含量45%）… 200g
低筋麵粉 … 1小匙

＊將烘焙紙拉出30㎝左右切斷，用水浸濕之後揉成一團，攤開之後鋪在模具中ⓐ。
＊烤箱在適當的時間點預熱至250℃。

烘焙紙粗略地鋪滿模具，展現出像是「巴斯克風味」的氣氛。也可以連同烘焙紙盛盤。

## 作法

1　將奶油乳酪放入缽盆中，以橡皮刮刀攪拌，使硬度均一。

2　加入細砂糖和鹽，研磨攪拌至完全均勻為止。

3　將蛋分成3次左右加入，每次加入時都要以打蛋器攪拌至整體均勻為止。

4　將鮮奶油分成2次左右加入，每次加入時都要攪拌至整體均勻為止。

5　將低筋麵粉放入小濾網中，過篩撒入缽盆中，然後攪拌至沒有粉塊為止。

6　將5倒入模具中，輕輕地搖晃模具，將表面弄平。以預熱好的烤箱烘烤20～25分鐘。

7　將表面充分烤上色，烤至插入竹籤，抽出時會稍微沾附已經烤熟的麵糊的程度，就是烘烤完成了。取下鋁箔紙，連同模具放在網架上放涼ⓑ，然後放在冷藏室冷卻。

8　放在瓶子等的上面，取下模具的側面。將抹刀等插入底板和烘焙紙之間的空隙，卸除底板。

烤好的蛋糕會膨脹得相當高，但是隨著漸漸冷卻，高度就會降下去。

# **25** 麗可塔乳酪蛋糕

使用麗可塔乳酪製作的、味道清爽的義大利蛋糕。
它的口感濕潤輕盈,雖然沒有華麗的外觀,卻有著吃了會上癮的美味。
芳香的松子,口感成為品嚐時的亮點。也可以替換成大略切碎的核桃。

**POINT**

◎ 作法與「舒芙蕾乳酪蛋糕」相似，麵糊裡拌入了蛋白霜。

◎ 以保鮮膜包覆之後，可以在冷藏室中保存3～4天。

---

### 材料和前置作業

直徑15cm圓形模具（活動底）1模份

奶油（無鹽）… 60g
　▶ 恢復至常溫
細砂糖 … 50g
檸檬皮 … 1個份
　▶ 磨碎
蛋黃 … 3個份（60g）
麗可塔乳酪 … 250g
A ┌ 杏仁粉 … 50g
　└ 低筋麵粉 … 15g
**蛋白霜**
　蛋白 … 3個份（90g）
　　▶ 放入缽盆中，在冷藏室中冷卻
　細砂糖 … 50g
松子 … 20g

＊將烘焙紙鋪在模具中，以鋁箔紙包覆底部。 →P5
＊烤箱在適當的時間點預熱至180℃。

**[麗可塔乳酪]**
義大利產的新鮮乳酪。因為是將乳清加熱之後凝固而成，所以脂肪含量少，質地柔軟，有著溫和的甜味。

---

**作法**

**1** 將奶油、細砂糖、檸檬皮放入缽盆中，以打蛋器攪拌至奶油變得滑順，細砂糖完全融入整體。

**2** 將蛋黃分成3次左右加入，每次加入時都要攪拌至整體均勻為止。

**3** 將麗可塔乳酪分成3次左右加入ⓐ，每次加入時都要攪拌至整體均勻為止。

**4** 將A放入濾篩中，過篩撒入缽盆中ⓑ，然後攪拌至沒有粉塊為止。

**5** 製作蛋白霜。將蛋白用手持式電動攪拌器以高速打發30秒左右。將細砂糖分成5次左右加入，每次加入時都以高速打發20～30秒。舀起蛋白霜時達到尖角挺立的程度就OK了ⓒ。

**6** 將**5**的蛋白霜的1/3量加入**4**的缽盆中。以打蛋器大幅度地舀起麵糊，將舀入打蛋器之中的麵糊輕輕地往下甩落在中心處ⓓ，以這種方式攪拌8～10次。大致上拌勻之後，將剩餘的蛋白霜分成2次左右加入，每次加入時都以相同的方式攪拌。最後一邊以單手轉動缽盆，一邊以橡皮刮刀從底部大幅度地翻拌，整體翻拌5次左右ⓔ。

**7** 將少量的**6**沾附在模具側面的烘焙紙上面，固定烘焙紙。倒入**6**，以橡皮刮刀輕柔地弄平表面，然後撒上松子。以預熱好的烤箱烘烤50分鐘左右。

**8** 將表面烤到上色，插入竹籤，抽出時不會沾附麵糊的話就烘烤完成了。取下鋁箔紙，連同模具放在網架上放涼。

**9** 取下側面的烘焙紙，然後將模具放在瓶子等的上面，取下模具的側面。將抹刀等插入底板和烘焙紙之間的空隙，卸除底板。

---

其他的乳酪蛋糕都是一開始就攪拌奶油乳酪，但是這個食譜是在中途才拌入麗可塔乳酪。

因為粉類的分量很多，所以要使用大的濾篩。

製作成較硬、較扎實的蛋白霜。

從缽盆的底部用力往上一舀，然後輕輕抖動，讓麵糊掉下來。

一邊轉動缽盆，一邊以橡皮刮刀反方向舀起麵糊，很有效率地攪拌下去。如果使用這種攪拌方法，成品的口感會變得很棒。

TORTA DI RICOTTA

# **26** 安茹白乳酪蛋糕

當做餐後甜點等剛剛好，法國安茹地區製作的糕點。
因為只需要大略攪拌即可，作法非常簡單。
請淋上自己喜愛的水果醬汁再享用吧！

---

**POINT**

◎ 不使用圓形模具，而是以烤盅製作。

◎ 瀝乾優格水分的作業，請預先在前一天做好備用。

---

**材料和前置作業** 容量160ml的烤盅3個份

**原味優格**（無糖）… 400g

▶ 將網篩疊放在缽盆中，裡面鋪上廚房紙巾，倒入優格之後覆蓋保鮮膜，在冷藏室放置一個晚上，瀝除水分ⓐ。變成200g就OK了。如果不足的話，將瀝除的水分加進去，調整重量

**鮮奶油霜**

鮮奶油（乳脂肪含量45%）… 100g

細砂糖 … 15g

**個人喜好的水果醬汁**（P58～59）

… 適量

＊將乾淨的紗布裁剪成大約25cm的四方形，鋪在烤盅裡面ⓑ。

去除優格所含的水分，把優格變成較硬的口感。味道會變得更濃厚。

紗布可以在藥局等處購買。

---

**作法**

**1** 將優格放入缽盆中，以橡皮刮刀攪拌，使硬度均一。

**2** 製作鮮奶油霜。將鮮奶油和細砂糖放入另一個缽盆中，缽盆的底部墊著冰水，用手持式電動攪拌器以高速打發1分鐘左右，打發至與優格差不多相同的硬度就OK了ⓒ。

**3** 將**2**的鮮奶油霜分成3次左右加入**1**的缽盆中，每次加入時都要以打蛋器大幅度攪拌5次左右。最後一邊以單手轉動缽盆，一邊以橡皮刮刀從底部大幅度地翻拌，整體翻拌5次左右ⓓ。

**4** 將**3**均分填入烤盅中，提起紗布，輕輕扭轉之後藏入旁邊，然後覆蓋保鮮膜ⓔ。放在冷藏室中冷卻2小時以上，要品嚐的時候添加個人喜好的水果醬汁。

稍微不留神就會立刻變得太硬，請留意。

呈現滑順的一體感時就OK了。

藉由冷藏使狀態穩定下來。保持這樣的狀態可以冷藏保存2天左右。

## 適合搭配蛋糕的
# 水果醬汁

不論是乳酪蛋糕或巧克力蛋糕，
都是直接品嚐就十分好吃了。
不過如果淋上水果醬汁後再享用，
還會變得更加美味。

＊保存在冷藏室中，芒果醬汁以2～3天，
其他水果醬汁以3～4天為期限。

使用微波爐就能製作的簡單食譜。
可搭配各式各樣的蛋糕。

## 藍莓醬汁

**適合搭配的蛋糕**
- 基本的烤乳酪蛋糕（P16）
- 基本的舒芙蕾乳酪蛋糕（P30）
- 巧克力舒芙蕾乳酪蛋糕（P36）
- 基本的生乳酪蛋糕（P40）
- 安茹白乳酪蛋糕（P56）等

**材料** 容易製作的分量

冷凍藍莓 … 80g
細砂糖 … 1小匙
檸檬汁 … 1小匙

**作法**

將全部的材料放入耐熱缽盆中。
不覆蓋保鮮膜，以微波爐加熱2
分鐘左右之後攪拌，一邊觀察狀
態一邊再重複操作1次，然後直
接放涼。

只需將材料放入鍋中烹煮即可！
獨特的酸甜滋味，吃起來很爽口。

## 奇異果醬汁

**適合搭配的蛋糕**
- 基本的生乳酪蛋糕（P40）
- 安茹白乳酪蛋糕（P56）等
※奇異果、萊姆、薄荷生乳酪蛋
糕（P50）的裝飾替換成這種醬
汁也OK。

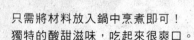

**材料和前置作業** 容易製作的分量

奇異果 … 1個
　▶ 切成碎粒
細砂糖 … 20g
檸檬汁 … 1小匙

**作法**

將全部的材料放入小鍋中，以
小火加熱，稍微煮滾即可。移
入耐熱缽盆中放涼。

甜度溫和的醬汁。
以南國的水果組合而成。

# 芒果醬汁

### 適合搭配的蛋糕

- 基本的烤乳酪蛋糕（P16）
- 基本的生乳酪蛋糕（P40）
- 大理石生乳酪蛋糕（P45）
- 基本的巧克力海綿蛋糕（P62）
- 基本的巧克力磅蛋糕（P74）
- 香蕉胡桃巧克力磅蛋糕（P78）
- 熔岩巧克力蛋糕（P88）等

## 材料和前置作業　容易製作的分量

A ┌ 細砂糖 … 40g
　├ 蜂蜜 … 1/2大匙
　└ 水 … 1又1/2小匙

冷凍芒果 … 50g
　▶ 解凍之後切成1㎝小丁

鳳梨 … 50g
　▶ 切成1㎝小丁

香蕉 … 1/2根
　▶ 切成1㎝小丁

檸檬汁 … 1小匙

羅勒葉（依喜好）… 2片
　▶ 切成粗末

## 作法

將A放入小鍋中，以中火加熱，細砂糖煮溶之後加入芒果和鳳梨，轉為小火加熱攪拌。加入香蕉和檸檬汁，稍微煮滾一下，然後加入羅勒葉攪拌。移入耐熱缽盆中放涼。

鮮紅的醬汁，
讓蛋糕展現出華麗的樣貌。

# 覆盆子醬汁

### 適合搭配的蛋糕

- 基本的烤乳酪蛋糕（P16）
- 巧克力紅色莓果烤乳酪蛋糕（P20）
- 基本的舒芙蕾乳酪蛋糕（P30）
- 基本的生乳酪蛋糕（P40）
- 安茹白乳酪蛋糕（P56）
- 基本的巧克力海綿蛋糕（P62）
- 覆盆子巧克力海綿蛋糕（P66）
- 基本的巧克力磅蛋糕（P74）等

## 材料　容易製作的分量

冷凍覆盆子 … 80g
細砂糖 … 2小匙
檸檬汁 … 1小匙

## 作法

將全部的材料放入耐熱缽盆中。不覆蓋保鮮膜，以微波爐加熱1分鐘左右之後攪拌，一邊觀察狀態一邊再重複操作2次，然後直接放涼。

# CHOCOLATE CAKES

輕盈的口感，濃厚的巧克力風味

# **27** 基本的巧克力海綿蛋糕

這是在日本長久以來受到喜愛的巧克力蛋糕。

將以蛋黃為基底的蛋黃糊拌入巧克力之後，

與打發蛋白做成的蛋白霜混拌在一起，烤製而成。

剩餘的鮮奶油打發成鮮奶油霜，

附在蛋糕旁一起享用應該很不錯。

START                                                GOAL

| 將砂糖和巧克力拌入蛋黃之中 | → | 打發蛋白製作蛋白霜 | → | 將麵糊和蛋白霜混合在一起 | → | 倒入模具中烘烤 |

## 材料和前置作業

直徑15cm圓形模具（活動底）1模份

蛋黃 … 2個份（40g）ⓐ

細砂糖 … 40g

鹽 … 1撮

A 「 烘焙用巧克力（甜味）… 100g
　　　▶ 大略切碎
　　鮮奶油（乳脂肪含量45%）… 50g
　　奶油（無鹽）… 40g
　　　▶ 大略切碎
　　▶ 一起放入較小的缽盆中，隔水加熱溶化ⓑ

B 「 低筋麵粉 … 20g
　　可可粉 … 20g

### 蛋白霜

蛋白 … 2個份（60g）
　　▶ 放入缽盆中，在冷藏室中冷卻ⓐ

細砂糖 … 40g

＊將烘焙紙鋪在模具中，以鋁箔紙包覆
底部。 →P5

＊烤箱在適當的時間點預熱至180℃。

蛋可藉由將蛋黃左右來
回放在打開的兩邊蛋殼
中，分成蛋黃和蛋白。
蛋白放入缽盆中，一起
放在冷藏室冷卻，蛋黃
則是就這樣放著備用。

使用較淺的鍋子將熱水
加熱至60℃左右，然
後將缽盆的底部墊著熱
水。這個作業稱為「隔
水加熱」。稍微溶化之
後，一邊以打蛋器攪
拌，一邊讓材料完全溶
化。在與麵糊攪拌之
前，為了不使溫度降到
40℃以下，請就這樣
保持隔水加熱的狀態。

**1** 將蛋黃放入缽盆中，以打蛋器輕輕打散，加入細砂糖和鹽之後，研磨攪拌至完全均勻為止。蛋黃液變得有點泛白，質地黏稠滑順時就OK了。

**2** 加入**A**，攪拌至整體均勻為止。

**3** 將**B**放入濾篩中，過篩撒入缽盆中，然後攪拌至沒有粉塊為止。

**4** 製作蛋白霜。將蛋白用手持式電動攪拌器以高速打發30秒左右。將細砂糖分成5次左右加入，每次加入時以高速打發20〜30秒。舀起蛋白霜時，如果呈現尖角挺立就OK了。

**5** 將**4**的蛋白霜的1/3量加入**3**的缽盆中。以打蛋器大幅度地舀起麵糊，將舀入打蛋器之中的麵糊輕輕地往下甩落在中心處，以這種方式攪拌5〜6次。大致上拌勻之後，將剩餘的蛋白霜分成2次左右加入，每次加入時都以相同的方式攪拌。最後一邊以單手轉動缽盆，一邊以橡皮刮刀從底部大幅度地翻拌，整體攪拌5〜10次。

**6** 將少量的**5**沾附在模具側面的烘焙紙上面，固定烘焙紙。倒入**5**，以模具的底部碰撞工作台2〜3次，將表面弄平，然後以預熱好的烤箱烘烤40分鐘左右。

**7** 插入竹籤，抽出時會稍微沾附麵糊的話，就是烘烤完成了。立刻取下鋁箔紙，然後將模具放在瓶子等的上面，取下模具的側面，剝除側面的烘焙紙。放在網架上放涼之後，用手卸除底板。

---

NOTE

● 口感較輕盈的巧克力海綿蛋糕。常溫中是鬆軟的口感，冰涼之後則變成像巧克力甘納許一樣濕潤的口感。

● 低筋麵粉減成15g的話，會變成更濕潤的口感。

● 以可可含量60%以上的苦味巧克力製作的話，蛋糕體會變得稍微硬一點。

● 保存時先放涼，然後以保鮮膜包住，常溫中（夏天要放在冷藏室）以4天左右為基準。

先將蛋黃打散，之後就很容易拌入細砂糖和鹽。

握住打蛋器靠近鋼線的部分，就比較能夠用力，變得更容易攪拌。相較於最初的狀態，變得稍微泛白就OK了。

在這個時間點將**A**的缽盆移開隔水加熱用的熱水。為了避免沾濕缽盆底部的熱水滴入蛋液中，請將底部的水分擦乾。

為了避免粉類結塊，一邊以濾篩等過篩，一邊加入缽盆中。最後把手放入濾篩中，使粉類完全過篩落入缽盆中。

將打蛋器放入缽盆中，一圈一圈地畫大圓圈攪拌。攪拌過度的話口感會變差，請留意。

不時以橡皮刮刀刮除沾附在缽盆側面的麵糊。

**4**

一開始加入的細砂糖請稍微少一點。如果加入很多的話，細砂糖的重量會使蛋白霜不容易打發。因為另一邊的麵糊比較硬，所以蛋白霜也要打得稍微硬一點。

**5**

這是為了盡量不要壓破蛋白霜氣泡的攪拌方法。大幅度地舀起之後，將舀入鋼線當中的麵糊抖落下來。重複這個作業。

用橡皮刮刀攪拌的時候，以單手將缽盆往近身處轉動，同時以描繪日文字「の」的感覺從底部舀起麵糊。攪拌均勻就OK了。

**6**

為了避免側面的烘焙紙移動，先將麵糊沾在接合處的上下2個地方，牢牢地固定住。

將模具的底部輕輕碰撞工作台，使麵糊排出多餘的空氣，弄平表面。將模具放在烤盤上面，如果烤箱有上、下火之分，請使用下火烘烤。

**7**

差不多烤到竹籤上面稍微沾附一點乾乾的麵糊時，就OK了。如果沾有黏稠的麵糊，就每次追加5分鐘，一邊觀察狀況一邊烘烤。

戴上棉紗手套等，取下鋁箔紙，然後趁熱取下模具的側面。底板就這樣留著，直接放涼。如果底板很難卸除的話，將抹刀等插入底板和烘焙紙之間的空隙，切離底板。

GÂTEAU AU CHOCOLAT

---

**利用剩餘的鮮奶油製作鮮奶油霜吧！**

在鮮奶油當中加入6～8%的砂糖打發起泡，就能做出鮮奶油霜。雖然使用打蛋器製作也能完成，但是使用手持式電動攪拌器絕對會輕鬆許多。請將鮮奶油霜搭配蛋糕一起享用。

**材料** 容易製作的分量

鮮奶油（乳脂肪含量45％）
　…150g
細砂糖 … 10g

**作法**

將鮮奶油和細砂糖放入缽盆中，缽盆的底部墊著冰水ⓐ，使用手持式電動攪拌器以高速打發1分20秒～1分30秒。攪拌到黏稠感變強，舀起時會飽滿地落下的程度就OK了（八分發）ⓑ。

一邊冷卻一邊攪拌的話就能調整質地，變成穩定的鮮奶油霜。

很快就會變硬，請注意。

## 28 糖漬橙皮

柳橙風味的巧克力海綿蛋糕。
將杏仁角拌入麵糊中也撒在表面上，
成為口感和外觀上的亮點。

→P68

## 29 覆盆子

巧克力和莓果的經典組合。
莓果的酸味和巧克力的苦味非常契合。

→P68

## 30 蘭姆葡萄

在巧克力的苦味當中，可以明顯嚐到蘭姆葡萄酸酸甜甜的感覺。
使用市售品製作也OK。

→P68

# 31 生薑

不使用鮮奶油製作，蛋糕體非常清爽輕盈。
生薑辣辣的刺激感將蛋糕的味道凝聚起來。
蛋糕的表面乾巴巴的，很容易碎裂，請多加留意。
糖漬生薑剩下來的糖漿，
可以兌上氣泡水或熱水飲用，很好喝唷！

→ P69

# 28 糖漬橙皮

**POINT**

◎ 在作法 **6**，弄平麵糊的表面之後，撒上杏仁角10g。

**材料和前置作業**

直徑15cm圓形模具（活動底）1模份

蛋黃 … 2個份（40g）

細砂糖 … 40g

鹽 … 1撮

A ┌ 烘焙用巧克力（甜味）… 100g
  │   ▶ 大略切碎
  │ 鮮奶油（乳脂肪含量45%）… 50g
  │ 奶油（無鹽）… 40g
  │   ▶ 大略切碎
  └ ▶ 一起放入較小的缽盆中，隔水加熱溶化

B ┌ 低筋麵粉 … 25g
  └ 可可粉 … 20g

**蛋白霜**

  蛋白 … 2個份（60g）
     ▶ 放入缽盆中，在冷藏室中冷卻

  細砂糖 … 40g

C ┌ 糖漬橙皮（小丁）… 50g
  │ 柑曼怡香橙干邑甜酒
  │        … 1大匙
  │   ▶ 混合之後放置30分鐘以上
  └ 杏仁角（烘烤過）… 15g

杏仁角（烘烤過）… 10g

\* 將烘焙紙鋪在模具中，以鋁箔紙包覆底部。 →P5
\* 烤箱在適當的時間點預熱至180℃。

---

# 29 覆盆子

**POINT**

◎ 作為頂飾配料的覆盆子10g，在作法 **6** 開始烘烤大約經過30分鐘之後才放在麵糊的上面，以免沉入麵糊中。

**材料和前置作業**

直徑15cm圓形模具（活動底）1模份

蛋黃 … 2個份（40g）

細砂糖 … 40g

鹽 … 1撮

A ┌ 烘焙用巧克力（甜味）… 100g
  │   ▶ 大略切碎
  │ 鮮奶油（乳脂肪含量45%）… 50g
  │ 奶油（無鹽）… 40g
  │   ▶ 大略切碎
  └ ▶ 一起放入較小的缽盆中，隔水加熱溶化

B ┌ 低筋麵粉 … 25g
  └ 可可粉 … 20g

**蛋白霜**

  蛋白 … 2個份（60g）
     ▶ 放入缽盆中，在冷藏室中冷卻

  細砂糖 … 40g

C 冷凍覆盆子 … 35g
     ▶ 用手剝碎成3～4等分，加入低筋麵粉1/2小匙輕輕混合ⓐ，在要使用之前先放在冷凍室中

冷凍覆盆子…10g
     ▶ 用手剝碎成一半ⓑ，在要使用之前先放在冷凍室中

\* 將烘焙紙鋪在模具中，以鋁箔紙包覆底部。 →P5
\* 烤箱在適當的時間點預熱至180℃。

---

# 30 蘭姆葡萄

**POINT**

◎ C 的蘭姆葡萄請在前一天先準備好。

◎ 在作法 **2**，加入 A 之前，先加入蘭姆酒1小匙攪拌。

◎ 在作法 **5**，加入蘭姆葡萄的時候，連同蘭姆酒一起加進去。

**材料和前置作業**

直徑15cm圓形模具（活動底）1模份

蛋黃 … 2個份（40g）

細砂糖 … 40g

鹽 … 1撮

蘭姆酒 … 1小匙

A ┌ 烘焙用巧克力（甜味）… 100g
  │   ▶ 大略切碎
  │ 鮮奶油（乳脂肪含量45%）… 50g
  │ 奶油（無鹽）… 40g
  │   ▶ 大略切碎
  └ ▶ 一起放入較小的缽盆中，隔水加熱溶化

B ┌ 低筋麵粉 … 25g
  └ 可可粉 … 20g

**蛋白霜**

  蛋白 … 2個份（60g）
     ▶ 放入缽盆中，在冷藏室中冷卻

  細砂糖 … 40g

C ┌ 葡萄乾 … 70g
  │   ▶ 澆淋滾水，
  │     然後以廚房紙巾擦乾水分
  └ 蘭姆酒 … 2大匙
  ▶ 混合之後放置一個晚上

\* 將烘焙紙鋪在模具中，以鋁箔紙包覆底部。 →P5
\* 烤箱在適當的時間點預熱至180℃。

---

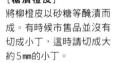

**[糖漬橙皮]**
將柳橙皮以砂糖等醃漬而成。有時候市售品並沒有切成小丁，這時請切成大約5mm的小丁。

**[柑曼怡香橙干邑甜酒]**
在干邑白蘭地中加入柳橙皮，經過熟成之後的利口酒。很適合搭配使用柳橙製作的糕點。如果要供孩童食用，不加入也OK。

ⓐ 在結凍的狀態下可以用手剝碎。沾裹低筋麵粉是為了避免釋出過多的水分。

ⓑ 頂飾配料用的覆盆子剝開成較大的碎塊。請注意放在麵糊上的時間點。

# 31 生薑

## POINT

◎ 因為麵糊中沒有加入鮮奶油,所以水分會變少,作法 **6** 的烘烤時間將變得比其他的麵糊短一點。

## 材料和前置作業

直徑15cm圓形模具(活動底)1模份

蛋黃 … 2個份（40g）

細砂糖 … 20g

鹽 … 1撮

A ┌ 烘焙用巧克力（甜味）… 50g
  │  ▶ 大略切碎
  │  奶油（無鹽）… 40g
  │  ▶ 大略切碎
  └ ▶ 一起放入較小的缽盆中,隔水加熱融化

B ┌ 低筋麵粉 … 50g

## 蛋白霜

  ┌ 蛋白 … 2個份（60g）
  │  ▶ 放入缽盆中,在冷藏室中冷卻
  └ 細砂糖 … 40g

C ┌ 生薑 … 60g
  │  ▶ 切成細絲
  │  水 … 100g
  │  細砂糖 … 100g
  │  蜂蜜 … 1大匙
  └ 檸檬汁 … 1大匙
  ▶ 將水、細砂糖、蜂蜜放入小鍋中,以中火加熱,在快要煮滾之前加入生薑,以小火煮10分鐘左右。加入檸檬汁之後稍微煮滾,然後移入耐熱缽盆中冷卻。以叉子等稍微瀝乾生薑的湯汁,然後切成粗末 ⓐ

＊將烘焙紙鋪在模具中,以鋁箔紙包覆底部。[→P5]
＊烤箱在適當的時間點預熱至180℃。

將水果等素材與糖分一起煮成的東西稱為「糖漬（confit）」。切得較大一點,會更有咬勁,辣味更強。剩下來的糖漿雖然沒有加入麵糊中,但是可以淋在優格上面,或是以氣泡水(無糖)稀釋之後享用,也很美味。

## 共通的作法

**1** 將蛋黃放入缽盆中,以打蛋器輕輕打散,加入細砂糖和鹽之後,研磨攪拌至完全均勻為止。蛋黃液變得有點泛白,質地黏稠滑順時就OK了。

**2** 加入 **A**,攪拌至整體均勻為止。

> **30 蘭姆葡萄**
> 先加入蘭姆酒1小匙,大幅度攪拌4~5次。

**3** 將 **B** 放入濾篩中,過篩撒入缽盆中,然後攪拌至沒有粉塊為止。

**4** 製作蛋白霜。將蛋白用手持式電動攪拌器以高速打發30秒左右。將細砂糖分成5次左右加入,每次加入時都以高速打發20~30秒。舀起蛋白霜時,如果呈現尖角挺立就OK了。

**5** 將 **4** 的蛋白霜的1/3量加入 **3** 的缽盆中。以打蛋器大幅度地舀起麵糊,將舀入打蛋器之中的麵糊輕輕地往下甩落在中心處,以這種方式攪拌5~6次。大致上拌勻之後,將剩餘的蛋白霜分成2次左右加入,每次加入時都以相同的方式攪拌。最後加入 **C**,一邊以單手轉動缽盆,一邊以橡皮刮刀從底部大幅度地翻拌,整體翻拌5~10次。

**6** 將少量的 **5** 沾附在模具側面的烘焙紙上面,固定烘焙紙。倒入 **5**,以模具的底部碰撞工作台2~3次,將表面弄平,然後以預熱好的烤箱

> **28 糖漬橙皮**
> 然後在表面撒上杏仁角10g。

烘烤40分鐘左右。

> **29 覆盆子**
> 烘烤大約30分鐘之後,將剝碎成一半的覆盆子10g撒在表面,然後再烤20分鐘左右。
> **31 生薑**
> 烘烤30分鐘左右。

**7** 插入竹籤,抽出時會稍微沾附麵糊的話,就是烘烤完成了。立刻取下鋁箔紙,然後將模具放在瓶子等的上面,取下模具的側面,剝除側面的烘焙紙。放在網架上放涼之後,用手卸除底板。

GÂTEAU AU CHOCOLAT

# 32 檸檬

前所未有的組合！巧克力的苦味和檸檬的酸味
配合得天衣無縫，製成了口感輕盈的蛋糕。
為了突顯檸檬的酸味，搭配的是味道溫和的牛奶巧克力。
牛奶巧克力的油脂含量多，所以減少了細砂糖和奶油的分量。

POINT

◎ 準備的檸檬1個就OK。先將檸檬皮磨碎，接著榨出果汁。

**材料和前置作業** 直徑15cm圓形模具（活動底）1模份

蛋黃 … 2個份（40g）

細砂糖 … 30g

鹽 … 1撮

檸檬皮 … 1個份
  ▶磨碎

檸檬汁 … 1大匙

A 烘焙用巧克力（牛奶）… 100g
    ▶大略切碎
  鮮奶油（乳脂肪含量45%）… 50g
  奶油（無鹽）… 30g
    ▶大略切碎
  ▶一起放入較小的缽盆中，隔水加熱溶化

B 低筋麵粉 … 25g
  可可粉 … 20g

**蛋白霜**
  蛋白 … 2個份（60g）
    ▶放入缽盆中，在冷藏室中冷卻
  細砂糖 … 40g

**糖霜**
  糖粉 … 45g
  檸檬汁 … 1又1/2小匙

＊將烘焙紙鋪在模具中，以鋁箔紙包覆底部。 →P5
＊烤箱在適當的時間點預熱至180℃。

**作法**

1 將蛋黃放入缽盆中，以打蛋器輕輕打散，加入細砂糖和鹽之後，研磨攪拌至完全均勻為止。蛋黃液變得有點泛白，質地黏稠滑順時就OK了。

2 加入檸檬皮和檸檬汁，大幅度地攪拌4～5次。加入**A**，攪拌至整體均勻為止。

3 將**B**放入濾篩中，過篩撒入缽盆中，然後攪拌至沒有粉塊為止。

4 製作蛋白霜。將蛋白用手持式電動攪拌器以高速打發30秒左右。將細砂糖分成5次左右加入，每次加入時都以高速打發20～30秒。舀起蛋白霜時，如果呈現尖角挺立就OK了。

5 將**4**的蛋白霜的1/3量加入**3**的缽盆中。以打蛋器大幅度地舀起麵糊，將舀入打蛋器之中的麵糊輕輕地往下甩落在中心處，以這種方式攪拌5～6次。大致上拌勻之後，將剩餘的蛋白霜分成2次左右加入，每次加入時都以相同的方式攪拌。最後一邊以單手轉動缽盆，一邊以橡皮刮刀從底部大幅度地翻拌，整體翻拌5～10次。

6 將少量的**5**沾附在模具側面的烘焙紙上面，固定烘焙紙。倒入**5**，以模具的底部碰撞工作台2～3次，將表面弄平，然後以預熱好的烤箱烘烤40分鐘左右。

7 插入竹籤，抽出時會稍微沾附麵糊的話，就是烘烤完成了。立刻取下鋁箔紙，然後將模具放在瓶子等的上面，取下模具的側面，剝除側面的烘焙紙。放在網架上放涼之後，用手卸除底板。

8 製作糖霜。將糖粉放入濾篩中，過篩撒入缽盆中，然後逐次少量地加入檸檬汁，同時以湯匙等攪拌均勻。糖霜的硬度要達到舀起時會慢慢地流下去，流下去之後經過5～6秒才會消失痕跡的程度ⓐ。

9 **7**的蛋糕放涼之後，以湯匙等將**8**的糖霜淋在蛋糕的頂部ⓑ，然後就這樣放置10分鐘左右，讓糖霜變乾。

ⓐ 在攪拌的過程中會產生黏性。一開始先將糖粉過篩，就不容易產生結塊的現象。

ⓑ 請毫不猶豫地淋上去。表面變乾即使摸摸看也不會沾手的話就OK了。

# 33 香料

巧克力和香料的契合度很高。
把巧克力海綿蛋糕也做成清爽又有深度的味道。
香料只使用1～2種也OK。
即使搭配自己喜歡的香料，應該也能做出美味的蛋糕吧。

## POINT

◎ 沒有使用可可粉。取而代之的是，先將香料的粉類與低筋麵粉一起過篩攪拌。

### 材料和前置作業　直徑15cm圓形模具（活動底）1模份

蛋黃 … 2個份（40g）

黍砂糖 … 40g

鹽 … 1撮

A ┌ 烘焙用巧克力（甜味）… 100g
　　▶ 大略切碎
　├ 鮮奶油（乳脂肪含量45%）… 50g
　└ 奶油（無鹽）… 40g
　　▶ 大略切碎
　▶ 一起放入較小的缽盆中，隔水加熱溶化

B ┌ 低筋麵粉 … 40g
　├ 肉桂粉 … 1又1/2小匙
　├ 肉豆蔻粉 … 1/4小匙
　├ 丁香粉 … 1/8小匙
　└ 粉紅胡椒粒 … 1/2小匙
　▶ 將低筋麵粉、肉桂粉、肉豆蔻粉、丁香粉混合過篩，然後一邊以手指輕輕捏碎粉紅胡椒粒，一邊加入ⓐ

### 蛋白霜

┌ 蛋白 … 2個份（60g）
│　▶ 放入缽盆中，在冷藏室中冷卻
└ 黍砂糖 … 40g

＊將烘焙紙鋪在模具中，以鋁箔紙包覆底部。 →P5
＊烤箱在適當的時間點預熱至180℃。

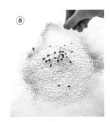

ⓐ 因為粉紅胡椒粒即使捏碎之後也不能通過濾篩的網孔，所以後來才加進去，大略混拌一下備用。

### 作法

1　將蛋黃放入缽盆中，以打蛋器輕輕打散，加入黍砂糖和鹽之後，研磨攪拌至完全均勻為止。蛋黃液變得有點泛白，質地黏稠滑順時就OK了。

2　加入 **A**，攪拌至整體均勻為止。

3　加入 **B**，攪拌至沒有粉塊為止。

4　製作蛋白霜。將蛋白用手持式電動攪拌器以高速打發30秒左右。將黍砂糖分成5次左右加入，每次加入時都以高速打發20～30秒。舀起蛋白霜時，如果呈現尖角挺立就OK了。

5　將 **4** 的蛋白霜的1/3量加入 **3** 的缽盆中。以打蛋器大幅度地舀起麵糊，將舀入打蛋器之中的麵糊輕輕地往下甩落在中心處，以這種方式攪拌5～6次。大致上拌勻之後，將剩餘的蛋白霜分成2次左右加入，每次加入時都以相同的方式攪拌。最後一邊以單手轉動缽盆，一邊以橡皮刮刀從底部大幅度地翻拌，整體翻拌5～10次。

6　將少量的 **5** 沾附在模具側面的烘焙紙上面，固定烘焙紙。倒入 **5**，以模具的底部碰撞工作台2～3次，將表面弄平，然後以預熱好的烤箱烘烤30分鐘左右。

7　插入竹籤，抽出時會稍微沾附麵糊的話，就是烘烤完成了。立刻取下鋁箔紙，然後將模具放在瓶子等的上面，取下模具的側面，剝除側面的烘焙紙。放在網架上放涼之後，用手卸除底板。

[肉桂粉]
將斯里蘭卡特產的樟科植物的樹皮剝下來，乾燥之後磨製成粉末。用在異國料理中，可以享受到高雅的香氣和甜味。

[肉豆蔻粉]
以刺激的甜香和微帶苦味為特徵的香料。除了為常溫糕點增添風味之外，也用來製作肉料理和白醬等。加入過多時，會引起中毒的症狀，必須注意。

[丁香粉]
又名丁子。香氣濃烈，有清爽的風味。很適合搭配肉料理、西式醃漬物和烤蘋果等。

[粉紅胡椒粒]
由秘魯胡椒樹的果實乾燥而成，以可愛的粉紅色和清爽的香氣為特徵。與一般的胡椒是不同的種類。

素材的風味濃郁、質地濕潤，美味極了！

# 34 基本的巧克力磅蛋糕

以磅蛋糕的麵糊為基底的巧克力蛋糕。
以加入幾乎同量的大量奶油、蛋、砂糖、粉類為特徵，
巧克力可以溶入鮮奶油、做成巧克力甘納許之後拌入麵糊，
或者細細切碎之後拌入麵糊，加入可可粉也可以。

START | | | GOAL

製作巧克力甘納許 → 奶油軟化之後，與其他材料一起攪拌 → 加入巧克力甘納許攪拌 → 倒入模具中烘烤

**材料和前置作業** 直徑15cm圓形模具（活動底）1模份

### 巧克力甘納許

烘焙用巧克力（甜味）… 50g
　　▶ 細細切碎
鮮奶油（乳脂肪含量45%）… 50g

奶油（無鹽）… 100g
　　▶ 恢復至常溫ⓐ

細砂糖 … 110g

鹽 … 1 撮

全蛋 … 2 個份（100g）
　　▶ 恢復至常溫，以叉子打散成蛋液ⓑ

A｜低筋麵粉 … 80g
　｜可可粉 … 20g
　｜泡打粉 … 1/4 小匙

＊將烘焙紙鋪在模具中，以鋁箔紙包覆底部。 →P5
＊烤箱在適當的時間點預熱至180℃。

奶油要軟化至用手指一按就立刻按進去的程度。這點非常重要。

因為冰涼的蛋液不容易拌入奶油糊中，所以要恢復至常溫。打散成蛋液的時候，使用叉子以切開蛋白的方式攪拌。

**1** 製作巧克力甘納許。將鮮奶油放入耐熱缽盆中，不覆蓋保鮮膜，以微波爐加熱40秒左右，直到快要沸騰為止。加入巧克力，放置10秒左右之後，以湯匙等攪拌。待巧克力完全溶化、變得滑順後，放涼至人體體溫的程度。

**2** 將奶油放入缽盆中，以橡皮刮刀攪拌，使硬度均一。

**3** 加入細砂糖和鹽，研磨攪拌至完全均勻為止。

**4** 用手持式電動攪拌器以高速攪拌2分鐘左右，使整體飽含空氣。

**5** 將蛋分成10次左右加入，每次加入時都用手持式電動攪拌器以高速攪拌30秒～1分鐘。

**6** 將 **A** 放入濾篩中，過篩撒入缽盆中，然後一邊以單手轉動缽盆，一邊以橡皮刮刀從底部大幅度地翻拌，整體翻拌15～20次。攪拌至還殘留少許粉類就OK了。

**7** 將1的巧克力甘納許分成3次左右加入，每次加入時都以相同的方式攪拌8～10次。攪拌至表面出現光澤就OK了。

鮮奶油變熱後立刻加入巧克力，稍微融合後充分攪拌，使巧克力溶化。如果熱騰騰的就加入麵糊當中，會造成分離的現象，所以要放涼至人體體溫的程度。

將整體攪拌成滑順的乳霜狀，避免有塊狀的奶油殘留。

為了使細砂糖和鹽能與整體均勻融合，一邊從缽盆的後方往近身處按壓，一邊用力攪拌。

將手持式電動攪拌器放在缽盆當中，大幅度地轉圈，攪拌至整體顏色泛白為止。攪拌結束時，以橡皮刮刀刮下沾附在缽盆側面的奶油糊，集中在一起。

因為很容易分離，所以蛋要分成10次左右加入，每次加入時都要攪拌至完全均勻為止。

為了避免粉類結塊，一邊以濾篩等過篩一邊加入缽盆中。最後把手放入濾篩中，使粉類完全過篩落入缽盆中。

攪拌的時候，首先用橡皮刮刀切開麵糊的中央，以單手將缽盆往近身處轉動，同時以描繪日文字「の」的感覺從底部舀起麵糊。

**8** 　將少量的**7**沾附在模具側面的烘焙紙上面，固
　　　定烘焙紙。倒入**7**，以模具的底部碰撞工作台
　　　2～3次之後，用橡皮刮刀輕柔地弄平表面。以
　　　預熱好的烤箱烘烤40～50分鐘。

**9** 　插入竹籤，抽出時不會沾附麵糊的話，就是烘
　　　烤完成了。立刻取下鋁箔紙，然後將模具放
　　　在瓶子等的上面，取下模具的側面，剝除側面
　　　的烘焙紙。放在網架上放涼之後，用手卸除底
　　　板。

NOTE

● 因為這是所謂「磅蛋糕」的作法，所
以熟悉這個食譜之後，各式各樣的磅
蛋糕食譜應該也能得心應手。

● 保存時先放涼，然後以保鮮膜包住，
常溫中以1週左右為基準。「香蕉胡
桃」（P78）、「香蕉黑胡椒」（P82）、
「葡萄柚」（P84）因容易腐壞，所以
放在冷藏室中以4～5天為基準。

**7**

為了容易與麵糊融合，分成3次
左右加入。這時也是以描繪日文
字「の」的感覺從底部舀起麵糊
翻拌。沾附在缽盆側面或橡皮刮
刀上面的麵糊也要刮乾淨，刮下
來一起攪拌。

**8**

為了避免側面的烘焙紙移動，先
將麵糊沾在接合處的上下2個地
方，牢牢地固定住。

將模具的底部輕輕碰撞工作台，使麵糊排出多餘的空氣，然後以橡皮刮
刀輕輕敲打，將表面弄平。

**8**

將模具放在烤盤上面，如果烤箱
有上、下火之分，請使用下火烘
烤。

**9**

如果抽出竹籤時沾附了麵糊，就
每次追加5分鐘，一邊觀察狀況
一邊烘烤。

戴上棉紗手套等，取下鋁箔紙，
然後趁熱取下模具的側面。

底板就這樣留著，直接放涼。如
果底板很難卸除的話，將抹刀等
插入底板和烘焙紙之間的空隙，
再切離底板應該就可以了。

CAKE AU CHOCOLAT

# **35** 香蕉胡桃

巧克力和香蕉是絕對美味的組合。
作為頂飾配料的香蕉大膽地切成大塊。
因為香蕉容易腐壞，尚未食用的部分請以保鮮膜包好，
放在冷藏室保存。保存4～5天沒問題。

→P80

## 36 黑森林風

黑森林蛋糕是以櫻桃和巧克力
製作而成的傳統蛋糕。
法文稱為「Forêt Noire」，即「黑森林」之意。
隱藏在巧克力當中的櫻桃，
酸酸甜甜的滋味好吃得不得了。

→ P80

## 37 無花果

無花果非常適合用來增添成人風味。
讓白蘭地滲入烤好的蛋糕體裡，
使蛋糕瀰漫著豐富的香氣。
口感也變得有點柔軟，
增加了與無花果搭配的整體感。
加入大略切碎的堅果增添風味
應該也很不錯。

→ P80

## 35 香蕉胡桃

**POINT**

◎ 在作法 **4**，加入蘭姆酒增添風味。

◎ 在作法 **8**，烘烤之前放上 **C**（作為頂飾配料的香蕉和胡桃）。

◎ 因為餡料多，水分也稍多一點，所以作法 **8** 的烘烤時間變成比其他蛋糕多出 10 分鐘左右。

**材料和前置作業**

直徑 15cm 圓形模具（活動底）1 模份

**巧克力甘納許**

　烘焙用巧克力（甜味）… 50g
　　▶ 細細切碎
　鮮奶油（乳脂肪含量 45%）… 50g

奶油（無鹽）… 100g
　▶ 恢復至常溫

細砂糖 … 110g

鹽 … 1 撮

蘭姆酒 … 1 小匙

全蛋 … 2 個份（100g）
　▶ 恢復至常溫，以叉子打散成蛋液

**A** ┌ 低筋麵粉 … 80g
　　│ 可可粉 … 20g
　　└ 泡打粉 … 1/4 小匙

**B** ┌ 香蕉 … 70g
　　│ 　▶ 切成厚 1cm 的半月形
　　│ 胡桃（烘烤過）… 25g
　　└ 　▶ 大略切碎

**C** ┌ 香蕉 … 1 根
　　│ 　▶ 縱向切成一半之後，
　　│ 　　將長度切成 3 等分
　　└ 胡桃（烘烤過）… 10g

＊將烘焙紙鋪在模具中，以鋁箔紙包覆底部。[→P5]
＊烤箱在適當的時間點預熱至 180℃。

## 36 黑森林風

**POINT**

◎ 在作法 **9**，蛋糕烤好之後，準備頂飾配料。雖然不加也很好吃，但是加了之後會變得很華麗，而且更加美味。

**材料和前置作業**

直徑 15cm 圓形模具（活動底）1 模份

**巧克力甘納許**

　烘焙用巧克力（甜味）… 50g
　　▶ 細細切碎
　鮮奶油（乳脂肪含量 45%）… 50g

奶油（無鹽）… 100g
　▶ 恢復至常溫

細砂糖 … 110g

鹽 … 1 撮

全蛋 … 2 個份（100g）
　▶ 恢復至常溫，以叉子打散成蛋液

**A** ┌ 低筋麵粉 … 60g
　　│ 杏仁粉 … 20g
　　│ 可可粉 … 20g
　　└ 泡打粉 … 1/4 小匙

**B** ┌ 黑櫻桃（罐頭）… 100g
　　│ 　▶ 稍微瀝除糖漿，切成一半
　　│ 黑櫻桃的糖漿 … 1 小匙
　　└ 櫻桃酒 … 2 小匙
　▶ 混合之後放置 3 小時～一個晚上，瀝除湯汁

**鮮奶油霜**

　鮮奶油（乳脂肪含量 45%）… 150g
　細砂糖 … 10g

黑櫻桃（罐頭）… 適量
　▶ 稍微瀝除糖漿，依個人喜好切成一半

板狀巧克力（黑）… 1 片（50g）
　▶ 背面朝上，以湯匙等削成薄片 ⓐ

＊將烘焙紙鋪在模具中，以鋁箔紙包覆底部。[→P5]
＊烤箱在適當的時間點預熱至 180℃。

這個稱為「刨花」。法文稱為 copeau，亦即「木屑」之意。經常用來當做蛋糕的頂飾配料。

**[黑櫻桃（罐頭）]**
紫櫻桃去籽之後，以糖漿醃漬而成。果實很大，而且酸味和甜味很協調，非常適合搭配巧克力。

## 37 無花果

**POINT**

◎ **B** 最好在前一天製作好備用。

◎ 在作法 **9**，蛋糕烤好之後，表面塗上白蘭地，然後以保鮮膜包住。

**材料和前置作業**

直徑 15cm 圓形模具（活動底）1 模份

**巧克力甘納許**

　烘焙用巧克力（甜味）… 50g
　　▶ 細細切碎
　鮮奶油（乳脂肪含量 45%）… 50g

奶油（無鹽）… 100g
　▶ 恢復至常溫

細砂糖 … 110g

鹽 … 1 撮

全蛋 … 2 個份（100g）
　▶ 恢復至常溫，以叉子打散成蛋液

**A** ┌ 低筋麵粉 … 80g
　　│ 可可粉 … 20g
　　└ 泡打粉 … 1/4 小匙

**B** ┌ 無花果乾 … 90g
　　│ 　▶ 放入耐熱缽盆中，倒入大約可以
　　│ 　　蓋過無花果乾的滾水，放置 5 分鐘
　　│ 　　左右，將表面泡脹。以廚房紙巾擦
　　│ 　　乾水分之後，切成 2cm 小丁
　　└ 白蘭地 … 2 大匙
　▶ 混合之後放置 3 小時～一個晚上

白蘭地 … 20g

使用蘭姆酒也 OK。如果要供孩童食用、想要去除酒類的話，不使用也可以。

＊將烘焙紙鋪在模具中，以鋁箔紙包覆底部。[→P5]
＊烤箱在適當的時間點預熱至 180℃。

## 共通的作法

1 製作巧克力甘納許。將鮮奶油放入耐熱缽盆中，不覆蓋保鮮膜，以微波爐加熱40秒左右，直到快要沸騰為止。加入巧克力，放置10秒左右之後，以湯匙等攪拌。待巧克力完全溶化，變得滑順後，放涼至人體體溫的程度。

2 將奶油放入缽盆中，以橡皮刮刀攪拌，使硬度均一。

3 加入細砂糖和鹽，研磨攪拌至完全均勻為止。

4 用手持式電動攪拌器以高速攪拌2分鐘左右，使整體飽含空氣。

> **35 香蕉胡桃**
> 然後加入蘭姆酒，以高速攪拌5秒左右。

5 將蛋分成10次左右加入，每次加入時都用手持式電動攪拌器以高速攪拌30秒～1分鐘。

6 將 **A** 放入濾篩中，過篩撒入缽盆中，然後一邊以單手轉動缽盆，一邊以橡皮刮刀從底部大幅度地翻拌，整體翻拌15～20次。攪拌至還殘留少許粉類就OK了。

7 將 **1** 的巧克力甘納許分成3次左右加入，每次加入時都以相同的方式攪拌8～10次。表面出現光澤之後加入 **B**，大幅度地攪拌5次左右。

8 將少量的 **7** 沾附在模具側面的烘焙紙上面，固定烘焙紙。倒入 **7**，以模具的底部碰撞工作台2～3次之後，用橡皮刮刀輕柔地弄平表面。

> **35 香蕉胡桃** 然後將 **C** 放在表面。

以預熱好的烤箱<u>烘烤60分鐘左右</u>。

> **35 香蕉胡桃** 烘烤70分鐘左右。

9 插入竹籤，抽出時不會沾附麵糊的話，就是烘烤完成了。立刻取下鋁箔紙，然後將模具放在瓶子等的上面，取下模具的側面，剝除側面的烘焙紙。<u>放在網架上放涼之後，用手卸除底板。</u>

> **36 黑森林風**
> 10 製作鮮奶油霜。將鮮奶油和細砂糖放入缽盆中，缽盆的底部墊著冰水，使用手持式電動攪拌器以高速打發1分20秒～1分30秒。攪拌到黏稠感變強，舀起時會飽滿地落下的程度就OK了（八分發）。
> 11 將 **9** 分切成容易食用的大小，盛盤，以黑櫻桃做裝飾。附上 **10** 的鮮奶油霜，然後撒上削成薄片的板狀巧克力。

---

**37 無花果**

放在網架上，趁熱卸除底板，用刷子將白蘭地20g塗抹在蛋糕的頂部和側面ⓑ。立刻以保鮮膜緊密地包住，然後放在網架上放涼ⓒ。

◀ 將酒或糖漿塗在烘烤完成的蛋糕體上面，稱為「浸潤（imbiber）」。風味會變得更好，味道也將變得很有深度。

◀ 將浸潤過的蛋糕體立刻以保鮮膜包起來，藉此可使完成的蛋糕變得更加濕潤。

## 38 咖啡榛果

拌入麵糊中的不是巧克力甘納許，而是切碎的巧克力。
在味道協調的咖啡和蘭姆酒中摻入榛果，帶來特殊的口感。
將咖啡分成 2 次加入，可以做出更加濃厚的風味。

## 39 香蕉黑胡椒

香蕉搭配黑胡椒的變化款蛋糕。這個組合意外地對味！
黑胡椒刺激的辣味充分引出了香蕉的甜味。
建議使用已經稍微變黑、完全成熟的香蕉製作。

# 38 咖啡榛果

**POINT** ◎在作法**9**，蛋糕烤好之後，表面塗上蘭姆酒，然後以保鮮膜包住。與「無花果」（P79）一樣的「浸潤」作業。

**材料和前置作業** 直徑15cm圓形模具（活動底）1模份

奶油（無鹽）… 105g
　▶ 恢復至常溫

細砂糖 … 105g

鹽 … 1撮

全蛋 … 2個份（100g）
　▶ 恢復至常溫，以叉子打散成蛋液

A ┌ 即溶咖啡（顆粒）… 2大匙
　└ 蘭姆酒 … 2小匙 ── 如果要供孩童食用，可以替換成同量的熱水。
　▶ 攪拌溶勻

B ┌ 低筋麵粉 … 90g
　│ 杏仁粉 … 15g
　└ 泡打粉 … 1/4小匙
　▶ 混合過篩

C ┌ 烘焙用巧克力（苦味）… 40g
　│ 　▶ 切成8mm小丁
　│ 榛果（烘烤過）… 25g ── 可以替換成同量的核桃或杏仁等，個人喜歡的堅果。
　│ 　▶ 切碎成2～4等分
　└ 即溶咖啡（顆粒）… 1小匙

D ┌ 榛果（烘烤過）… 10g
　│ 　▶ 切碎成2～4等分
　└ 蘭姆酒 … 1大匙 ── 如果要供孩童食用，沒有也OK。

# 39 香蕉黑胡椒

**POINT** ◎在作法**5**，攪拌得稍微久一點。

**材料和前置作業** 直徑15cm圓形模具（活動底）1模份

奶油（無鹽）… 105g
　▶ 恢復至常溫

細砂糖 … 95g

鹽 … 1撮

全蛋 … 2個份（100g）
　▶ 恢復至常溫，以叉子打散成蛋液

A ┌ 香蕉 … 50g
　└ 　▶ 以叉子的背面壓碎成泥狀 ⓐ

B ┌ 低筋麵粉 … 105g
　│ 泡打粉 … 1/4小匙
　└ 粗磨黑胡椒 … 1小匙
　▶ 將低筋麵粉和泡打粉混合過篩，然後加入粗磨黑胡椒

C ┌ 香蕉 … 60g
　│ 　▶ 切成1cm小丁
　│ 烘焙用巧克力（苦味）… 30g
　└ 　▶ 切成8mm小丁

D ┌ 香蕉 … 40g
　│ 　▶ 切成厚1cm的圓片
　└ 粗磨黑胡椒 … 1/4小匙

ⓐ

將香蕉細細壓碎，讓它與麵糊融合為一，使風味遍布整個蛋糕之中。

## 共通的前置作業和作法

＊將烘焙紙鋪在模具中，以鋁箔紙包覆底部。 →P5
＊烤箱在適當的時間點預熱至180℃。

**1** 將奶油放入缽盆中，以橡皮刮刀攪拌，使硬度均一。

**2** 加入細砂糖和鹽，研磨攪拌至完全均勻為止。

**3** 用手持式電動攪拌器以高速攪拌2分鐘左右，使整體飽含空氣。

**4** 將蛋分成10次左右加入，每次加入時都用手持式電動攪拌器以高速攪拌30秒～1分鐘。

**5** 加入**A**，然後以高速攪拌5秒左右。

> **39 香蕉黑胡椒** 攪拌10秒左右。

**6** 加入**B**，然後一邊以單手轉動缽盆，一邊以橡皮刮刀從底部大幅度地翻拌，整體翻拌15次左右。攪拌至還殘留少許粉類就OK了。

**7** 加入**C**，以相同的方式攪拌10次左右。攪拌至表面出現光澤就OK了。

**8** 將少量的**7**沾附在模具側面的烘焙紙上面，固定烘焙紙。倒入**7**，以模具的底部碰撞工作台2～3次之後，用橡皮刮刀輕柔地弄平表面。撒上**D**，以預熱好的烤箱烘烤50分鐘左右。

**9** 插入竹籤，抽出時不會沾附麵糊的話，就是烘烤完成了。立刻取下鋁箔紙，然後將模具放在瓶子等的上面，取下模具的側面，剝除側面的烘焙紙。放在網架上放涼之後，用手卸除底板。

> **38 咖啡榛果**
> 放在網架上，趁熱卸除底板，用刷子將蘭姆酒1大匙塗抹在蛋糕的頂部和側面。立刻以保鮮膜緊密地包住，然後放在網架上放涼。

# **40** 葡萄柚

將新鮮的水果直接烘烤,就能享受到與果醬截然不同的、奢侈的果實感。
被果汁滲入的蛋糕體也很美味。
葡萄柚的苦味和牛奶巧克力溫和的甜味,兩者結合的滋味令人無法抗拒。
將蛋糕稍微冷藏到不會變硬的程度再享用,也是推薦的吃法。
保存時以保鮮膜包好,放入冷藏室,可保存4~5天。

## POINT

◎ 準備1個粉紅葡萄柚就OK了。先將果皮磨碎,然後切出果肉。果肉要排列在蛋糕體裡面和表面。

◎ 在作法2,將葡萄柚皮放入奶油中研磨攪拌。

◎ 在作法5,將巧克力與粉類一起拌入。

### 材料和前置作業 直徑15cm圓形模具(活動底)1模份

奶油(無鹽)… 105g
▶ 恢復至常溫

細砂糖 … 105g

粉紅葡萄柚的皮 … 1個份
▶ 磨碎 ⓐ

全蛋 … 2個份(100g)
▶ 恢復至常溫,以叉子打散成蛋液

A ┌ 低筋麵粉 … 105g
　└ 泡打粉 … 1/4 小匙

烘焙用巧克力(牛奶)… 50g
▶ 切成8mm小丁

粉紅葡萄柚 … 1個(果肉150g)
▶ 上、下薄薄地切除,果皮連同薄膜縱向切除ⓑ。將刀子切入薄膜和果肉之間,1瓣1瓣地取出果肉ⓒ,然後將長度切成一半,放在廚房紙巾上面,瀝乾水分ⓓ

＊將烘焙紙鋪在模具中,以鋁箔紙包覆底部。　→P5

＊烤箱在適當的時間點預熱至180℃。

雖然也可以使用磨泥器,但是如果備有如同照片中的磨碎器,將會很便利。

這個切法的烘焙術語稱為「果瓣取肉(quartier)」。這個方法效率高,而且能漂亮地取出果肉。

如果有多餘的水分,麵糊會變得稀薄,無法順利烤製完成,所以在這裡吸除水分。

### 作法

1 將奶油放入缽盆中,以橡皮刮刀攪拌,使硬度均一。

2 加入細砂糖和葡萄柚皮,研磨攪拌至完全均勻為止。

3 用手持式電動攪拌器以高速攪拌2分鐘左右,使整體飽含空氣。

4 將蛋分成10次左右加入,每次加入時都用手持式電動攪拌器以高速攪拌30秒～1分鐘。

5 將A放入濾篩中,過篩撒入缽盆中,接著加入巧克力,然後一邊以單手轉動缽盆,一邊以橡皮刮刀從底部大幅度地翻拌,整體翻拌20次左右。攪拌至看不見粉類、表面出現光澤就OK了。

6 將少量的5沾附在模具側面的烘焙紙上面,固定烘焙紙。倒入5的1/2量,然後擺放葡萄柚果肉的1/2量ⓔ。倒入剩餘的5,以橡皮刮刀輕柔地弄平表面ⓕ,然後擺放剩餘的葡萄柚果肉ⓖ。以預熱好的烤箱烘烤65分鐘左右。

7 插入竹籤,抽出時不會沾附麵糊的話,就是烘烤完成了。立刻取下鋁箔紙,然後將模具放在瓶子等的上面,取下模具的側面,剝除側面的烘焙紙。放在網架上放涼之後,用手卸除底板。

依照麵糊→果肉→麵糊→果肉的順序重疊起來。

# **41** 巧克力大理石

製作原味麵糊之後，取一部分調製成巧克力口味，
就能做出漂亮的大理石花紋蛋糕。
將一部分的低筋麵粉替換成杏仁粉，製作出濕潤的口感。
依照個人喜好，如果將磨碎的柳橙皮1/2個份與細砂糖一起加進去，
就會變成味道清爽的蛋糕。

◎ 在作法**6**，取出麵糊140g，加入可可粉攪拌，可以將麵糊染色。

◎ 在作法**7**，將2種顏色的麵糊混合、輕輕攪拌，就能做出漂亮的大理石花紋。

## 材料和前置作業

直徑15cm圓形模具（活動底）1模份

奶油（無鹽）… 105g
 ▶ 恢復至常溫

細砂糖 … 100g

鹽 … 1撮

全蛋 … 2個份（100g）
 ▶ 恢復至常溫，以叉子打散成蛋液

A ┌ 低筋麵粉 … 75g
  │ 杏仁粉 … 30g
  └ 泡打粉 … 1/2小匙

可可粉 … 10g

牛奶 … 1小匙

＊將烘焙紙鋪在模具中，以鋁箔紙包覆底部。〔→P5〕
＊烤箱在適當的時間點預熱至180℃。

## 作法

**1** 將奶油放入缽盆中，以橡皮刮刀攪拌，使硬度均一。

**2** 加入細砂糖和鹽，研磨攪拌至完全均勻為止。

**3** 用手持式電動攪拌器以高速攪拌2分鐘左右，使整體飽含空氣。

**4** 將蛋分成10次左右加入，每次加入時都用手持式電動攪拌器以高速攪拌30秒〜1分鐘。

**5** 將**A**放入濾篩中，過篩撒入缽盆中，然後一邊以單手轉動缽盆，一邊以橡皮刮刀從底部大幅度地翻拌，整體翻拌20次左右。攪拌至看不見粉類，表面出現光澤就OK了。

**6** 取出麵糊140g放在另一個缽盆中@，將可可粉放入小濾網中，過篩撒入缽盆中ⓑ，以橡皮刮刀從底部大幅度地翻拌，整體翻拌5次左右。加入牛奶，以相同的方式翻拌5次左右，攪拌均勻ⓒ。

**7** 將少量的**5**沾附在模具側面的烘焙紙上面，固定烘焙紙。將**5**和**6**各分成5〜6次交替放入模具中ⓓ，以模具的底部碰撞工作台2〜3次，弄平表面。以湯匙等在麵糊上畫小圓圈，盡量零亂地攪拌5次左右ⓔ，然後以預熱好的烤箱烘烤40分鐘左右。

**8** 插入竹籤，抽出時不會沾附麵糊的話，就是烘烤完成了。立刻取下鋁箔紙，然後將模具放在瓶子等的上面，取下模具的側面，剝除側面的烘焙紙。放在網架上放涼之後，用手卸除底板。

將另一個缽盆放在磅秤上面，一邊計量一邊移入麵糊。

將少量的粉類過篩時，使用小濾網就會很便利。過篩後比較不容易產生結塊。

因為在作法5已經攪拌過了，所以請注意不要過度攪拌。整體拌勻就OK了。

分別分成5〜6等分的塊狀，交替放入模具中。最後輕輕碰撞模具的底部，使麵糊之間沒有空隙。

攪拌過度的話，漂亮的大理石花紋就會消失，請注意。

CAKE AU CHOCOLAT

# 42 熔岩巧克力蛋糕

這款法國的經典糕點，剛烤好時是融化的熔岩巧克力蛋糕，放涼後則變得像濃厚的巧克力甘納許。
很適合當成贈禮。即使冷掉了，只要以微波爐加熱10秒左右，就能恢復剛烤好時的口感。

## POINT

◎ 這裡是以烤盅製作，但是使用直徑15cm的圓形模具也ＯＫ。與其他的食譜一樣準備模具（P5），烤好之後連同模具放在網架上放涼。

◎ 保存時先放涼，然後以保鮮膜包住，放在冷藏室3天左右為基準。

### 材料和前置作業　容量180㎖的烤盅2個份

全蛋 … 1個份（50g）
▶ 恢復至常溫

細砂糖 … 35g

A ┌ 烘焙用巧克力（苦味）… 50g
　　▶ 大略切碎
　└ 奶油（無鹽）… 65g
　　▶ 大略切碎
▶ 混合之後放入較小的缽盆中，
隔水加熱融化ⓐ，大略攪拌一下

低筋麵粉 … 15g

＊烤箱在適當的時間點預熱至190℃。

因為奶油要和巧克力一起融化，所以不是使用微波爐，而是以隔水加熱的方式融化。隔水加熱所使用的熱水，溫度以60℃左右為準。

## 作法

1　將蛋和細砂糖放入缽盆中，手持式電動攪拌器不啟動，輕輕攪拌之後ⓑ以高速攪拌30秒左右。

2　加入 A，以打蛋器攪拌至整體均勻為止。

3　將低筋麵粉放入小濾網中，過篩撒入缽盆中，然後攪拌至看不見麵粉為止ⓒ。

4　將3均等地倒入烤盅裡，以預熱好的烤箱烘烤7〜10分鐘。

5　表面變乾之後插入竹籤，抽出時會稍微沾附較軟的麵糊的話，就是烘烤完成了ⓓ。

如果一開始就啟動攪拌器來攪拌，細砂糖會四處飛濺。

因為麵粉的分量少，所以不需要變得那麼神經質，但是請注意不要攪拌過度。

烘烤過度的話，最後會變成普通的巧克力蛋糕。請以中間烤熟了，卻還是柔軟的狀態為目標。

# 43 巧克力凍蛋糕

攪拌之後只需要冷卻即可，輕鬆就能完成的巧克力凍蛋糕，
直接品嚐就很美味，佐以葡萄酒和燒酎等酒類也很適合。
可以直接享受巧克力的味道、既濃厚又滑順的口感，只有這種糕點才有。
沾取蜂蜜＋粗磨黑胡椒，或是搭配鹽來享用也很美味。

# 44 西洋梨黑醋栗
巧克力凍蛋糕

加入西洋梨的甜味和黑醋栗的酸味，
製作出蛋糕的豐富味道。
將西洋梨切得稍微厚一點，享受它的口感吧！
與 43 巧克力凍蛋糕一樣，
保存時都是以保鮮膜包起來，
放在冷藏室以 2～3 天為基準。

# 43 巧克力凍蛋糕

## POINT
◎ 完成時撒上可可粉，可以享受到更加濃厚的巧克力味道。
◎ 切蛋糕時，先將熱水淋在刀子上，使刀子變熱之後再切，就可以切出漂亮的蛋糕。

**材料和前置作業** 直徑15cm圓形模具（活動底）1模份

鮮奶油（乳脂肪含量45%）… 200g
烘焙用巧克力（苦味）… 150g
▶ 大略切碎，放入缽盆中
奶油（無鹽）… 30g
▶ 切成2㎝小丁，放入冷藏室備用
A「白蘭地 … 1小匙 ── 改用蘭姆酒或櫻桃酒等個人喜歡的酒類也沒問題。
可可粉 … 適量

＊將烘焙紙鋪在模具中 →P5 ，
以保鮮膜包覆底部。

---

# 44 西洋梨黑醋栗
巧克力凍蛋糕

## POINT
◎ 在作法5，依照西洋梨→巧克力糊→黑醋栗→巧克力糊的順序重疊起來。

**材料和前置作業** 直徑15cm圓形模具（活動底）1模份

鮮奶油（乳脂肪含量45%）… 200g
烘焙用巧克力（苦味）… 150g
▶ 大略切碎，放入缽盆中
奶油（無鹽）… 30g
▶ 切成2㎝小丁，放入冷藏室備用
A「紅酒 … 1小匙
西洋梨（罐頭·切半）… 130g
▶ 放在廚房紙巾上面瀝乾湯汁，然後縱切成寬1.5㎝
冷凍黑醋栗 … 15g
▶ 以廚房紙巾輕輕擦除表面的霜，
在快要使用之前需放在冷凍室中備用

＊將烘焙紙鋪在模具中 →P5 ，以保鮮膜包覆底部。

[西洋梨（罐頭）]
糖漿醃漬的西洋梨。具有清脆、鮮嫩多汁的口感，經常用來製作蛋糕、塔和慕斯等糕點。

[冷凍黑醋栗]
烘焙材料中很受歡迎的水果之一。這是一種莓果，又稱為黑加侖。具有清爽的酸味和香氣，還有豐富的維生素C和多酚等。

---

## 共通的作法

1 將鮮奶油放入小鍋中，以小火加熱，在快要沸騰之前關火。稍微暫停一下，然後慢慢地倒入巧克力的缽盆中ⓐ，放置3～5分鐘。

2 以打蛋器從中心開始像畫圓圈一樣慢慢地攪拌，使巧克力完全溶化ⓑ。

3 加入奶油ⓒ，放置30秒～1分鐘，然後以相同的方式攪拌，使奶油溶化。

4 加入A之後，大幅度地攪拌4～5次。表面出現光澤就OK了。

5 將少量的4沾附在模具側面的烘焙紙上面，固定烘焙紙。倒入4ⓓ，

### 44 西洋梨黑醋栗巧克力凍蛋糕
擺放西洋梨時不要重疊，倒入4的1/2量之後，放上黑醋栗，再倒入剩餘的4。

輕輕地搖晃模具，將表面弄平，然後放在冷藏室中冷卻凝固3小時以上。

6 取下保鮮膜，然後將模具放在瓶子等的上面，取下模具的側面ⓔ，剝除側面的烘焙紙。將抹刀等插入底板和烘焙紙之間的空隙，卸除底板。

### 43 巧克力凍蛋糕
然後將可可粉放入小濾網中，撒在蛋糕上面。

◀分切蛋糕之後才撒上可可粉也OK。

---

鮮奶油的溫度太高或是太冰冷，在與巧克力混合時都會產生分離的現象。因為很燙，在倒出的時候要注意避免鮮奶油濺出來。

請攪拌至沒有固形物殘留。

奶油先切成小塊，會比較容易溶化。

因為這款糕點不會加熱，所以模具底部以保鮮膜包覆就OK。

充分凝固之後，就取下模具的側面。

# 45 植物油麵糊巧克力磅蛋糕

用植物油取代奶油就不容易失敗。完成的蛋糕口感輕盈，
就是沒有奶油濃郁的風味，但想必也有不少人喜歡這種蛋糕吧。
因為餡料容易沉入植物油麵糊底部，所以巧克力要細細切碎。

**POINT**

◎ 蛋和牛奶不需要恢復至常溫，直接以
冰涼的狀態使用也沒問題。

◎ 保存時先放涼，然後以保鮮膜包起
來，放在冷藏室以2～3天為基準。

**材料和前置作業**

直徑15cm圓形模具（活動底）1模份

全蛋 … 2個份（100g）

細砂糖 … 80g

沙拉油 … 50g

> 如果以同量的太白芝麻油製作，
> 可以做出風味更高雅的蛋糕。

烘焙用巧克力（苦味）
　… 60g＋30g
▶ 60g大略切碎之後放入較小的鉢盆中，
隔水加熱融化。30g切成5㎜小丁。

A ┌ 低筋麵粉 … 100g
　└ 泡打粉 … 1/2小匙

牛奶 … 50g

＊將烘焙紙鋪在模具中，以鋁箔紙包覆
底部。 →P5

＊烤箱在適當的時間點預熱至180℃。

**作法**

1　將蛋和細砂糖放入鉢盆中，手持式
電動攪拌器不啟動，輕輕攪拌之後
以高速攪拌1分鐘左右。

2　將沙拉油分成4～5次加入ⓐ，每次
加入時都用手持式電動攪拌器以高
速攪拌10秒左右。整體攪拌均勻之
後改以低速攪拌1分鐘左右，調整質
地。

3　加入已隔水加熱融化的巧克力60g，
然後以低速攪拌10秒左右。

4　將 A 放入濾篩中，過篩撒入鉢盆
中，然後一邊以單手轉動鉢盆，一
邊以橡皮刮刀從底部大幅度地翻
拌，整體翻拌20次左右。攪拌至還
殘留少許粉類就OK了。

5　將牛奶分成5～6次以橡皮刮刀傳遞
加入，每次加入時都以相同的方式
攪拌5次左右。最後再攪拌5次左
右，直到看不見粉類，表面出現光
澤為止。

6　加入切成5㎜小丁的巧克力30g，大
幅度地攪拌5次左右。

7　將少量的**6**沾附在模具側面的烘焙紙
上面，固定烘焙紙。倒入**6**，以模具
的底部碰撞工作台2～3次，排除多
餘的空氣，弄平表面。以預熱好的
烤箱烘烤30分鐘左右。

8　插入竹籤，抽出時不會沾附麵糊的
話，就是烘烤完成了。立刻取下鋁
箔紙，然後將模具放在瓶子等的上
面，取下模具的側面，剝除側面的
烘焙紙。放在網架上放涼之後，用
手卸除底板。

ⓐ

以加入沙拉油取代融化
的奶油為構想。不需要
像奶油一樣在意硬度。

CAKE À L'HUILE

## 贈送糕點時的
## 包 裝 建 議

像情人節等節日，
要把做好的糕點當成禮物送人的時候，
都會希望它是包裝得很漂亮的糕點。
這個單元將介紹雖然簡單
卻「很上相」的包裝創意。

＊各種乳酪蛋糕、巧克力凍蛋糕，請務必要添加保冷劑。

## 以直徑12㎝圓形模具烘烤

◎ 全部食譜

本書的食譜是直徑15㎝圓形模具1模份，而一半的分量剛好變成直徑12㎝圓形模具的分量。因此，將以直徑12㎝圓形模具烤製而成的蛋糕，整個裝進盒子裡當成禮物如何呢？為了防止蛋糕變形潰散，準備不會過大的盒子，裡面鋪上蠟紙，避免油脂滲透出來很重要。

**作法**

將蠟紙鋪在直徑13～14㎝的圓筒形盒子裡，再放入已充分放涼的蛋糕。蓋上盒蓋之後將緞帶交纏成十字形，然後打結。

蛋糕切片的包裝方法

以鋁杯烘烤

◎ 巧克力海綿蛋糕、巧克力磅蛋糕等

以直徑15cm圓形模具烤製而成的蛋糕，分切之後分別將每片蛋糕包裝起來。為了避免油脂滲透出來，暫時以保鮮膜或食品用OPP包裝紙包起來。也可以使用個人喜愛的包裝紙來代替蠟紙。

**作法**

**1** 將已充分放涼的蛋糕分切成6～8等分，每片蛋糕以保鮮膜包起來。這個時候，設法使包裝結束處朝下方，外觀就會很好看。

**2** 將蠟紙裁切成大約30cm的四方形，然後將**1**擺放在中央ⓐ。拿起蠟紙，集中在中央ⓑ，然後以緞帶綁住、固定ⓒ。

◎ 巧克力海綿蛋糕、巧克力磅蛋糕、舒芙蕾乳酪蛋糕等

「熔岩巧克力蛋糕」（P88）等蛋糕，裝入鋁杯中烘烤的話，很適合當做贈禮。這裡使用的是容量120ml的鋁杯，但是使用半透明蛋糕紙杯等烘烤也無妨。也可以貼上貼紙等。

**作法**

**1** 在沒有側邊厚度的OPP袋中放入已充分放涼的蛋糕，袋子的摺痕朝正面放置。

**2** 合上袋口，以1cm左右的寬度反摺2～3次ⓐ。以配合反摺的部分裁切出來的包裝紙覆蓋住ⓑ，中央以釘書機固定ⓒ。

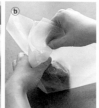

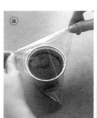

## 高石紀子

糕點研究家。在巴黎藍帶廚藝學校神戶分校取得證書之後，遠赴法國。在巴黎麗茲埃科菲廚藝學校學習，並且在巴黎麗茲飯店、Blé Sucré等受歡迎的店家實習。回到日本之後，著手經營法式糕點的料理教室、以服裝品牌為主的外燴服務、郵購等。巧妙地使用水果製作的蛋糕和沙布列法式酥餅是得意之作，極力追求甜味溫潤、口感輕盈、美味吃不膩的糕點。著作有《365天的餅乾》（主婦與生活社）、《365日輕食感溫甜磅蛋糕：4款基底變化出68道季節感食譜》（瑞昇出版）、《風靡巴黎の新口感磅蛋糕：創新餡料×自然甘甜，混搭百變的香蕉&胡蘿蔔蛋糕》（海濱出版）、《綿密香濃法式布蕾&酥鬆圓潤法式芙朗塔：限定出爐！遇見法國經典甜點》（邦聯文化）。

http://norikotakaishi.com

調理助理　河井美步、栗田茉林
攝影　新居明子
造型　来住昌美
設計　高橋朱里、菅谷真理子（マルサンカク）
撰文　佐藤友恵
攝影協助　UTUWA
編輯　小田真一

法國藍帶的究極美味
# 乳酪蛋糕&巧克力蛋糕
在家就能輕鬆做出風靡巴黎的人氣新食感甜點

2021年6月1日初版第一刷發行
2022年7月1日初版第二刷發行

作　　　者　高石紀子
譯　　　者　安珀
編　　　輯　吳元晴
美術編輯　黃郁琇
發 行 人　南部裕
發 行 所　台灣東販股份有限公司
　　　　　＜地址＞台北市南京東路4段130號2F-1
　　　　　＜電話＞(02)2577-8878
　　　　　＜傳真＞(02)2577-8896
　　　　　＜網址＞http://www.tohan.com.tw
郵撥帳號　1405049-4
法律顧問　蕭雄淋律師
總 經 銷　聯合發行股份有限公司
　　　　　＜電話＞(02)2917-8022

TOHAN

國家圖書館出版品預行編目(CIP)資料

法國藍帶的究極美味乳酪蛋糕&巧克力蛋糕：在家就
　能輕鬆做出風靡巴黎的人氣新食感甜點 / 高石紀子
　著；安珀譯. -- 初版. -- 臺北市：臺灣東販股份有限
　公司, 2021.06
　96面；18.7×26公分

　ISBN 978-626-304-621-4（平裝）

　1.點心食譜

427.16　　　　　　　　　　　　　　110006676

**SHIPPAI NASHIDE ZETTAI OISHII!**
**CHEESE CAKE TO CHOCOLATE CAKE**
© NORIKO TAKAISHI 2020
Originally published in Japan in 2020
by SHUFU-TO-SEIKATSUSHA CO., LTD., TOKYO.
Traditional Chinese translation rights arranged
with SHUFU-TO-SEIKATSUSHA CO., LTD., TOKYO,
through TOHAN CORPORATION, TOKYO.